全国高等职业教育计算机专业“十三五”规划教材

丛书总主编　丁爱萍
本 册 主 编　谢　红　董淑娟

C#程序设计

大学计算机专业教材编写组　编

河 南 大 学 出 版 社
·郑州·

图书在版编目（CIP）数据

C#程序设计/大学计算机专业教材编写组编. —郑州：河南大学出版社，2016. 8
ISBN 978-7-5649-2496-6

Ⅰ. ①C… Ⅱ. ①大… Ⅲ. ①C 语言-程序设计 Ⅳ. ①TP312. 8

中国版本图书馆 CIP 数据核字（2016）第 200417 号

责任编辑 张雪彩 高丽燕
责任校对 阮林要
封面设计 郭 灿

出版发行 河南大学出版社
地址：郑州市郑东新区商务外环中华大厦 2401 号 邮编：450046
电话：0371-86059712（高等教育与职业教育出版分社）
0371-86059713
网址：www.hupress.com
排 版 郑州市金点图文设计有限公司
印 刷 郑州市毛庄印刷厂
版 次 2017 年 8 月第 1 版 **印 次** 2017 年 8 月第 1 次印刷
开 本 787mm×1092mm 1/16 **印 张** 17
字 数 403 千字 **定 价** 39.00 元

内容提要

本书全面细致地介绍了C#可视化面向对象编程的概念和方法，包括 Visual C#概述、C#语法基础、选择结构程序设计、循环结构程序设计、数组、面向对象程序设计、面向对象高级技术、常用控件、文件操作、数据库技术应用、异常处理与跟踪调试。

本书以初学者为立足点，以 Windows 应用程序设计为主线，以学以致用为主导，力求读者通过本书的学习，快速掌握开发应用程序的基本知识，为进一步深入学习编程打下良好的基础。本书每章均配有一定数量的习题，以方便学生练习。

本书可作为高职高专院校相关专业的教材，也可作为初学编程人员的自学参考书。

前　　言

本书使用微软公司最新推出的 Visual Studio 2015 开发平台进行编写,逐步将程序设计的知识点进行描述,从而提升读者的编程能力。

本书结合大量具体实例,面向无编程基础的读者从零开始逐步学习 Visual C#程序设计,以知识带案例的形式,细致解析每个知识点和各知识点的联系。

本书的特点:

1. 条理清晰,讲解透彻。从介绍 C#的基本概念出发,由简单到复杂,循序渐进地介绍 C#面向对象的程序设计方法。

2. 实例丰富,实用性强。列举了大量的应用示例,读者通过上机操作可以大大提高使用 C#开发控制台应用程序、Windows 窗体应用程序的能力。

全书共分 11 个项目:Visual C#概述、C#语法基础、选择结构设计、循环结构设计、数组、面向对象程序设计、面向对象高级技术、常用控件、文件操作、数据库技术应用、异常处理与跟踪调试,各项目内容均包含知识、实例,通过教师讲解实例,学生上机操作,达到快速掌握并应用所学知识的目的。

本书内容丰富、结构合理,且注重理论与实践相结合,可以引导学生边学边练,解决了实践性教学环节与理论讲解脱节的问题。

本书可作为高等职业技术院校计算机及相关专业的教材,也可作为 C#培训教程,还可供程序设计爱好者参考。

本套丛书由丁爱萍担任总主编，本书由谢红（贵阳职业技术学院）、董淑娟（黄河水利职业技术学院）担任主编，参与编写的作者还有孙君菊（信阳职业技术学院）、高丽燕（郑州财经学院）、梁胜彬（河南大学），具体编写分工为：项目 1 至项目 4 由谢红编写，项目 5、项目 6 由董淑娟编写，项目 7、项目 11 由孙君菊编写，项目 8、项目 9 由高丽燕编写，项目 10 由梁胜彬编写。限于作者水平，书中难免有不足之处，恳请读者提出宝贵意见和建议。

编者

2017 年 6 月

目　录

项目 1　Visual C# 概述

项目导读

自 1998 年微软公司发布了 Visual Studio 6.0，至今已经发展到 Visual Studio 2015 版本，它已经成为面向更多用户、更多开发应用、更易懂快捷的编程工具。

本项目介绍 Visual Studio 2015 和使用 C#语言编程的方法，以及 C#程序的组成。

学习目标

（1）了解 Visual Studio 2015 的特点。

（2）熟悉 C#开发环境的应用。

（3）掌握 C#程序结构的组成部分。

（4）掌握常用的三种程序创建方法。

任务 1.1　Visual Studio 简介及安装

1.1.1　Visual Studio 的发展

1998 年，微软公司发布了 Visual Studio 6.0，所有开发语言的开发环境版本均升至 6.0。这也是 Visual Basic 最后一次发布，从下一个版本(7.0)开始，Microsoft Basic 进化成了一种新的面向对象的语言：Microsoft Basic. NET。

经过了多个版本的发展，目前发展到 Visual Studio 2015 版本，并且提供了一个免费的版本 Visual Studio Community。该版本仅供个人使用免费、功能完备的可扩展工具，面向构建非企业应用程序的开发人员，为广大学习者学习程序开发提供了完美支持。

1.1.2　Visual Studio 2015

Visual Studio Community 可用于创建面向 Windows、Android 和 iOS 的新式应用程序以及 Web 应用程序和云服务。Visual Studio Community 功能完备且可扩展的免费 IDE。Visual Studio 2015 具有以下特点。

（1）功能强大的编码工具

它可以选择自己喜欢的屏幕布局编写代码，并且可以使用导航以及快速查找并修复代码问题以及轻松重构代码。

（2）提供高级调试功能

它对所有使用支持 Visual Studio 的编程语言或技术编写的代码进行调试，能够快速找到代码中的 Bug，提供跨语言进行本地或远程调试。

（3）面向各种设备应用

开发面向各种设备（包括移动、桌面、HoloLens、Surface Hub 和 Xbox）的应用。Visual Studio 2015 支持跨平台移动设备开发，可以编写面向 iOS、Android 和 Windows 的应用程序和游戏以及共享通用基本代码，一切都可从 Visual Studio IDE 内执行。

（4）创建和部署新式 Web 应用程序

提供使用 ASP. NET、Node. js、Python 以及 JavaScript 针对 Web 进行开发，提供强大的 Web 框架，如 AngularJS、jQuery、Bootstrap、Django 和 Backbone. js。

（5）多语言支持

它支持 C#、Visual Basic、F#、C + + 、JavaScript、TypeScript 和 Python 等多种语言。

（6）可利用丰富的生态系统

通过利用合作伙伴和社区提供的工具、控件和模板，对 Visual Studio 进行自定义或进一步生成自己的扩展。

（7）方便的 Git 集成

可以在任意提供商（包括 GitHub）托管的 Git 存储库中管理你的源代码，或者使用 Visual Studio Team Services 管理你整个项目的代码、Bug 和工作项。

（8）免费工具和资源

在 Visual Studio 社区，可以访问丰富的免费开发人员工具、Pluralsight 培训、Azure 信用等 Visual Studio Dev Essentials 的一些内容。

1. 1. 3　Visual Studio 2015 系统安装

本书的开发平台使用微软提供的免费版本社区版 Visual Studio Community，该版本可以免费供个人开发使用。Visual Studio 2015 安装步骤如下。

1. 操作系统检测

Visual Studio 2015 安装之前，在微软官网查看目前使用的操作系统是否适合安装 Visual Studio 2015，网址为 https://www. visualstudio. com/visual - studio - 2015 - system - requirements - vs。操作系统的要求如图 1 - 1 所示，操作系统要求在 Windows 7 及其以上版本，或者 Windows Sever 2008 及其以上版本。

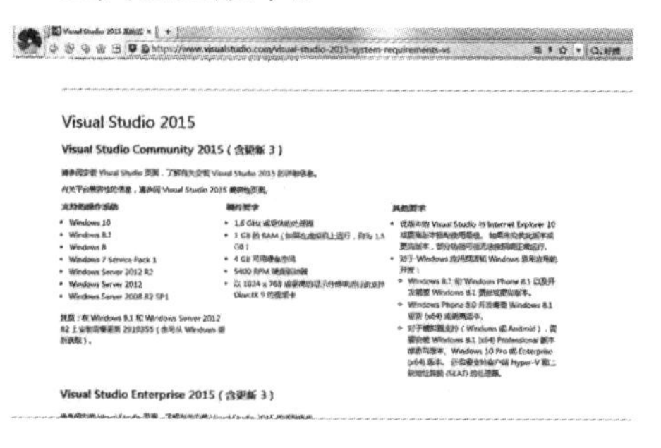

图 1 - 1　操作系统要求

2. 下载 Visual Studio Community

在微软的官网 https://www. visualstudio. com/products/free - developer - offers - vs. aspx 或者 https://www. visualstudio. com/products/visual - studio - community - vs 下载免费社区版 Visual Studio Community，下载的安装文件为 vs_community_CHS. exe。

3. 安装 Visual Studio Community

使用鼠标双击安装文件，保持在网络通畅的情况下安装，安装时间较长。

1）启动界面为图标，初始化安装界面如图1 -2 所示。

2）初始化后，选择安装路径及安装类型选择，如图1 -3 所示。这里选择“默认值”。

3）单击“安装”按钮进行安装操作，中途不用再做任何选择，安装成功后提示界面如图1 -4 所示。如果安装类型选择“自定义”，需要在安装的过程中选择要安装的开发工具等操作。

图1 -2　初始化界面

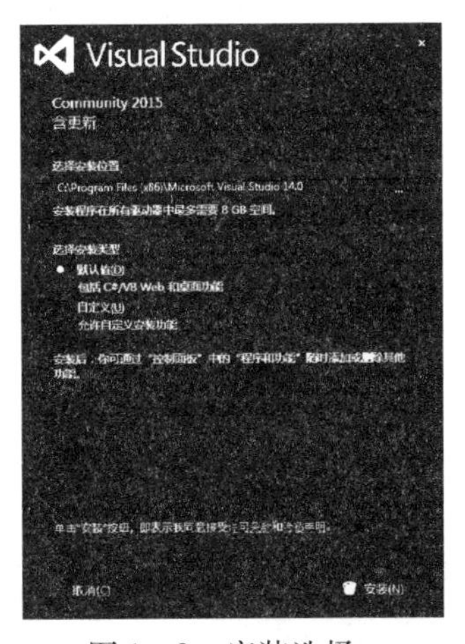

图1 -3　安装选择

图1 -4　安装成功界面

任务1.2　Microsoft. NET Framework 简介

Microsoft. NET Framework 4. 6 预览版提供约150 个新的 API 和50 个更新的 API 以启用更多方案，使用起来更为简便，在原来功能的基础上增加了新特性。

1）能够创建跨平台运行的 APS. NET 5 网站(包括 Windows、Linux 和 Mac)。

2）集成了构建跨设备运行的应用的支持（通过整合 Visual Studio Tools for Apache Cordova 以及用于跨平台库开发的全新 Visual C + + 工具)。

3）连接服务（Connected Services）体验更加轻松。

4）智能单元测试（Smart Unit Testing，原名为 PEX)：Visual Studio 2015 已整合来自微软研究院的单元测试技术。

5）全新的代码效率（得益于全新的. NET 编译平台 Roslyn)。

NET Framework 具有两个主要组件：公共语言运行库和. NET Framework 类库。公共语言运行库是. NET Framework 的基础。它提供内存管理、线程管理和远程处理等核心服务，并且还强制实施严格的类型安全以及可提高安全性和可靠性的其他形式的代码准确性。

NET Framework 的另一个主要组件是. NET Framework 类库。. NET Framework 类库是一个由 Microsoft. NET Framework SDK 中包含的类、接口和值类型组成的库。该库提供对系统功能的访问,是建立. NET Framework 应用程序、组件和控件的基础。

任务 1.3　C#开发环境

1.3.1　起始页面

第一次启动 Visual Studio 环境，如图 1-5 所示，可以选择使用微软账户登录，此时可以使用 Visual Studio Team Services 管理整个项目的代码；也可以选择“以后再说”，启动系统平台，选择环境及颜色主题，如图 1-6 所示。

第一次启动平台的界面如图 1-7 所示。整个窗体划分为三个部分：用于描述已经存在的解决方案的“解决方案管理器”，用于显示“开始”选项、最近项目以及新闻的“起始页”，窗体的左侧为工具箱。

图 1-5　登录界面

图 1-6　启动设置界面

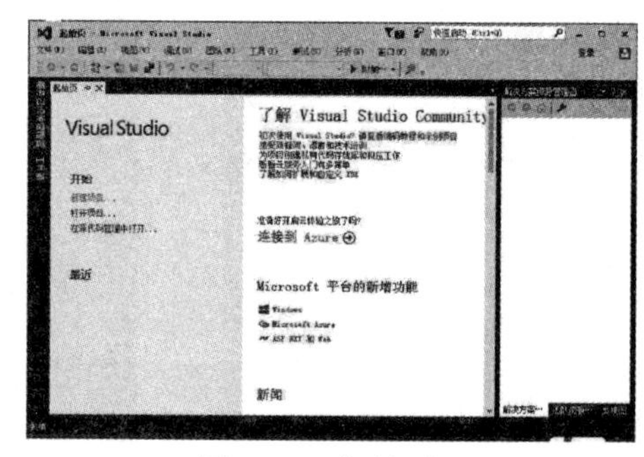

图 1-7　起始页面

在起始页中选择“新建项目”，或者依次选择“文件”→“新建”→“项目”菜单，弹出“新建项目”对话框，如图 1-8 所示。选择“模板”→“Visual C#”→“Windows 窗体应用程序”，并在对话框的下部进行项目命名、存放路径选择、解决方案命名。

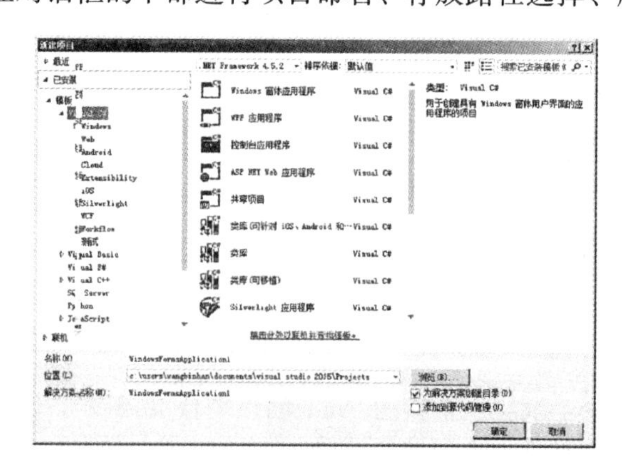

图 1-8　新建项目对话框

1.3.2　视图编辑器与代码视图

视图编辑器与代码视图是程序设计最常用的两个子窗口，视图编辑器用来设计Windows窗体或 Web 窗体，代码视图用于设计程序源代码。

创建 Windows 或 Web 应用程序时将默认打开设计器视图，如图 1－9 所示。在设计器视图中可以为 Windows 或 Web 界面添加控件。

视图编辑器与设计器视图共享一个屏幕区域，通过窗口上部的标签进行切换，如图 1－10 所示。代码视图实质上是一个纯文本编辑器，在该视图中可以进行通常的文本编辑操作，如选定、复制、移动、撤销、恢复等。

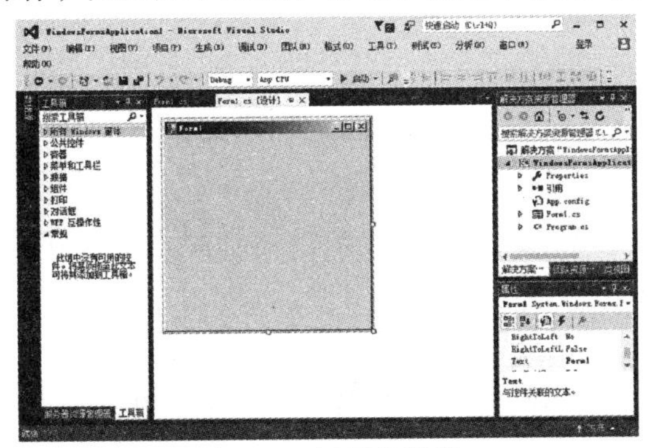

图 1－9　视图编辑器

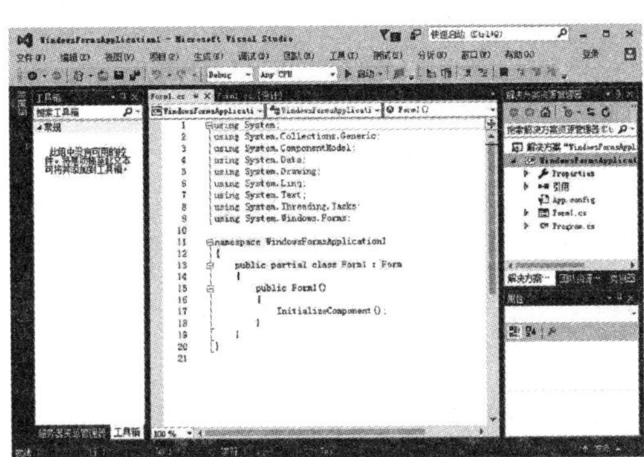

图 1－10　代码视图

1.3.3　解决方案资源管理器

使用 Visual Studio 开发的每一个应用程序叫解决方案，每一个解决方案可以包含一个或多个项目。一个项目通常是一个完整的程序模块，一个项目可以有多个项。“解决方案资源管理器”子窗口显示 Visual Studio 解决方案的树型结构，如图 1－11 所示。

图 1－11　解决方案资源管理器

在“解决方案资源管理器”中可以浏览组成解决方案的所有项目和每个项目中的文件，可以对解决方案的各元素进行组织和编辑。

在“解决方案资源管理器”中，可以使用鼠标的右键操作，如右键单击“解决方案资源管理器”中的“引用”项，可以选择“添加引用”或“添加 Web 引用”的操作。

当一个解决方案包含多个项目时，其中必须且只能有一个项目作为默认的启动项目，该项目是程序运行的入口。启动项目的名称以粗体显示。

1.3.4　团队资源管理器

往往开发一个项目需要一个项目团队，Visual Studio 2015 提供了登录后实现代码托管，方便团队成员的开发管理工作。

团队资源管理器用于实现代码的托管服务，如图 1－12 所示。

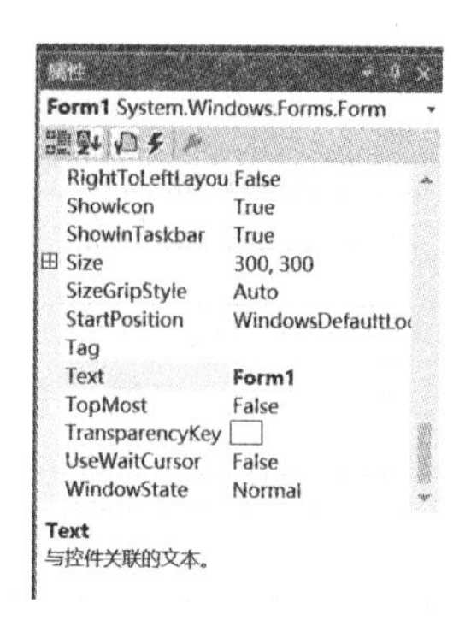

图 1－12　团队资源管理器

1.3.5　属性

“属性”子窗口用于设置解决方案中各类成员的属性，选择设计器视图、解决方案、类视图中的某一个类时，“属性”子窗口将以两列表格的形式显示该类的所有属性，如图 1－13 所示。

在窗口的上部有一个下拉列表框，显示当前选定的对象名称及所属类型。可以单击该列表框的下拉按钮，选择要设置属性的对象。属性默认按字母顺序排列，单击窗口中的字母排序按钮与分类排序按钮，可以在两种排序方式之间切换。在属性表格中左列是属性名称列表，右列对应各属性名称的属性值。选择某一名称，可以在右列修改该属性值。

在“属性”子窗口中将显示“事件”按钮，单击该按钮，窗口将显示被选择窗体或控件的事件列表，如图 1－14 所示。双击某一事件名称，将打开代码视图，并添加该事件方法的声明。

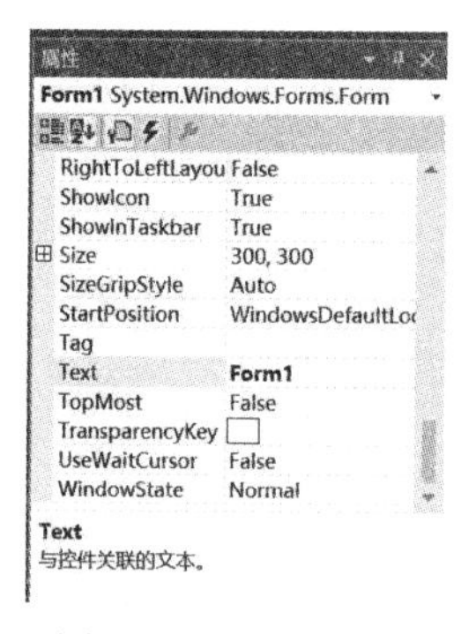

图 1－13　属性列表

图 1－14　事件列表

1.3.6　数据源

默认状态下，“数据源”处于隐藏状态，位于窗口的左边框，如图 1－15 所示。

当使用鼠标单击“数据源”，该选项卡显示，单击选项卡工具栏上方的图标，“数据源”选项卡显示在平台中，如图 1－16 所示。

“数据源”实现项目关联数据库等相关操作，在数据库应用程序开发中使用。

1.3.7 工具箱

默认状态下，“工具箱”处于隐藏状态，位于窗口的左边框，如图 1 - 15 所示。当鼠标指向“工具箱”时，将显示相应窗口，如图 1 - 17 所示。

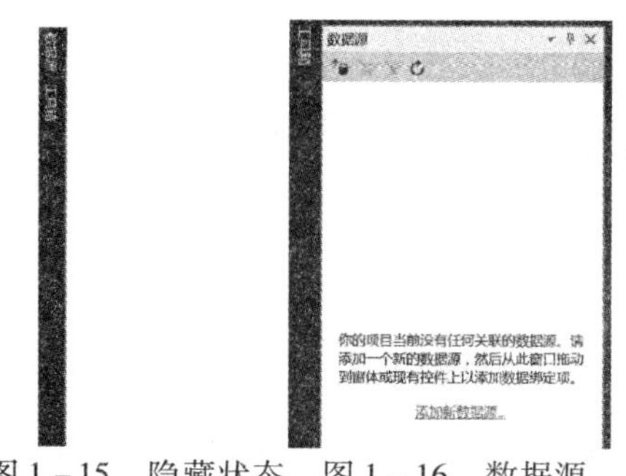

图 1 - 15 隐藏状态 图 1 - 16 数据源

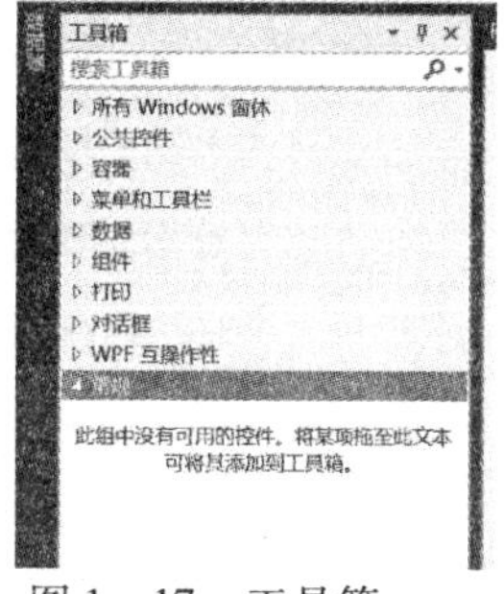

图 1 - 17 工具箱

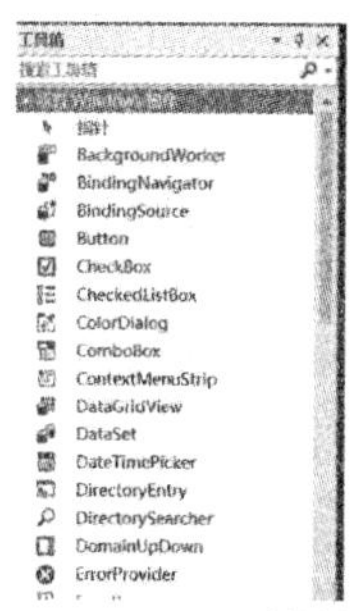

图 1 - 18 Windows 控件

“工具箱”用于向 Windows 应用程序或 Web 应用程序添加控件。“工具箱”使用选项卡分类管理其中的控件，打开“工具箱”将显示 Visual Studio 项目中使用的各个不同的控件列表。根据当前正在使用的设计器或编辑器，“工具箱”中可用的选项卡和控件会有所变化。图 1 - 18 是 Windows 控件工具箱。程序设计过程中，根据需要从“工具箱”中选择控件并将其拖动到窗体设计器中。

任务 1.4 C#程序结构

1.4.1 系统命名空间

Microsoft. NET Framework 提供了多个类。根据类的特性划分不同的命名空间，在命名空间定义了很多类，就使用“using 命名空间名”引入到项目中。命名空间包含可在应用程序中使用的类、结构、枚举、委托和接口。

在应用程序中，需要访问某一个命名空间的某一类时，在程序的开始使用 using 关键字引入命名空间，格式如下。

命名空间. 实例名称. 方法名(参数,……)；

或者

命名空间. 类名称. 静态方法名(参数,……)；

表 1 - 1 列出了. NET 框架类中常用的命名空间。

表 1－1 .NET 框架类中常用的命名空间

命名空间	类的描述
System	定义通常使用的数据类型和数据转换的基本.NET 类
System. Collections	定义列表、队列、位数组合字符串表
System. Data	定义 ADO. NET 数据库结构
System. Data. SqlClient	提供对 SQL Server 数据访问
System. Drawing	提供对基本图形功能的访问
System. IO	允许读写数据流和文件
System. Net	提供对 Windows 网络功能的访问
System. Text	ASCII、Unicode、UTF－7 和 UTF－8 字符编码处理
System. Threading	多线程编程
System. Timers	在指定的时间间隔引发一个事件
System. Web	浏览器和 Web 服务器功能
System. Windows. Forms	创建使用标准 Windows 图形接口的基于 Windows 的应用程序
System. XML	提供对处理 XML 文档的支持

1.4.2 用户命名空间

用户命名空间是在建立项目中创建的命名空间，开发者在该命名空间中完成相关的设计操作。

1.4.3 Main( ) 方法

项目的命名空间内可以包括一个或多个类，多个类可以在一个文件中，也可以是多个文件，但是一个项目有且只有一个 Main( ) 方法，在项目的“Program”类中，是创建项目时自动创建的。程序从该方法开始运行。C#规定，Main( ) 方法是程序的入口，当程序执行时，直接调用该方法。该方法必须包含在一个类中。

在程序设计中，可以根据需要修改 Main( ) 方法内部的运行代码。

1.4.4 注释

注释的使用通常是实现对代码的解释，C#中添加注释的方法有多种，常用的有以下三种。

1. 单行注释

以“//”符号开始，其后可以编写任何内容，位于“//”符号之后的本行文字都视为注释。

2. 多行注释

以“/＊”开始，“＊/”结束。任何介于这两对符号之间的文字都视为注释。这些符号可以在单独一行上，也可以不在一行上，注释符号之间的所有内容都是注释。

3. XML 注释

"///" 符号是一种特殊的注释方式，只要在用户自定义的类型如类、接口或者类的成员上方，或者命名空间的声明上方加上注释符号 "///"，系统就会自动生成对应的 XML 标记。

1.4.5　关键字

在程序设计中常常使用表示有特殊意义的词语，称为关键字（也叫保留字），是对开发系统有特定意义的字符串。关键字在 Visual Studio 环境的代码视图中默认以蓝色显示。

任务 1.5　C#应用程序

在 C#中，每一个解决方案可以由一个或多个项目组成，每一个项目可以由一个或者多个类文件组成，所有的代码都必须封装在某个类中。一个类可以由一个文件或多个文件组成，文件名可以和类名相同，也可以不同，为了方便管理，一般情况下，一个类文件中只完成一个类的定义，并且文件名与类名相同。

C#解决方案的扩展名为. sln，C#源程序类文件的扩展名为. cs，比如 Form1. cs。本书常用的 C#应用程序有以下几种。

1.5.1　Windows 窗体应用程序

Windows 窗体应用程序是在 Windows 操作系统中以图形界面运行的程序，设计时可以表现为窗体。Windows 窗体是用于 Windows 应用程序基于. NET 框架的平台。Windows 应用程序可以利用开发环境提供的控件设计窗体，自动生成部分设计代码。Windows 窗体应用程序实现步骤如下。

1）新建项目。即在已有的解决方案创建项目或者创建项目的同时创建解决方案。

2）界面设计。根据需要再添加窗体 Form，并使用属性选项卡对控件进行属性设计。

3）代码设计。根据项目的实现的功能，编写相关代码。

4）调试运行程序。

【例 1 - 1】使用 Windows 应用程序创建一个项目，运行显示 "Hello Visual Studio2015！"。

实现的步骤如下。

1）新建项目。

启动 Visual Studio. NET 2015，依次选择菜单栏中的 "文件" → "新建" → "项目"，将打开 "新建项目" 对话框，在 "已安装的模板" 选择 "Visual C#"，这时显示已经安装的基于 Visual C#的项目模板，这里选择 "Windows 窗体应用程序"，并设置项目的名称和解决方案的名称以及存放的路径。设置完毕后单击 "确定"，切换到窗体设计界面。

2）窗体的设计。

创建 Windows 应用程序时将默认打开设计器视图，显示工具箱。在设计器视图中可以为 Windows 界面添加控件。这里在属性选项卡中设置窗体 Form1 的 "Text" 属性值为 "C#

窗体应用程序”，StartPosition 属性为 CenterScreen，即运行时窗体处于屏幕中间的位置。Form 类常用属性、方法及事件如表 1－2 所示。

表 1－2　Form 类常用属性、方法及事件

属性名称	说明
Name	窗体的名称，该名称既是窗体对象的名称，也是保存在磁盘上的窗体文件的名称，窗体文件的扩展名为. cs
BackColor	窗体颜色
BackgroundImage	窗体背景图片设置
Enabled	窗体是否可用
Font	窗体中控件字体、字号与字形
ForeColor	窗体中控件文本的颜色
Location	窗体相对于容器左上角的位置，通常程序主窗体应是相对于屏幕（桌面）左上角的位置
Locked	窗体是否可以移动和改变大小
MaximizeBox	窗体是否具有最大化/还原按钮
MinimizeBox	窗体是否具有最小化按钮
Opacity	窗体是透明状态、半透明状态还是不透明状态
StartPosition	窗体运行时在屏幕上显示的位置
Text	窗体标题栏中显示的标题内容
AcceptButton	使用键盘 Enter 键激发该按钮的单击事件
CancelButton	使用键盘 Esc 键激发该按钮的单击事件
MainMenuStrip	关联到该窗体上的菜单
IsMdiContainer	若该窗体是 MDI 子窗体的容器，则为 true；否则，为 false。默认值为 false
Close( )	关闭窗体方法
Focus( )	为控件设置输入焦点（从 Control 继承）
Load 事件	在第一次显示窗体前发生
GotFocus 事件	在控件接收焦点时发生

在工具箱中选择“所有 Windows 窗体”选项卡中的“Button”控件，拖放在窗体合适的位置，修改该控件的“Text”属性值为“欢迎”；在窗体中再添加 Label 控件，设置该控件的“Text”属性值为空。界面设计如图 1－19 所示。

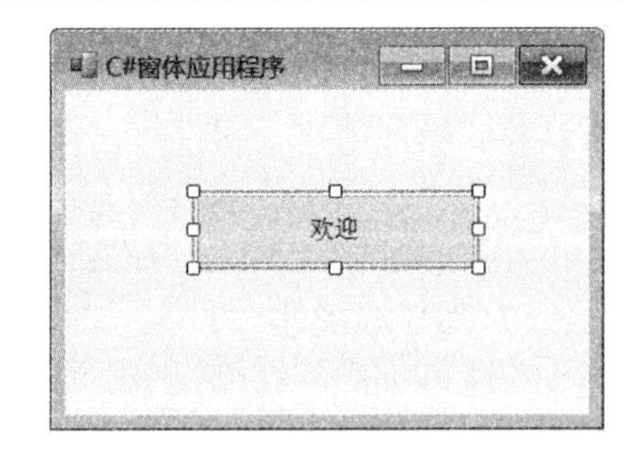

图 1－19　窗体设计界面

3）编写代码。

双击窗体设计界面进入代码编写界面，也可以按

"F7"进入代码编写界面。本例双击按钮"欢迎"，并且在按钮中添加一行代码如下：

```
label1.Text = "Hello Visual Studio2015!";
```

窗体设计器中的代码一部分自动生成，这里在解决方案资源管理器的项目下的"Form1.cs"下的"Form1.Designer.cs"中存放了系统生成的代码。这里的代码一般不需要修改。

需要说明的是，在解决方案资源管理器中，该项目目录下或自动生成一个文件 Program.cs，双击该文件，在代码中包含一个 Main() 方法，代码如下：

```
static void Main()
{
    Application.EnableVisualStyles();
    Application.SetCompatibleTextRenderingDefault(false);
    Application.Run(new Form1());
}
```

这是一个静态主方法，是程序的入口点，这里"Application.EnableVisualStyles();"表示程序运行时应用程序的可视样式，"Application.SetCompatibleTextRenderingDefault(false);"表示控件定义的默认值，"Application.Run(new Form1());"表示程序从 Form1 的实例开始运行。

4）运行调试程序。

单击工具栏的启动按钮▶启动，或者通过"调试→启动调试"以及键盘上的 F5 运行程序，或者通过"调试→开始执行（不调试）"以及键盘上"ctrl"与 F5 运行程序，单击运行界面上的"欢迎"按钮，将在 label 中显示文本"Hello Visual Studio2015!"，程序运行结果如图 1-20 所示。单击运行结果窗口右上角的关闭按钮，结束程序，回到编辑状态。

图 1-20　运行结果

5）保存程序。

可以通过选择菜单或者工具栏进行保存。单击工具栏的全部保存按钮，保存修改结果，或者编辑完毕，单个文件使用按钮进行保存。当单击启动按钮运行 C#程序后，该程序即被完全保存，如果之后未作任何修改，就不需要专门保存。只有在对 C#程序作了修改，又未运行，这时如要保存修改结果，才需要专门保存。

1.5.2　控制台应用程序

控制台应用程序适合于对界面交互低、运行速度高的项目，通过命令行的方式实现输入输出交互。控制台应用程序创建的步骤为建立项目、代码设计、编译运行等步骤。控制台应用程序的创建如【例 1-2】。

【例 1-2】使用控制台应用程序创建一个项目，运行显示"Hello Visual Studio2015!"。

实现的步骤如下。

1）新建项目。

启动 Visual Studio. NET 2015，选择菜单栏中的“文件”菜单，在打开的文件菜单中用鼠标指向“新建”，在下一级菜单中选择“项目”，将打开“新建项目”对话框，类似 Windows 应用程序的新建页。选择“控制台应用程序”，并设置项目名称、解决方案等。单击“确定”，显示代码设计视图如图 1－21 所示。

如果创建新项目时，在 Visual Studio. NET 中有已创建好的解决方案，在解决方案对应的编辑框中将显示“创建新解决方案”和“添入解决方案”单选项，选择“添入解决方案”单选项，将把创建的项目包含在当前的解决方案中；若选择“创建新解决方案”单选项，则关闭包含当前解决方案，将创建的项目放在新的解决方案中。这里选择“添入解决方案”。

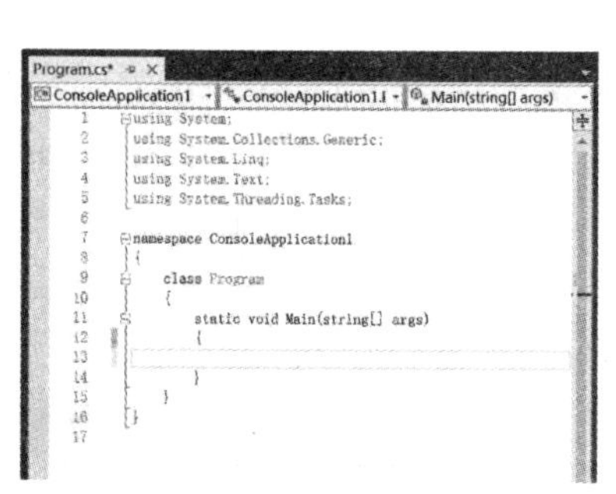

图 1－21　代码设计视图

图 1－22　选择启动项目

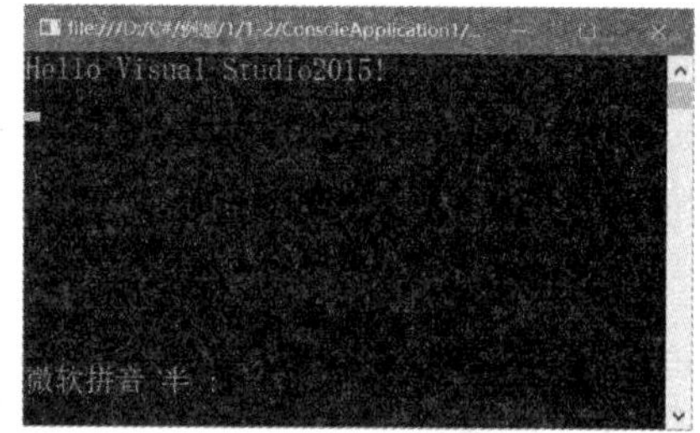

图 1－23　运行结果

2）编写代码。

系统在系统命名空间中已添加基本的命名空间。如果在代码编写过程中用到特殊的类，可以在系统命名空间中添加相应的类库的命名空间。这里只是在 Main( ) 方法中添加输出语句即可，代码如下：

```
static void Main(string[][] args)
{
    Console.WriteLine("Hello Visual Studio2015!");//输出语句
    Console.Read();//等待读入
}
```

3）编译程序。

源代码编写完成后，需要选择编译的项目为启动项目。使用鼠标选中在“解决方案资源管理器”中选中项目，单击右键，在菜单中选择“设为启动项目”，如图 1－22 所示。

单击工具栏的启动按钮 ▶ 启动 -，或者通过“调试→启动调试”以及键盘上的 F5 运行程序，或者通过“调试→开始执行（不调试）”以及键盘上“ctrl”与 F5 运行程序。如果编译没有错误，即运行程序，在控制台窗口显示运行结果。运行结果如图 1－23 所示。

在 Visual Studio 2015 开发环境下，运行时，运行结果屏幕一闪就过去了，无法看清输出的内容。为了能观察到输出结果，可以在 Main( ) 方法的最后加上“Console. Read( );”

语句，意思是读取键盘输入的字符，直到遇到回车键为止，观察输出结果后，按一下回车键就又返回到开发环境下了。本书所举的所有控制台应用程序的例子，都可以在程序的最后加上“Console. Read( );”语句。

4）保存程序。

通常只要执行启动命令编译运行程序或者执行“生成”菜单中的“生成解决方案”命令，程序即予以保存，而不需再专门进行保存。

1.5.3　类库

类库项目用于实现自定义类的编写，一般为同一解决方案内的其他项目编写类代码，自身不能单独运行。建立并使用类库的步骤为建立类库、在项目中添加引用、编译运行。这里使用类库和控制台应用程序完成“Hello Visual Studio2015!”的显示。

【例1-3】使用类库和控制台应用程序完成“Hello Visual Studio2015!”的显示。

实现的步骤如下。

1）新建项目。

新建一个项目，选择项目类型为“类库”，这里解决方案的名字为“HelloClass”，项目的名称为“HelloClass”。

2）代码设计。

选中默认类 Class1 单击鼠标左键，在菜单中选择“重命名”，如图1-24所示。然后输入要修改的类名，按一下回车键即可，这里修改为“Hello”，并且在 Hello 中添加一个方法 Show( ) 用于返回字符串“Hello Visual Studio2015!”。这种重命名方法适合方法、成员、类、变量等重命名操作。也可以在类库项目中添加类。一种方法使用解决方案资源管理器的类库项目单击鼠标右键“添加→类”或者通过菜单项中“项目→添加类”添加类。

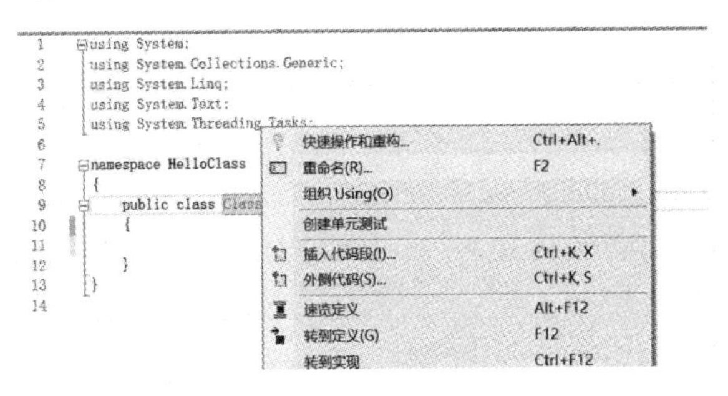

图1-24　类的重命名

Hello 的代码如下：

```
public class Hello
{
    public string Show( )
    {
        return " Hello Visual Studio2015!";
    }
```

```
}
```

3）建立应用程序。

建立一个控制台应用程序，创建方法与【例 1－2】相同。需要注意的是，在创建项目时选择解决方案为“添加到解决方案”。或者在解决方案资源管理器中依次右击该解决方案，依次单击“添加新建项目”，建立对应的项目。这里控制台项目命名为“HelloConsole”。

4）添加引用。

在解决方案资源管理器中选择控制台应用程序“HelloConsole”，选中其目录下的“引用”，单击鼠标右键，如图 1－25 所示，选择“添加引用”；显示“引用管理器”对话框，选择“项目”选项卡下的类库项目 HelloClass，如图 1－26 所示，单击“确定”按钮，该类库就添加到应用程序中。

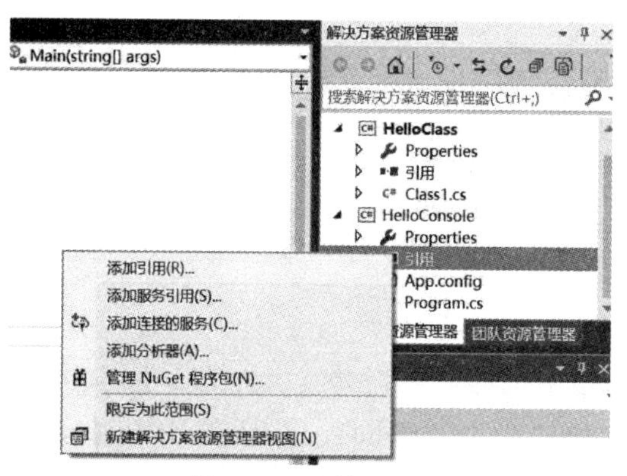

图 1－25　添加引用

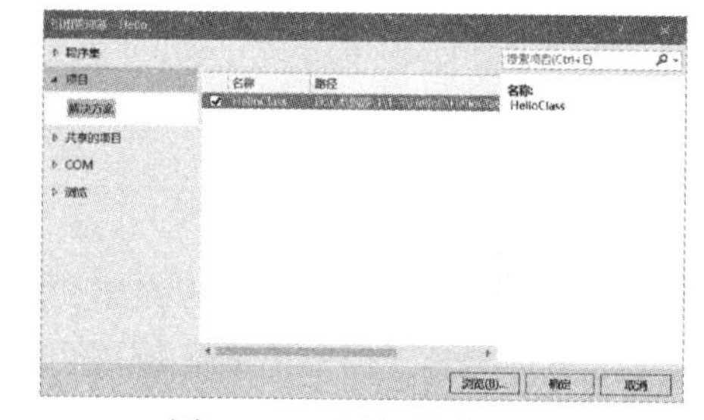

图 1－26　添加类库项目

5）代码设计。

因为这里要调用类 Hello，需要在系统命名空间中添加类库项目的名称的应用“using HelloClass;”，然后在 Main( ) 方法中编写代码，代码如下。

```
using HelloClass;
using System;
using System.Collections.Generic;
using System.Linq;
using System.Text;
using System.Threading.Tasks;
namespace HelloConsole
{
    class Program
    {
        static void Main(string[ ] args)
        {
            Hello hello = new Hello( );
            Console.WriteLine(hello.Show( ));
            Console.Read( );
```

```
            }
        }
    }
```

6）编译运行。

这里要生成解决方案，依次在菜单项中选择“生成→生成解决方案”，并选中控制台应用程序，选择“设为启动项目”，按F5运行。

思考与练习

1. 简述 Visual Studio .NET 环境中，怎样实现程序源代码编译成机器代码？
2. C#集成化开发环境中主要有哪些窗口？它们的主要作用是什么？
3. 设计视图与代码视图的作用是什么？怎样打开这两种视图？
4. 什么是命名空间？命名空间和类库的关系是什么？
5. 什么是解决方案？什么是项目？解决方案与项目有什么关系？
6. 使用三种方式编程实现显示“Hello World!”应用程序。

项目 2　C# 语法基础

项目导读

程序设计中，需要对大量的数据信息进行处理，不同的数据信息表现方式不同，如整数、小数、单个字符、多个字符、真假等。程序在处理数据时，需要依据语法规则、数据类型和表达式对数据存储及处理。本项目主要介绍 C#语法规则、数据类型和表达式。

学习目标

（1）了解 C#的基本数据类型，如字符型、整型、长整型、浮点型和双精度数据类型。

（2）掌握常用数据类型描述的数据范围。

（3）掌握常量与变量的定义、声明和使用方法。

（4）掌握 C#运算符的用途和表达式的写法。

任务 2.1　关键字

关键字是对编译器具有特殊意义的预定义保留标识符，是对 C#有特定意义的字符串。关键字在 Visual Studio. NET 环境的代码视图中默认以蓝色显示。例如，代码中的 using、namespace、class、static、void 等，均为 C#的关键字。它们不能在程序中用作标识符，C#中的关键字如表 2－1 所示。

表2－1　C#中的关键字

abstract	as	base	bool	break	byte	case	catch
char	checked	class	const	continue	decimal	default	delegate
do	double	else	enum	event	explicit	extern	false
finally	fixed	float	for	foreach	goto	if	implicit
in	in（泛型修饰符）	int	interface	internal	is	lock	long
namespace	new	null	object	operator	out	out（泛型修饰符）	override
params	private	protected	public	readonly	ref	return	sbyte
sealed	short	sizeof	stackalloc	static	string	struct	switch
this	throw	true	try	typeof	uint	ulong	unchecked
unsafe	ushort	using	virtual	void	volatile	while	

任务2.2　数据类型

C#的数据类可分为两种：值类型和引用类型。值类型包括基本类型（如 int、char、bool 和 float 等）、枚举类型和结构类型，引用类型包括类类型、接口类型、数组类型和委托（delegate）类型。

值类型和引用类型的区别在于存储方式不同。声明一个值类型的变量，编译器会在栈上为这个变量分配一个空间，空间里存储的就是该变量的值；声明引用类型的实例分配在堆上，新建一个引用类型实例，得到的变量值对应的是该实例的内存分配地址。即值类型的变量直接存放实际的数据，而引用类型的变量存放的则是数据的地址，即对象的引用。

本任务主要了解值类型的声明，引用类型将在后面的内容中进行讨论。

2.2.1　数值类型

1. 整数类型

整数类型又分为有符号整数与无符号整数。有符号整数可以带正负号，无符号整数不需带正负号，默认为正数。数学上的整数可以是负无穷大到正无穷大，但是，由于计算机的存储等限制，各种数据类型分配的存储空间不同，存储的数据是有一定范围的。C#中有8种整数，描述如表2－2所示。

表 2－2 整数类型

类型	占用存储长度	描述的数值范围
sbyte（有符号字节型）	1 个字节	－128～127
byte（无符号字节型）	1 个字节	0～255
short（有符号短整型）	2 个字节	－32768～32767
ushort（无符号短整型）	2 个字节	0～65535
int（有符号整型）	4 个字节	－2147483648～2147483647
uint（无符号整型）	4 个字节	0～4294967295
long（有符号长整型）	8 个字节	－9223372036854775808 ～9223372036854775807
ulong（无符号长整型）	8 个字节	0～18446744073709551615

例如：

int m ＝100；//声明整数 m,程序运行时占用内存空间为 4 个字节

long n ＝100；//声明长整数 n,程序运行时占用内存空间为 8 个字节

byte myByte ＝ 255；

byte myByte ＝ 256；// 超出了 byte 的范围,将产生编译错误

2. 实数类型

C#的实数类型中有 float、double、decimal（十进制）三种实数类型，表示 float 类型时，数据后加后缀 F 或 f；double 类型可以不加 D 或 d，因为小数默认为 double 类型；decimal 是数据后加后缀 M 或 m。默认情况下，赋值运算符右侧的实数被视为 double。实数类型描述如表 2－3 所示。

表 2－3 实数类型

数据类型	占用存储长度	精度	取值范围	类型指定符
float(32 位单精度浮点数)	4 个字节	7	1.5×10^{-45} ～3.4×10^{38}	后缀 f 或 F（不可省略）
double(64 位双精度浮点数)	8 个字节	15～16	$\pm5.0\times10^{-324}$ ～ $\pm1.7\times10^{308}$	后缀 d 或 D
decimal	16 个字节	28－29	$(-7.9\times10^{28} - 7.9\times10^{28})/(100-28)$	后缀 m 或 M（不可省略）

例如：

```
float x =0.75F;
double y =0.75
decimal z =0.75d;
```

3. 字符类型

字符包括数字字符、英文字母、表达符号等，C#提供的字符类型按照国际上公认的标准，采用长度为 16 位 Unicode 字符集，用它可以来表示世界上大多数语言。可以按以下方法给一个字符变量赋值，如：

```
char c = 'c';
```

char 可以隐式转换为 ushort、int、uint、long、ulong、float、double 或 decimal。在 C#中仍然存在着转义符，用来在程序中指代特殊的控制字符，如表 2－4 所示。

表 2－4　常用的转义符前缀

转义符	字符
\ '	单引号
"	双引号
\	反斜杠
\ 0	空字符
\ a	发出一声响铃
\ b	退格
\ f	换页
\ n	换行
\ r	回车

4. 布尔类型

在程序设计中，需要判断问题条件是否成立，使用布尔类型存储条件，值为“true”（真）和“false”（假）。例如：

```
int i =6;
bool b = (i >0 && i <10); //b 的值为 true
```

5. 结构类型

结构（struct）类型是一种值类型，通常用来封装具有多个信息的数据，如矩形的坐标或公司人员特征。比如，公司员工的信息中可以包含姓名、性别、电话和地址等信息，我们可以定义员工记录结构的定义：

```
public struct Employee{
public string name;
public string sex;
public string phone;
public string address;
}
Employee emp;
```

结构（struct）类型是一种复合值类型，它是由一系列相关的、但类型不一定相同的变量组织在一起而构成的，如 int、string 等，其中每一个变量都是该结构类型的一个成员。

结构中可以包含构造函数、常数、字段、方法、属性、索引、操作符和嵌套类型等，如果包含这样的成员，建议使用类类型。

【例 2-1】使用结构类型描述学生信息。使用该类型定义学生“姓名：李丽；年龄：18；班级：软件技术 1601”并显示。

程序实现步骤如下。

1）建立控制台应用程序，项目名称为“exp02_ 01”；解决方案名称为“chapter02”，项目 2 的例题项目都放在该解决方案下。

2）在 Program 类中定义结构类型的学生信息。

3）在 Main( ) 方法中声明结构类型的变量、赋值，并编写输出语句。完整的 Program 代码如下：

```
class Program
{
    struct student
    {
        public String stuname;
        public int age;
        public String classname;
    }
    static void Main(string[ ] args)
    {
        student stu;
        stu.stuname = "李丽";
        stu.age = 18;
        stu.classname = "软件技术 1601";
        Console.WriteLine(" 姓名:" + stu. stuname + " 年龄:" + stu. age
+" 班级:" + stu. classname);
        Console.Read( );
    }
}
```

4）运行程序，程序运行结果如下：

姓名：李丽　年龄：18　班级：软件技术 1601

6. 枚举类型

enum 关键字用于声明枚举，用于声明一组已命名常数的不同类型。定义枚举类型的一般格式为：

```
enum 枚举类型名称
{
    符号常量 1,
    符号常量 2,
```

```
    …
}
```

默认情况下，第一个枚举数具有值0，并且每个连续枚举数的值将增加1，枚举数名称中不能含有空格。每一种枚举类型都有一种基本类型，long、int、short 和 byte 等整数类型均可作为枚举型的基本类型。若不指明数据类型，则默认为 int 型，且第一个元素的值为0，其后每一个连续元素的值加1递增。例如，在以下枚举中，Sun 的值为0，Mon 的值为1，Tue 的值为2，依次类推。

```
enum Days { Sun, Mon, Tue, Wed, Thu, Fri, Sat};
```

枚举数可以使用初始值设定项来替代默认值，如下面的示例中所示。

```
enum Days { Sun =1, Mon, Tue, Wed, Thu, Fri, Sat };
```

在此枚举中，强制元素的序列从1开始，而不是0。

每个枚举类型都有一个基础类型，该基础类型可以是任何整型。枚举元素的默认基础类型是 int。若要声明另一整型的枚举（如 byte），则请在后跟该类型的标识符后使用冒号，如以下示例所示。

```
enum Days : byte { Sun =1, Mon, Tue, Wed, Thu, Fri, Sat };
```

将 enum 类型转换为整型，则必须使用显示转换。例如，以下语句通过使用转换将 enum 转换为 int，从而将枚举数 Sun 赋值为 int 类型的变量。

```
int x = (int)Days.Sun;
```

【例2-2】使用 enum 类型描述工作日，其中周日为一周中的第一天。输出周一是一周中的第二天。

程序实现步骤如下。

1）在解决方案“chapter02”中，创建控制台项目，项目名称为“exp02_ 02”。

2）在 Program 类中创建工作日的枚举类型，代码如下：

```
enum WeekDays { Sun = 1, Mon, Tue, Wed, Thu, Fri, Sat };
```

3）在 Main( ) 方法中编写代码，完成输出周一是一周中的第二天。完整的 Program 代码如下：

```
class Program
{
    enum WeekDays { Sun = 1, Mon, Tue, Wed, Thu, Fri, Sat };
    static void Main(string[ ] args)
    {
        WeekDays Monday = WeekDays.Mon;
        Console.WriteLine("Monday 是一周中的第" +(int)Monday
+"天");
    Console.Read( );
    }
    }
```

4）将该项目修改为启动项目，运行程序，运行结果如下：

Monday 是一周中的第 2 天

7. 隐含类型局部变量（Local Variable Type Inference）

从 Visual C# 3.0 开始，在方法范围中声明的变量可以具有隐式类型 var。隐式类型的本地变量是强类型变量（就好像您已经声明该类型一样），但由编译器确定类型。下面的两个 k 声明在功能上是等效的：

```
var k = 10;
int k = 10;
```

隐含类型局部变量应注意以下几点：

1）var 声明仅限于局部变量，即用于方法内部，不可用于字段。

2）var 为关键字，可以根据后面的初始化语句自动推断类型，这个类型为强类型。

3）初始化语句必须为表达式，不可以为空，且编译时可以推断类型。

4）数组也可以作为隐含类型，只能使用数组初始值设定项表达式为数组类型赋值，即使用 new 表达式。

2.2.2 引用类型

C#预定义的引用类型包括 dynamic、object 和 string 类型。用户定义的引用类型可以是接口类型、类类型和委托类型，在后面的章节中会讨论。

引用类型事实上保存一个指向它引用的对象的内存地址。下面的代码段中有两个变量引用了同一个 object1 类型的对象（本例中，假设这个对象有一个数据成员“myValue”）：

```
objectl x = new objectl();
x.myValue = 10;
objectl y = x;
y.myValue = 5; // 这条语句执行后,x.myValue 和 y.myValue 的值都为 5
```

上面的这段代码演示了引用类型的一个特点：改变某一个引用指向的对象的属性，同时也会影响到所有其他指向这个对象的引用。下面讨论以下基本引用类型的使用。

1. dynamic 类型

在通过 dynamic 类型实现的操作中，该类型的作用是绕过编译时类型检查，改为在运行时解析这些操作。在大多数情况下，dynamic 类型与 object 类型的行为是一样的。例如：

```
dynamic d = 10;
object o = 10;
```

编译器将有关该操作信息打包在一起，并且该信息以后用于计算运行时操作。在此过程中，dynamic 类型的变量会编译到 object 类型的变量中。因此，dynamic 类型只在编译时存在，在运行时则不存在，但也有不同。例如：

```
d = d + 3;
o = o + 3;//error
```

出现这种现象的原因是编译时不会检查包含 dyn 的表达式。

dynamic 关键字可以直接出现或作为构造类型的组件、属性、字段、索引器、参数、返回值或类型约束的类型。

2. object 类型

object 类型在. NET Framework 中是 Object 的别名。在 C#的统一类型系统中，所有类型（预定义类型、用户定义类型、引用类型和值类型）都是直接或间接从 object 继承的。该类型可以接受任何类型的值。

【例 2 – 3】object、dynamic 类型的简单使用。

程序实现步骤如下。

1）在解决方案“chapter02”中，创建控制台项目，项目名称为“exp02_ 03”。

2）在 Program 类中的 Main( ) 方法中编写代码。完整的 Program 代码如下：

```
class Program
{
    static void Main(string[ ] args)
    {
        object k = 10;
        dynamic m = 10;
        Console.WriteLine(k);
        Console.WriteLine(k.GetType()); //输出 k 的类型
        Console.WriteLine(k.ToString());//将 k 转变为字符串输出
        Console.WriteLine(m);
        Console.WriteLine(m.GetType()); //输出 m 的类型
        Console.WriteLine(m.ToString());//将 m 转变为字符串输出
        // k = k + 1;//error
        m = m + 1;
        Console.WriteLine(m);
        Console.Read();
    }
}
```

3）将该项目修改为启动项目，运行程序，运行结果如图 2 – 1 所示。

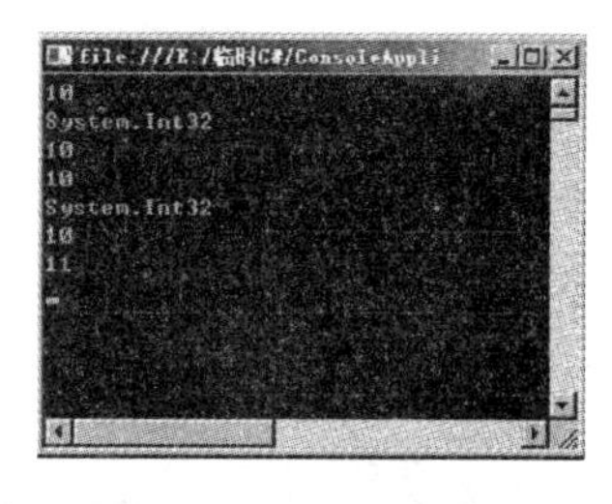

图 2 – 1　程序运行结果

3. 字符串类型

string 类型表示一个字符序列（零个或更多 Unicode 字符）。string 是 . NET Framework 中 String 的别名，允许只包含一个字符的字符串，也可以是不包含字符的空字符串。字符串的长度根据字符的个数而定，可以是任意长度。在开发环境中，string 的关键字也可以写为 String。

string 类型虽然也是引用类型，但它的工作方式像值类型，字符串是一个常量，当一个字符串被指定了另一个字符串的值时，例如：

string s1 = "good monring";

string s2 = s1;

s2 和 s1 都引用了同一个字符串类型，但是当 s1 的值发生改变时，如 s1 = “good-bye”，s2 的值仍然是“good monring”。之所以会这样，是因为当改变 s1 的值时，新创建了一个 string 对象，s1 引用这个新的 string 对象，s2 仍然引用原来 string 对象。

使用字符串很简单，合并字符串使用“+”进行操作，使用“==”判断字符串相等，还可以通过下标的方式访问字符串中指定的字符，见【例 2-4】。

【例 2-4】字符串的简单应用。

程序实现步骤如下。

1）在解决方案“chapter02”中，创建控制台项目，项目名称为“exp02_04”。

2）在 Program 类中的 Main() 方法中编写代码。完整的 Program 代码如下：

```
class Program
{
    static void Main(string[] args)
    {
        string s1 = "I love C#!";
        string s2 = s1;
        Console.WriteLine(s1);
        Console.WriteLine(s2);
        s2 = "I like write C# programs!";
        Console.WriteLine(s1);
        Console.WriteLine(s2);
        Console.WriteLine(s1 + s2);
        if (s1 == s2)
            Console.WriteLine("s1 equals s2");
        else
            Console.WriteLine("s1 unequals s2");
        Console.Read();
    }
}
```

3）将该项目修改为启动项目，运行程序，运行结果如图 2-2 所示。

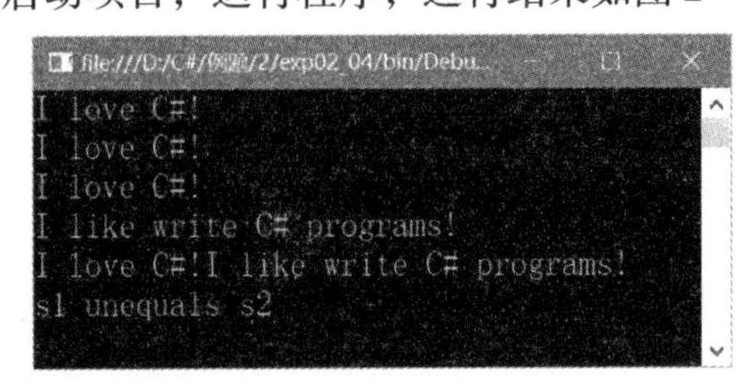

图 2-2　程序运行结果

任务 2.3　变量

在程序设计中，需要处理一些能够根据计算改变的数据，这些数据需要存储起来，存储这种的数据符号是变量。变量是指在程序的运行过程中随时可以发生变化的量。变量是程序中数据的临时存放场所，在代码中可以只使用一个变量，也可以使用多个变量，变量中可以存放单词、数值、日期以及属性。在计算机中，变量代表存储地址，变量的类型决定了存储在变量中的数值的类型，决定了程序执行时该变量数据所占内存空间的大小。

2.3.1　变量的命名规则

为了提高程序的可读性，变量的命名与变量表示数据含义相关联，C#变量的命名规则如下：

1）变量名必须以字母或下划线开头，其余字符必须是字母（包括汉字）、数字或下划线。

2）变量名只能由字母、数字和下划线组成，而不能包含空格、标点符号、运算符等其他符号。

3）变量名不能与 C#中的关键字名称或 C#中的库函数名称相同。

在 C#中，允许在变量名前加前缀“@”。在这种情况下，我们就可以使用前缀“@”加上关键字作为变量的名称。

下面给出了一些合法和非法的变量名的例子：

```
int m; //合法
int m-1; //不合法,含有非法字符
int m_1; //合法
string sum; //合法
char int; //不合法,与关键字名称相同
float Main; //不合法,与函数名称相同
```

2.3.2　变量的使用

变量使用时需要先声明，才能使用。一般情况下，变量需要初始化，变量的初始化用于给变量赋一个初始值，这个值可能在后面的代码中有用，也可能没有用，最好养成给变量初始化的好习惯，因为某些情况下，变量没有初始化会出现编译错误。声明变量最简单的格式为：

数据类型名称 变量名列表;

如：

```
int k; //声明一个整型变量 k
bool f; // 声明一个布尔类型的变量 f
string s; // 声明一个字符串 s
```

C#中,允许使用一个语句声明多个变量,如：

int i,j,k,m,n; //正确,一次声明了多个整形变量

但是下面的声明是错误的:

int i, float j;

这是因为在使用一条语句声明多个变量时，变量必须是同一个数据类型，并且数据类型只能出现一次，下面的声明也是错误的:

int i,int j;

变量的初始化操作往往和变量的声明一起，如:

int i =1;//声明整型变量 i,并初始化赋值为 1

也可以分开实现，即先声明，后初始化，如:

int i;// 声明整型变量 i

i =1;// 初始化变量 i

另外，变量可以通过其他途径进行初始化，如通过其他方法运算带来的结果，通过第三变量等，如:

int k = sum(3,5);// 变量 k 通过调用 sum(3,5)实现初始化

int m =9,n;

k =m +10; // 变量 k 通过表达式 m +10 赋值,但要注意表达式只有有确定值时才可以

n =m; //通过其他变量给 n 赋值

2.3.3 变量的作用域

变量的作用域是指变量能被访问的区域，变量的作用域是从定义开始，到与定义该变量前的“{”对应的“}”结束，即在这个范围内，该变量才可以被访问到。

C#中不存在全局变量，即不存在整个项目中都被认可的变量。

任务 2.4 常量

常量是定义完成后，只能读取不能修改的量。常量的数据类型可以是数值类型和引用类型。常量的声明格式如下:

const 数据类型名称 常量名 = 常量表达式

需要注意的是，常量的声明和初始化只能一次完成。常量只能初始化一次，只能使用常量来初始化。常量的命名格式和变量一致。常量的值不能被改变。如下面的代码:

```
const double f = 5.78;// 正确
double k =1.2;
const double m = k;//错误,不能使用变量给常量赋值
const double n = f;//正确,f 是常量
f = 3.9;//错误,常量不能被重新赋值
```

【例 2 -5】定义常量 PI，计算圆的面积。

分析：圆面积的计算比较简单，通过公式 $\pi * r^2$ 实现，r^2 可以通过 r * r 实现。

本例使用 Windows 窗体应用程序实现。程序设计步骤如下。

1）在解决方案“chapter02”中，创建 Windows 窗体应用程序，项目名称为“exp02_04”。

2）设置项目默认窗体 Form1 的 Text 属性为“圆面积计算”，StartPosition 的属性值设为 CenterScreen。

添加所需要的控件，一个用于描述文本的控件 label1，并设置其 Text 属性值为“请输入圆的半径”；一个用于接受输入圆半径的控件 textBox1，一个用于事件人机交互实现计算的按钮 button1，并设置 Text 属性值为“计算”。这样界面就完成了。设计如图 2 –3 所示。

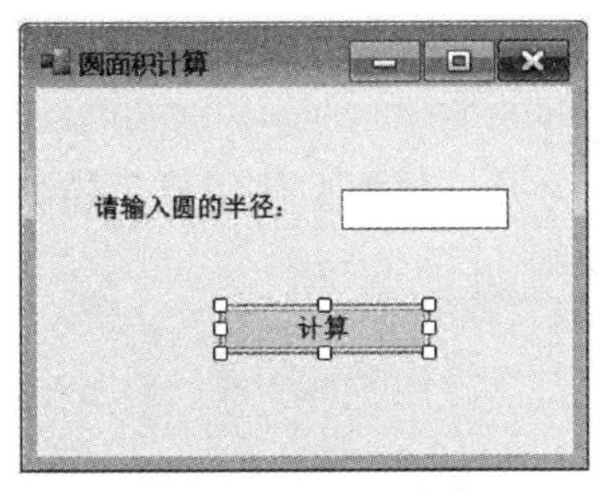

图 2 –3　界面设计

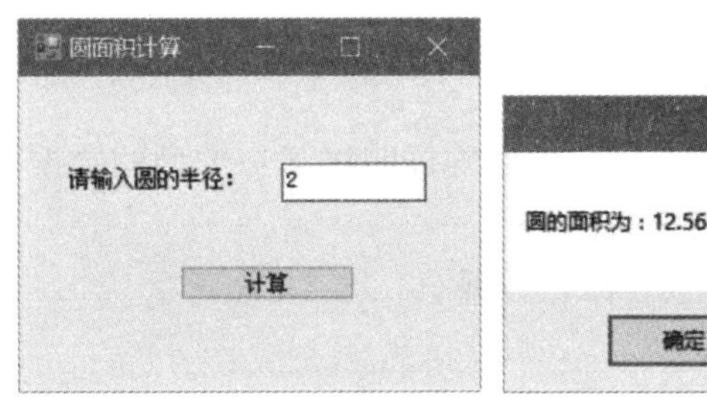

图 2 –4　程序运行结果

3）编写代码。在窗体设计界面上单击鼠标右键，选择“查看代码”，在类中 Form1 中添加常量成员：

```
const double PI = 3.14;
```

切换到窗体设计视图，在 Form1 设计器中，双击“计算”按钮，进入按钮的事件编写，代码如下：

```
private void button1_Click(object sender, EventArgs e)
{
    double r =Double.Parse( textBox1.Text);
    double area = PI * r * r;
    MessageBox.Show("圆的面积为:" + area);
}
```

4）将该项目修改为启动项目，运行程序。输入圆的半径为 2，运行结果如图 2 –4 所示。

任务 2.5　类型转换

2.5.1　数值类型转换

数值类型转换是指都是在数值类型也包括字符串的情况下进行转换，这里所说的数值类型包括 byte、short、int、long、fload、double 等，根据这个排列顺序，各种类型的值依次可以向后自动进行转换。数据类型的转换有隐式转换和显式转换两种。

1. 隐式转换

隐式转换是系统自动执行的数据类型转换，不需要编写任何处理代码。隐式转换的基本原则是允许数值范围小的类型向数值范围大的类型转换，允许无符号整数类型向有符号整数类型转换。例如：

byte m = 3; //byte 的类型为无符号字节,占 8 位

uint n = m; //将 m 的值读取出来,隐式转换为 uint 类型后,赋给整型变量 n

C#允许将 char（字符）类型的数据隐式转换为数值范围在短整型（含短整型）以上的数值类型。例如：

char c = 'A'; // 字符型变量 c 的值为大写字母“A”

int num = 32 + c // 读取 letter 的值,隐式转换为整数 65,与 32 相加后的结果赋给 num

2. 显式转换

显式转换在代码中明确标明将某一类型的数据转换为另一种类型使用显示转换。显式转换的一般格式为：

（数据类型名称）数据

例如：

```
long k =600;
short z = (short)k;
```

上述语句中存在两个数据类型转换，即将 int 类型的 600 转换为 long 类型；然后将 long 类型的变量 k 显式转换为 short 类型。

如果被转换的数据超过了转换的数据类型描述的结果，那么有可能导致数据的丢失。例如：

```
decimal d =234.55M; // 使用 M 或 m 类型符说明类型,否则编译出错
int x = (int)d;
```

将变量 d 的值显式转换为整型，结果小数部分被截去，x 的值为 234。

另外一种显式转换是使用 C#提供的专门用于数据类型转换的方法来实现。

（1）Parse( ) 方法

Parse( ) 方法可以将特定格式的字符串转换为数值。Parse( ) 方法的使用格式为：

数值类型名称. Parse(字符串型表达式)

其中“字符串型表达式”的值必须严格符合“数据类型名称”对数值格式的要求。例如：

```
textBox1. Text = "10" ;
int m = int. Parse(textBox1. Text); // 符合整型格式要求,转换成功
int n = int. Parse("10. 5"); //提示输入字符串的格式不正确,转换失败
```

（2）ToString( ) 方法

ToString( ) 方法可将其他数据类型的变量值转换为字符串类型。ToString( ) 方法的使用格式为：

变量名称. ToString( )

其中，“变量名称”也可以是一个方法的调用。

例如：

```
int x =123;
string s =x. ToString( ); //转换为字符串"123",然后赋值给 s
```

(3) Convert 类提供的转换方法

NET 中提供转换类 Convert，能将很多数据类型转换为另外一种数据类型。支持的数据类型有 Boolean、Char、SByte、Byte、Int16、Int32、Int64、UInt16、UInt32、UInt64、Single、Double、Decimal、DateTimeandString。需要说明的是，大写的数据类型可以和小写的数据类型等同，如 Boolean 等同于 bool。当需要将一个数据类型转换为另外一个数据类型，可以调用 Convert 类对应的方法实现转换，如下面的代码：

```
String s = "1223";
int k = Convert. ToInt32(s);
```

2.5.2 装箱与取消装箱

1. 装箱

装箱是将值类型转换为 object 类型或由此值类型实现的任何接口类型的过程，该类型的数据转换为隐式数据转换。当 CLR 对值类型进行装箱时，会将该值包装到 System. Object 内部,再将后者存储在托管堆上。如下面的代码，将整数类型的变量 k 装箱为对象类型：

```
int k = 1;
object obj = k;
```

2. 取消装箱

取消装箱将从对象中提取值类型，取消装箱是显式数据类型转换。装箱和取消装箱的概念是类型系统 C#统一视图的基础，其中任一类型的值都被视为一个对象。如下面的代码实现了取消装箱操作：

```
object obj = 10;
int k = (int)obj;
```

任务 2.6 运算符和表达式

2.6.1 运算符

运算符是运算处理中表示运算的符号，它接受一个或多个称为操作数的表达式作为输入并返回值。接受一个操作数的运算符被称作一元运算符，如增量运算符（++）或 new。接受两个操作数的运算符被称作二元运算符，如算术运算符 +、-、*、/。条件运算符?：接受三个操作数，是 C#中唯一的三元运算符。C#中运算符如表 2-5 所示。其中表中的运算符按优先级从高到低排列，同一种种类的运算符优先级相同。

表2-5　C#运算符

类别	种类	操作符	描述
基本运算符	基本运算符	x. y	点运算符（.）用于成员访问。点运算符指定类型或命名空间的成员
		x?. y	null 条件成员访问。若左边操作数为 null，则返回 null
		f(x)	() 运算符除了用于指定表达式中的运算顺序外，圆括号还用于指定强制转换或类型转换
		a[x]	方括号（[]）用于数组、索引器和属性，也可用于指针
		a?[x]	null 条件索引。若左边操作数为 null,则返回 null
		new	用于创建对象和调用构造函数，还可用于创建匿名类型的实例
		typeof	用于获取类型的 System. Type 对象。
		checked	checked 关键字用于对整型算术运算和转换显式启用溢出检查
		unchecked	unchecked 关键字用于取消整型算术运算和转换的溢出检查
		default(T)	返回类型 T 的默认初始化值，T 为引用类型时返回 null，T 为数值类型时返回零，T 为结构类型时返回填充为零/null 的成员
		Delegate	声明并返回一个委托实例
		Sizeof	返回类型操作数的大小（以字节为单位）
		- >	运算符将指针取消引用与成员访问组合在一起
一元操作符	一元操作符	+	一元 + 运算符是为所有数值类型预定义的。对数值类型进行一元 + 运算的结果就是操作数的值
		-	一元 - 运算符是为所有数值类型预定义的。数值类型的一元 - 运算的结果是操作数的反数
		!	逻辑非运算符（!）是对操作数求反的一元运算符。为 bool 定义了该运算符，当且仅当操作数为 false 时才返回 true
		~	~运算符对操作数执行按位求补运算，其效果相当于反转每一位
		++	增量运算符（++）将操作数加 1。增量运算符可以出现在操作数之前或之后
		--	减量运算符（--）将操作数减 1。减量运算符可以出现在操作数之前或之后
		(T)x	除了用于指定表达式中的运算顺序外，圆括号还用于指定强制转换或类型转换
		&	一元（&）运算符返回操作数的地址

续表

二元操作运算符	乘法	*	乘法运算符（ * ），用于计算操作数的积
		/	除法运算符（/）用第二个操作数除第一个操作数。若操作数均为整数，则结果为整数，舍去小数
		%	模数运算符（%）计算第二个操作数除第一个操作数后的余数。若操作数均为整数，则返回 x 除以 y 后的余数
	加法	+	为数值类型和字符串类型预定义了二元 + 运算符。对于数值类型，+ 计算两个操作数之和。当其中的一个操作数是字符串类型或两个操作数都是字符串类型时，+ 将操作数的字符串表示形式串联在一起
		-	二元 - 运算符是为所有数值类型和枚举类型预定义的，其功能是从第一个操作数中减去第二个操作数
	移位	< <	左移运算符（ < < ）将第一个操作数向左移动第二个操作数指定的位数。第二个操作数的类型必须是 int
		> >	右移运算符（ > > ）将第一个操作数向右移动第二个操作数所指定的位数
	关系和类型检测	<	所有数值类型和枚举类型都定义“小于”关系运算符（ < ），若第一个操作数小于第二个操作数，该运算符返回 true，否则返回 false
		>	所有数值类型和枚举类型都定义“大于”关系运算符（ > ），若第一个操作数大于第二个操作数，它将返回 true，否则返回 false
		< =	若第一个操作数小于或等于第二个操作数，则该运算符将返回 true，否则返回 false
		> =	若第一个操作数大于或等于第二个操作数，则该运算符将返回 true，否则返回 false
		is	检查对象是否与给定类型兼容
		as	as 运算符用于在兼容的引用类型之间执行转换
	相等	= =	对于预定义的值类型，若操作数的值相等，则相等运算符（ = = ）返回 true，否则返回 false
		！ =	若操作数相等，则不等运算符（！ = ）返回 false，否则返回 true
	逻辑“与”	&	& 运算符计算两个运算符，与第一个操作数的值无关
	逻辑“异或”	^	二元（^）运算符是为整型和 bool 类型预定义的。对于整型，^将计算操作数的按位“异或”；对于 bool 操作数，^将计算操作数的逻辑“异或”；也就是说，当且仅当只有一个操作数为 true 时，结果才为 true
	逻辑“或”	|	二元（|）运算符是为整型和 bool 类型预定义的。对于整型，| 计算操作数的按位“或”结果；对于 bool 操作数，| 计算操作数的逻辑“或”结果；也就是说，当且仅当两个操作数均为 false 时，结果才为 false
	条件“与”	&&	条件“与”运算符（&&）执行其 bool 操作数的逻辑“与”运算，但仅在必要时才计算第二个操作数

续表

<table>
<tr><td rowspan="13">二元操作运算符</td><td>条件“或”</td><td>||</td><td>条件“或”运算符（||）执行 bool 操作数的逻辑“或”运算，但仅在必要时才计算第二个操作数</td></tr>
<tr><td rowspan="11">赋值运算符</td><td>=</td><td>赋值运算符（=）将右操作数的值存储在左操作数表示的存储位置、属性或索引器中，并将值作为结果返回。操作数的类型必须相同（或右边的操作数必须可以隐式转换为左边操作数的类型）</td></tr>
<tr><td>+=</td><td>加法赋值运算符</td></tr>
<tr><td>-=</td><td>减法赋值运算符</td></tr>
<tr><td>*=</td><td>二元乘法赋值运算符</td></tr>
<tr><td>/=</td><td>二元除法赋值运算符</td></tr>
<tr><td>%=</td><td>模数赋值运算符</td></tr>
<tr><td>&=</td><td>“与”赋值运算符</td></tr>
<tr><td>|=</td><td>“或”赋值运算符</td></tr>
<tr><td>^=</td><td>“异或”赋值运算符</td></tr>
<tr><td><<=</td><td>左移赋值运算符</td></tr>
<tr><td>>>=</td><td>右移赋值运算符</td></tr>
<tr><td></td><td></td><td>如果运算符的左操作数非 null，该运算符将返回左操作数，否则返回右操作数</td></tr>
<tr><td>三元操作符</td><td>条件运算</td><td>?:</td><td>条件运算符（?:）根据布尔型表达式的值返回两个值中的一个</td></tr>
</table>

2.6.2 表达式

1. 一元运算符的表达式

一元运算符作用于 1 个操作数，如下面的代码：

```
int k =10;
k++; //一元操作运算符，k 执行增 1 操作
```

增量与减量运算符既可以放在操作数的左边，也可以放在操作数的右边，表示操作数增 1 或减 1。但是放在左边或右边的操作顺序不同，放在左边表示先增量或减量，后进行其他运算；放在右边表示先进行其他运算，后增量或减量。

```
int k = 10;
int m = k++;//m=k;k=k+1
Console.WriteLine(m);//10
Console.WriteLine(k);//11
int n = ++k;//k=k+1; n=k;
Console.WriteLine(n);//12
Console.WriteLine(k);//12
```

2. 二元运算符的表达式

二元运算符用于两个操作数的操作，二元运算符的意义与数学意义相同。如下面的代码：

```
int i = 10, j = 20;
int sum = i + k;
```

其中表达式 i + j 为一个二元运算符的表达式，该代码中先运算 i + j 的值，然后将值赋给变量 sum。

关系运算符用于对两个操作数进行比较，判断关系是否成立，若成立则结果为 true，否则为 false，即关系运算符的运算结果为布尔型。如下面的代码：

```
int i = 9, j = 23;
bool m = i < j;
```

上面的代码 i < k 为关系运算，应为该表达式的值为 true，所以 m 的值为 true。其他见表 2 -5。

赋值运算符为二元运算符，赋值运算符（=）使用时从右往左赋值，赋值运算符左边的操作数或表达式叫左操作数，赋值运算符右边的操作数或表达式叫右操作数。如下面的代码：

```
int i = 10, j = 20;
int sum = i + k;
sum + = k;
```

上面的表达式中，sum + = k 相当于 sum = sum + k，“* =”、“/ =”、“% =”、“- =”运算符的规律与“+ =”相同。

3. 三元运算符的表达式

C#中唯一的一个三元运算符是条件运算符（?:），格式如下：

布尔表达式? 值1：值2；

三元运算表达式计算时，对布尔类型表达式的值进行判断，当值为 true 时，整个表达式的值为值1；当值为 false 时，整个表达式的值为值2。如下面的代码：

```
string sex = "女";
string s = sex = = "男" ? "男" : "女";
Console.WriteLine(s);//女
```

任务2.7　常用的输入输出控件

每个控件都有自己的属性、方法以及响应键盘和鼠标操作的事件。有一些常用的属性和事件都是相同的，控件常用的属性如表 2 -6 所示。

表2-6 常用属性

属 性	含 义
Name	指定控件的名称，它是控件在当前应用程序中的唯一标识，代码通过该属性来访问控件
Enabled	决定控件是否可用，取值为 true 时可用，取值为 false 时不可用
Font	设置控件上文本的显示形式
BackColor	设置控件的背景色
ForeColor	设置控件的前景色，即控件上文本的颜色
Location	定位控件，指定控件的左上角相对于其容器左上角的坐标（x，y）
Size	指定控件的高度和宽度
Text	设置控件上所要显示的文本，如标签、按钮、复选框等控件上的文字
Image	在控件上显示图片
Visible	决定控件是否可见，取值为 true 时可见，取值为 false 时不可见

1. 标签 Label

Label 控件是文本标签，用来显示文本，程序运行时不能编辑文本内容。常用的属性为“Text”。例如：

```
label1.Text = "姓名:";
```

2. 按钮 Button

Button 控件就是按钮控件，该控件的 Click 事件用于获取焦点时通过鼠标单击、Enter 键或者空格键引发 Click 事件中的代码。编写代码时使用鼠标双击该控件或者在该控件的事件选项卡中选定后双击，编写事件代码。

3. 文本框 TextBox

TextBox 文本框控件一般用于程序运行时接收用户输入，可以通过 Enable 或者 ReadOnly 属性定义程序运行时文本框的内容是否能够编辑，输入的最大长度为 2048 个字符。

当属性 MutiLine 属性为 true 时，表示可以多行输入，最多可以输入 32K 的文本，也可以通过 MaxLength 属性指定输入文本的长度。

PasswordChar 属性用于指定作为密码输入文本框，在输入字符时文本框中所要显示代替密码的屏蔽字符。若设置了 PasswordChar 属性，即指定了某一字符作为密码屏蔽字符，则输入的任何字符都显示为该符号。

4. 多行文本 RichTextBox

RichTextBox 控件允许用户输入和编辑文本的同时提供了比普通的 TextBox 控件更高级的格式特征。RichTextBox 控件可以设计文本的格式，支持剪贴板和 OLE 对象的 OLE 拖放功能。当从剪贴板粘贴对象时，就在当前的插入点插入该对象。

5. 日期选择 DateTimePicker

DateTimePicker 控件用于选择日期，常用的属性为 value，获取或设置控件中显示的日期和时间格式。Format 属性有四个值：Long、Short、Time、Custom。值为 Custom，Date-

TimePicker 控件以自定义格式显示日期/时间值；值为 Long，DateTimePicker 控件以用户操作系统设置的长日期格式显示日期/时间值；值为 Short，DateTimePicker 控件以用户操作系统设置的短日期格式显示日期/时间值；值为 Time，DateTimePicker 控件以用户操作系统设置的时间格式显示日期/时间值。

CustomFormat 属性获取或设置自定义日期/时间格式字符串，此时必须将 Format 属性设置为 DateTimePickerFormat. Custom，CustomFormat 属性才能影响显示的日期和时间的格式设置。如 CustomFormat 属性值为 yyyy - MM - dd HH:mm:ss，此时 Format 属性改成 custom，就显示当前的日期“2016 - 12 - 15 16:53”。常用的日期设置格式符如表 2 - 7 所示。

表 2 - 7　常用的日期设置格式符

格式字符串	含义
d	一位数或两位数的天数
dd	两位数的天数。一位数天数的前面加一个 0
ddd	三个字符的星期几缩写
dddd	完整的星期几名称
h	12 小时格式的一位数或两位数小时数
hh	12 小时格式的两位数小时数。一位数数值前面加一个 0
H	24 小时格式的一位数或两位数小时数
HH	24 小时格式的两位数小时数。一位数数值前面加一个 0
m	一位数或两位数分钟值
mm	两位数分钟值。一位数数值前面加一个 0
M	一位数或两位数月份值
MM	两位数月份值。一位数数值前面加一个 0
MMM	三个字符的月份缩写
MMMM	完整的月份名
s	一位数或两位数秒数
ss	两位数秒数。一位数数值前面加一个 0
t	单字母 A. M. /P. M. 缩写(A. M. 将显示为“A”)
tt	两字母 A. M. /P. M. 缩写(A. M. 将显示为“AM”)
y	一位数的年份（2016 显示为“6”）
yy	年份的最后两位数（2016 显示为“16”）
yyyy	完整的年份（2016 显示为“2016”）

6. 掩码框 MaskedTextBox

MaskedTextBox 控件主要作用是控制输入文本的格式。若输入的内容不满足规定的格式，则控件不会接收该输入。常用的属性如下。

1）InsertKeyMode 属性指示向掩码文本框输入字符时的键入模式，其属性值有 Default、Insert、Overwrite 三种。当属性值为 Default 时，表示键入模式由当时键盘的插入/改写状态决定，若输入时键盘处于改写模式，则会改写键入处的字符，否则为插入字符。当属性值为 Insert 时，即使键盘的 Ins 键被按下，也不会以改写方式输入字符。当属性值为 Overwrite 时，则任何时候都是以改写方式输入字符。

2）PromptChar 属性：指定作为占位符的字符，用于指示用户需要输入的字符长度，默认的占位符为下划线“_ ”，需要修改时可以直接在属性后的空白处输入指定字符。

3）Mask 属性：设置当前掩码文本框输入字符的格式。单击 Mask 属性后的【…】按钮，可以选择指定的格式，也可以选择自定义格式，或者在 Mask 属性后的空白处直接输入自定义格式。掩码用于限制用户可输入的符号类型，程序运行时掩码以占位符显示；而分隔符可作为输入字符之间的关联符，分隔符显示在掩码文本框中，且不可修改。表 2－8 列出了常用的掩码和分隔符。

表 2－8　常用的掩码和分隔符

掩码、分隔符	符号	含义
掩码	0	数字“0”～“9”，必选。此元素将接受 0 到 9 之间的任何一个数字
	9	数字“0”～“9”、空格（space），可选
	#	数字“0”～“9”、空格（space）、“＋”、“－”，如果掩码中该位置为空白，在 Text 属性中将把它呈现为一个空格
	L	字母“a”～“z”、“A”～“Z”，必选
	?	字母，可选。输入限定为 ASCII 字母 a－z 和 A－Z
	&	键盘可输入字符，必选
	C	字符，可选
	A、a	字母与数字
	<	转换为小写，强制将其后输入的字母转换为小写
	>	转换为大写，强制将其后输入的字母转换为大写
分隔符	.	小数分隔符，即小数点
	-	连接分隔符
	,	数字分隔符
	:	时间分隔符
	/	日期分隔符
	$	货币符号

4）AllowPromptAsInput 属性：指定是否允许将占位符看作有效的输入字符，true 为允许，false 为不允许。默认值为 true。

5）TextMaskFormat 属性：表示由掩码文本框的 Text 属性得到的字符串中是否包含占

位符、分隔符的内容。该属性共有四个选项：ExcludePromptAndLiterals 表示占位符和分隔符均不包含，IncludePrompt 表示仅包含占位符，IncludeLiterals 表示仅包含分隔符，IncludePromptAndLiterals 表示占位符和分隔符均包含。

常用的是 MaskInputRejected 事件表示当输入字符不符合掩码要求时触发的操作。

7. 列表框 ListBox

ListBox 控件称为列表框控件，它通过 Items 属性编辑并显示列表框中的内容，若项数太多不够显示，则显示滚动条。该控件在程序运行时，只能选择，不能编辑。常用的属性如下。

1）MutiColumn 属性值为 True 时，表示列表框中可以显示多列。

2）SelectedItem 表示选中的选择项。返回选择项本身。

3）Items. Count 属性反映列表中的项数。

4）SelectionMode 属性确定一次可以选择多少列表项。

5）SelectedIndex 属性返回对应于列表框中第一个选定项的整数值。若未选定任何项，则 SelectedIndex 值为 -1；若选定了列表中的第一项，则 SelectedIndex 值为 0。当选定多项时，SelectedIndex 值反映列表中最先出现的选定项。

可以通过 Items 实现列表项的添加，可以通过列表项 Items 的 Items. Add、Items. Insert、Items. Clear、Items. Remove 实现列表项的添加、插入、清除、移除指定项。

8. 组合框 ComboBox

该控件称为组合框，可以看作由一个带有下拉箭头的文本框控件和一个列表框控件组成。组合框控件的属性与列表框的属性大部分相同。DropDownStyle 属性表示下拉的样式，值为 DropDown 时，表示默认模式，可以编辑文本部分，也可选择下拉列表的内容；值为 DropDownList 时，退化为列表框的功能，只能选择；值为 Simple 时，可以编辑文本部分，拉列表总是可见的。

可以通过 Items 实现列表项的添加，可以通过列表项 Items 的 Items. Add、Items. Insert、Items. Clear、Items. Remove 实现列表项的添加、插入、清除、移除指定项。

9. 定时器 Timer

Timer 控件叫定时器（Timer），在工具箱的图标为 ⏱ Timer ，该控件可以按其 Interval 属性的设置值作为时间间隔，周期性地自动触发默认的 Tick 事件，当 Timer 控件的 Enable 属性为 true 时，则该事件中设计程序代码自动被执行。

Timer 控件的 Start 方法启动 Timer 控件，相当于将 Enabled 属性设置为 True。

Timer 控件的 Stop 方法停止 Timer 控件，相当于将 Enabled 属性设置为 False。

【例 2-6】使用 Timer 控件显示当前时间。

程序实现步骤如下。

1）在解决方案“chapter02”中，创建 Windows 窗体应用程序，项目名称为“exp02_06”。

2）设置项目默认窗体 Form1 的 Text 属性为“电子表”，StartPosition 的属性值设为 CenterScreen。

3）添加所需要的控件，添加一个 label1 控件，并设置 Font 属性字体为“宋体、粗体、四号”；添加 Timer 控件 timer1，设置 Interval 属性为 1000，即 1 秒；添加用于开始显示时间控制按钮 button1，用于停止时间控制为 button2。窗体设计参照运行结果图 2-5。

4）代码设计。timer1 控件的 Tick 事件是在其 Enable 属性为 true 时引发，代码如下：

```
private void timer1_Tick(object sender, EventArgs e)
{
    label1.Text = DateTime.Now.Hour.ToString() + "时" //获取时
  + DateTime.Now.Minute.ToString() + "分" //获取分钟
  + DateTime.Now.Second.ToString() + "秒";//获取秒
}
```

“启动”按钮的单击事件代码如下：

```
private void button1_Click(object sender, EventArgs e)
{
    timer1.Enabled = true;
}
```

“停止”按钮的代码如下：

```
private void button2_Click(object sender, EventArgs e)
{
    timer1.Enabled = false;
}
```

5）程序运行。设置该项目为启动项目，运行程序，单击“启动”，运行结果如图 2-5所示，单击“停止”，则时间不再改变。

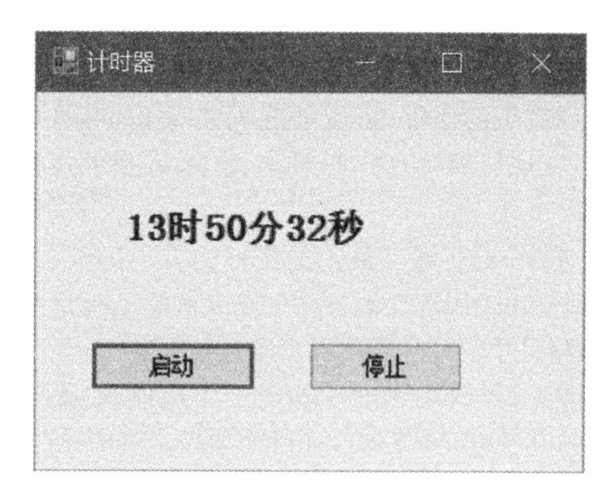

图 2-5　程序运行结果

思考与练习

1. 下列符号中哪一个可以作为用户自定义的变量？（　　）

A. using　　B. _ k　　C. int　　D. 3abs

2. 下列哪个符号不能作为 C#中的变量名？（　　）

A. ABCDEFG　　B. P000000　　C. 89TWDDFF　　D. xyz

3. 下列常量说明语句中哪个是合法的？（　　）

A. const int I = "pascal" +1;　　B. const double zero = "pascal";

C. const double pi = π;　　D. const string ss = "pascal";

4. $\frac{-b+\sqrt{b^2-4ac}}{2a}$的 C#表达式是（　　）

A. (- b + sqr(b * b - 4 * a * c)) / (2 * a)

B. (- b + sqrt(b * b - 4 * a * c)) div (2 * a)

C. (- b + sqrt(b * b - 4 * a * c)) / (2 * a)

D. (- b + sqr(sqrt(b) - 4 * a * c)) / (2 * a)

5. 把下列数学表达式改写为等价的 C#算术表达式。

（1）$\frac{1+x}{1-y}$;　　（2）$x^2+\frac{3x}{2-y}$;

（3）$\sqrt{ab-c^2}$;　　（4）$\sqrt{s(s-a)(s-b)(s-c)}$。

6. 输入长方形的长和宽，计算长方形的面积。分别使用控制台应用程序和 Windows 应用程序实现。

7. 将合理的字符型转换为数字类型。

项目3　选择结构程序设计

项目导读

程序的三种基本控制结构为顺序结构、选择结构、循环结构，其中顺序结构的语句自上而下，一条一条顺序执行。在现实中，常常需要对给定的条件进行判断，并根据判断的结果而采取不同的行动。例如，如果考试不足60分，成绩就不及格。同样，在程序设计中也经常需要根据给定条件进行判断，并有选择地执行相应的程序段。这种根据一定的条件有选择地执行程序段的结构称为选择结构。C#提供了多种形式的条件语句来实现选择结构。

学习目标

（1）理解选择语句的含义。

（2）掌握选择结构 if 语句、if…else 语句的使用方法。

（3）掌握 switch 语句的使用方法和技巧。

任务3.1　选择结构程序的设计

在程序设计中，需要根据不同的数据条件进行不同的操作处理，即同一问题有两个或多个不同的可能要根据具体情况进行解决，需要使用选择语句控制程序的流程实现。

如学生报到时，会根据不同的专业选择分配班级，同一个班级内根据不同的性别选择分配寝室。那么，本例中含有选择：不同专业分配不同的班级属于多分支条件选择，因为一个学生将从多个专业中选择其中一个；同一个班级内根据性别的不同分配男生、女生寝室，属于单条件选择。

在 C#中，提供两种选择语句实现选择结构：if…else 语句，用于判断特定的条件能否满足，用于分支选择，也可以通过嵌套实现多分支选择；switch 语句，用于多分支选择。

任务3.2　if 语句

if 语句是程序设计中基本的选择语句，由 if 语句构成的选择结构根据条件表达式的值选择执行后面相应的语句序列 1 或语句系列 2。if 语句的格式为：

```
if（布尔条件表达式）
    {语句序列 1}
else
    {语句序列 2}
```

由 if...else 语句构成的选择结构的控制流程如图 3－1 所示。

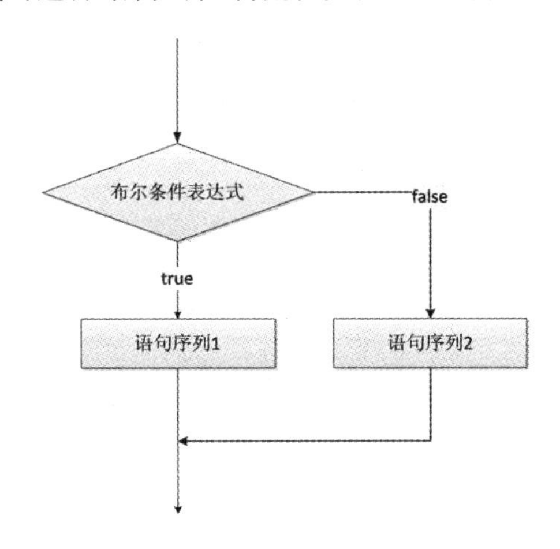

图 3－1　if...else 语句的流程图

说明：

1）布尔条件表达式可以是关系表达式、逻辑表达式（布尔表达式）或逻辑常量值真（true）与假（false），当值为 true 时，程序执行语句序列 1，否则执行语句序列 2。

2）语句序列 1 和语句序列 2 可以是单语句，也可以是多语句，如果语句序列中为单语句大括号可以省略。

3）else 子句为可选部分，可根据实际情况决定是否需要该部分。

if 语句常见形式有以下几种。

（1）单独使用 if 语句，不加 else 语句

```
if（ 布尔表达式 ）
{
语句序列 1;
}
```

（2）if 语句和 else 语句配套使用的单条件判断

```
if（ 布尔表达式 ）
{
语句序列 1
}
else
{
语句序列 2
}
```

（3）else 块中嵌套 if 语句的多条件判断

```
if ( 布尔表达式 1 )
{
语句序列 1
}
else if ( 布尔表达式 2)
{
语句序列 2
}
else
{
语句序列 3
}
```

3.2.1 if 语句

单独 if 语句的使用适合只需要对一种情况进行判断的问题，只有满足该种情况时，才进行相应的操作。

【例 3 - 1】一名驾校学员参加机动车驾驶员科目一考试，共 100 分，当成绩达到 90 分或以上算考试合格，否则，显示提示信息为“本次理论考试不合格!”。使用控制台应用程序实现。

程序实现步骤如下。

1）建立控制台应用程序，项目名称为“exp03_ 01”，解决方案名称为“chapter03”，项目 3 的例题项目都放在该解决方案下。

2）在 Program 类的 Main( ) 方法中，编写代码如下：

```
static void Main(string[ ] args)
{
    String s  = "恭喜您,本次考试成绩合格!";
    Console. WriteLine("请输入您的考试成绩:");
    double score  = Double. Parse( Console. ReadLine( ) );
    if (score  < 90)
      s = "本次理论考试不合格!";
    Console. WriteLine(s);
    Console. Read( );
}
```

3）运行程序，当输入成绩低于 90 分时，s 会被重新赋值为“本次理论考试不合格!”，否则为原来的值。运行结果如图 3 - 2 所示。

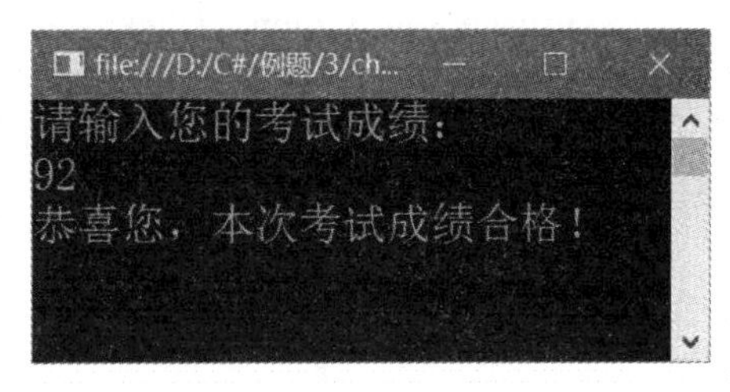

图 3-2　运行结果

3.2.2　if...else 语句

如果需要解决的问题使用一个条件分成两种情况，可以使用 if...else 语句。实现过程中根据条件表达式的值进行判断，当该值为真（true）时，执行 if 后的语句序列；当该值为假（false）时，执行 else 后的语句序列。

【例 3-2】求函数值，输入 x，计算 y 的值，其中：

$$y=\begin{cases}4x+3 & (x\geqslant 0)\\ 15+2x & (x<0)\end{cases}$$

分析：该问题是数学中的一个分段函数，以 $x\geqslant 0$ 为条件划分问题的解决方法或者使用 $x<0$ 为条件划分问题的解决方法。这里使用 $x\geqslant 0$ 为条件解决，使用 Windows 窗体应用程序实现。实现步骤如下。

1）在解决方案“chapter03”中添加新建的 Windows 窗体应用程序，选择存放位置，并命名为“exp03_ 02”。

2）设置默认窗体 Form1 的 Text 属性为“分段函数计算”，StartPosition 的属性值设为 CenterScreen。

3）添加控件。添加所需要的控件，一个用于描述文本的控件 label1，并设置其 Text 属性值为“请输入 x 的值:”；一个用于显示文本信息的 label2，设置值为“y 的值为:”；一个用于接受输入 x 的控件 textBox1；一个用于事件人机交互实现计算的按钮 button1，并设置 Text 属性值为“计算”。界面设计如图 3-3 所示。

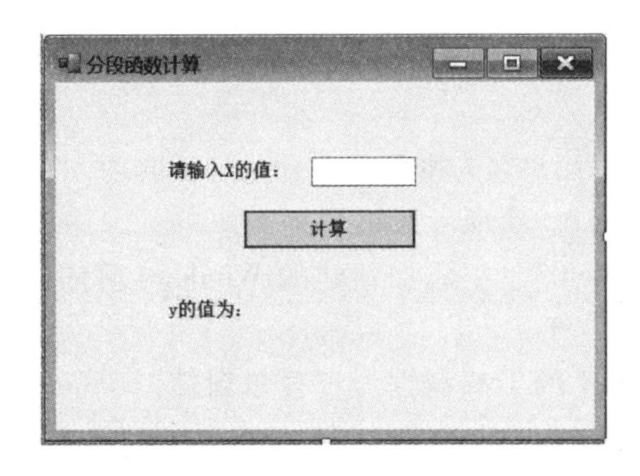

图 3-3　界面设计

4）编写代码。在设计器上使用鼠标双击“计算”按钮，编写单击事件代码如下：

```
private void button1_Click(object sender, EventArgs e)
{
    label2.Text = "";
    double x = Double.Parse(textBox1.Text);
    double y = 0;
    if(x > =0)
    {
        y = 4 * x + 3;
    }
    else
    {
        y = 15 + 2 * x;
    }
    label2.Text = "y 的计算结果为：" +y;
}
```

5）将该项目设为启动项目，运行程序，程序运行结果如图 3－4 所示。

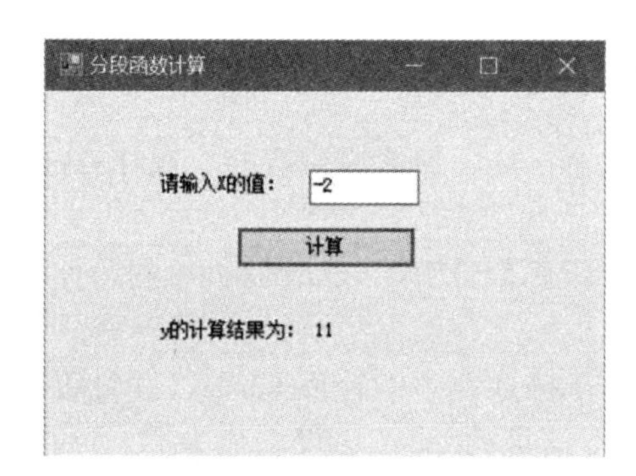

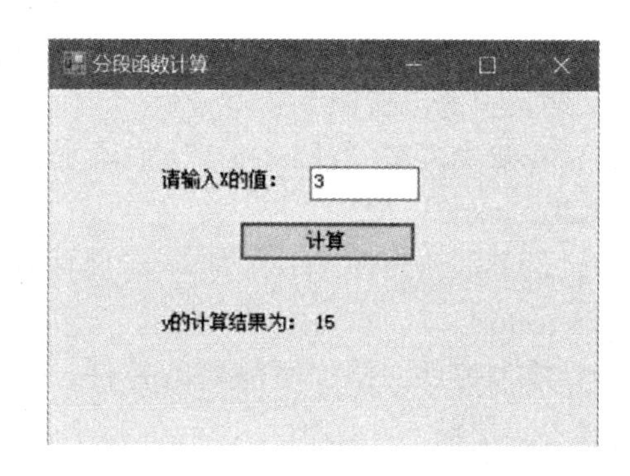

图 3－4　程序运行结果

【例 3－3】编辑框 TextBox 的 PasswordChar 属性可以隐蔽用户通过键盘输入的字符，常用来编写检查用户口令的程序。模拟登录界面，设定用户名为 abc，密码为 123，使用 Windows 窗体应用程序实现。

分析：该问题实现根据用户名与密码判定登录是否成功，选择用户名与密码同时成立为条件进行 if...else 语句设计。实现步骤如下。

1）在解决方案“chapter03”中添加新建的 Windows 窗体应用程序，选择存放位置，并命名为“exp03_ 03”。

2）设置默认窗体 Form1 的 Text 属性为“登录窗体”，StartPosition 的属性值设为 CenterScreen。

3）添加控件。添加所需要的控件，两个用于描述文本的 Label 控件 label1、label2，并设置其 Text 属性值分别为“用户名:”、“密 码”；两个 TextBox 控件 textBox1、textBox2，并设置 textBox2 的“PasswordChar”属性为“ * ”；两个人机交互实现计算的 Button 按钮

button1、button2，并设置 Text 属性值为“登录”、“取消”。窗体设计如图 3－5 所示。

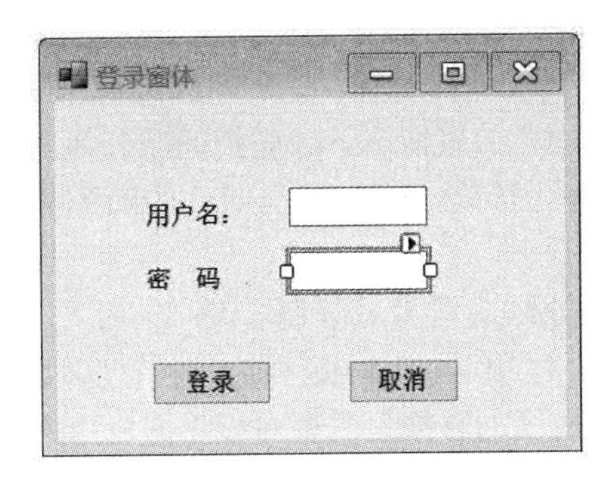

图 3－5　窗体设计

4）编写代码。在设计器界面上双击“登录”按钮，完成单击事件的编写。代码如下：

```
private void button1_Click(object sender, EventArgs e)
{
    String username = textBox1.Text.Trim();//Trim()方法去掉首尾空格
    String password = textBox2.Text.Trim();
    if (username == "abc" && password == "123")
        MessageBox.Show("登录成功!");
else
        MessageBox.Show("请输入正确的用户名和密码!");
}
```

在界面上双击“取消”按钮，完成单击事件的代码如下：

```
private void button2_Click(object sender, EventArgs e)
{
    textBox1.Text = "";
    textBox2.Text = "";
    Application.Exit();
}
```

5）将该项目设定为启动项目，运行程序，运行结果如图 3－6 所示。

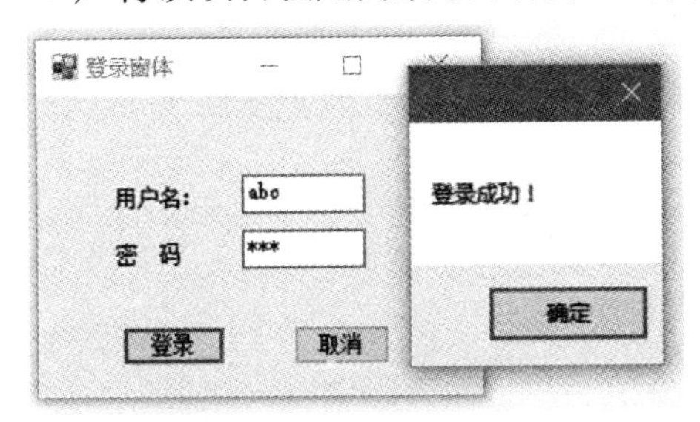

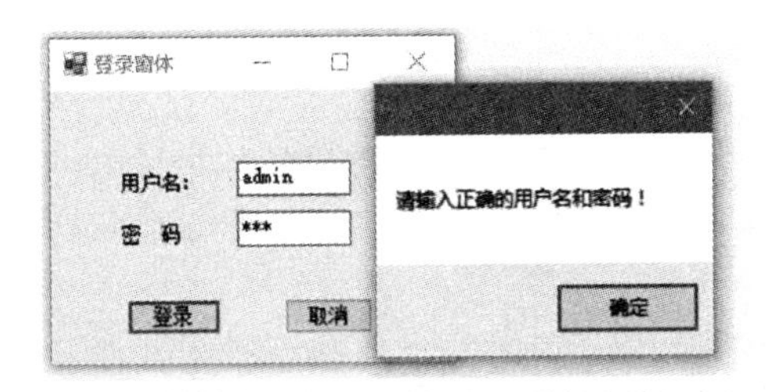

图 3－6　运行结果

3.2.3 if…else if 语句

if…else if 语句也是用于对三种或三种以上的情况进行判断的选择结构，也称为 if 语句嵌套结构。在这种嵌套结构中，一般情况下，先把问题分为两种，然后再将其中一种细化再分，就形成语句嵌套。这种语句结构中，if 与 else 的匹配非常清楚，即每一个 if 总是与后面紧靠自己的 else 匹配。

【例 3－4】转换学生百分制成绩为五分制。0～59 为 E，60～69 为 D，70～79 为 C，80～89 为 B，90～100 为 A，使用 Windows 窗体应用程序实现。

分析：该程序实现学生成绩的转换，需要对学生的成绩进行逐步判断，若满足 0～59，则为 E；然后对 60～100 进行划分；这个问题也可以从 90～100 为首要条件，其余在 else 中进行划分。这里以 0～59 为首要条件进行划分，流程如图 3－7 所示。

程序实现步骤如下。

1）在解决方案“chapter03”中添加新建的 Windows 窗体应用程序，选择存放位置，并命名为“exp03_ 04”。

2）设置默认窗体 Form1 的 Text 属性为“成绩转换”，StartPosition 的属性值设为 CenterScreen。

3）添加控件。添加所需要的控件，一个用于描述文本的 Label 控件 label1，并设置其 Text 属性值为“请输入学生成绩（百分制）:”；一个用于显示转换后的成绩的 Label 控件 label2，并设置其 Text 属性值为空；一个 TextBox 控件 textBox1 用于接收百分制成绩；一个人机交互实现计算的 Button 按钮 button1，并设置 Text 属性值为“转换”。窗体设计参照运行结果如图 3－8 所示。

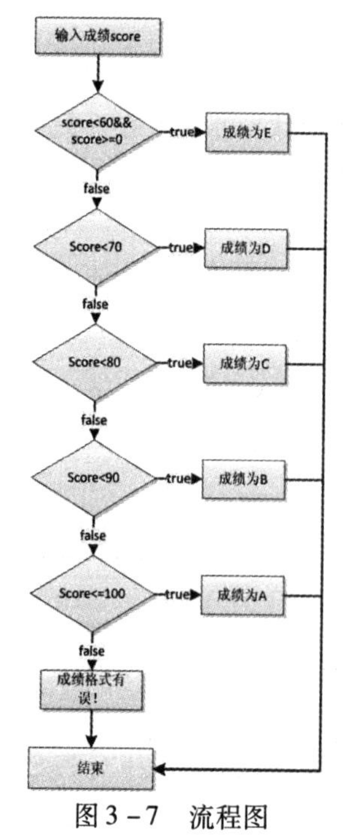

图 3－7　流程图

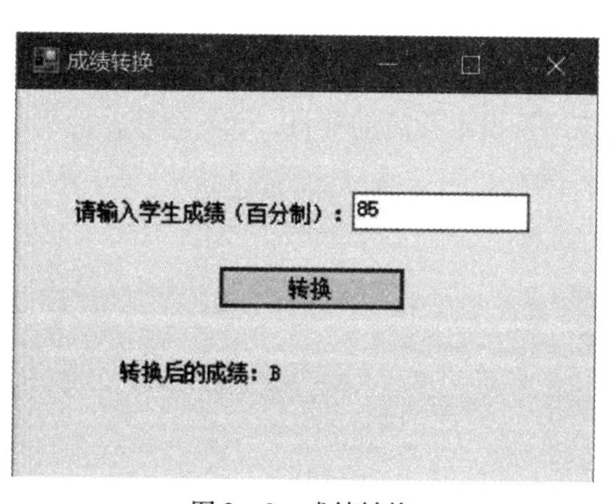

图 3－8　成绩转换

4）编写代码。在设计器界面上双击“转换”按钮，完成单击事件的编写。代码如下：

```
private void button1_Click(object sender, EventArgs e)
{
    int score = int.Parse(textBox1.Text.Trim());
    label2.Text = "";
    String s = "转换后的成绩:";
    if (score < 60 && score >= 0)
    {
        s += "E";
    }
    else if (score < 70)
    { s += "D"; }
    else if (score < 80)
    { s += "C"; }
    else if (score < 90)
    {
        s += "B";
    }
    else if (score <= 100)
    {
        s += "A";
    }
    else
    {
        s = "成绩格式有误!";
    }
    label2.Text = s;
}
```

5）将该项目设定为启动项目，运行程序，运行结果如图 3 - 8 所示。

任务 3.3　多分支选择结构（switch 语句）

多重分支选择语句 switch 语句解决在多重分支的情况下，实现程序的逻辑处理。switch 语句的语法格式为：

```
switch (控制表达式)
    {
case 常量表达式 1:
    内嵌语句 1;
    break;
```

```
case 常量表达式 2:
    内嵌语句 2;
    break;
⋮
default:
    内嵌语句;
    break;
}
```

其中控制表达式的值必须是一个确定的常量，允许的数据类型为：整数类型（sbyte、byte、short、ushort、uint、long、ulong）、字符类型（char）、字符串类型（string），或者枚举类型以及能够隐式转换成上述的任何类型。

switch 语句基于控制表达式的值选择要执行的语句分支。switch 语句按以下顺序执行：

1）控制表达式求值。

2）若 case 标签后的常量表达式的值等于控制表达式的值，则执行其后的内嵌语句。

3）若没有常量表达式等于控制语句的值，则执行 default 标签后的内嵌语句。

4）若控制表达式的值不满足 case 标签，并且没有 default 标签，则跳出 switch 语句而执行后续语句。

需要注意的是，若 case 标签后的有内嵌语句，则内嵌语句后必须使用 break 语句，以便跳出 switch 语句；否则，将会产生编译错误。

switch 语句只能够解决将问题划分到“比较点”上的情况的选择语句，不能把所有的情况都描述为这种情况。

【例 3－5】转换学生百分制成绩为五分制。0～59 为 E，60～69 为 D，70～79 为 C，80～89 为 B，90～100 为 A，使用 swtich 语句解决。

程序设计步骤如下。

1）在解决方案“chapter03”中添加新建的 Windows 窗体应用程序，选择存放位置，并命名为“exp03_ 05”。

2）窗体设计见【例 3－4】窗体设计实现。

3）编写“转换”的事件代码如下：

```
private void button1_Click(object sender, EventArgs e)
{
    int score = int.Parse(textBox1.Text.Trim());
    label2.Text = "";
    String s = "转换后的成绩:";
    int sc = (int)score / 10;
    switch (sc)
    {
        case 0:
        case 1:
```

```
        case 2:
        case 3:
        case 4:
        case 5:
            s += "E";
            break;
        case 6:
            s += "D";
            break;
        case 7:
            s += "C";
            break;
        case 8:
            s += "B";
            break;
        case 9:
            s += "A";
            break;
        case 10:
            s += "A";
            break;
        default:
            s = "输入的成绩格式有误!";
            break;
    }
    label2.Text = s;
}
```

4）将该项目设定为启动项目，运行程序。

任务 3.4　图片框控件

3.4.1　图片框（PictureBox）

图片框控件 PictureBox 用来在窗体上显示一个图片，常用的属性如下。

1）Image 属性，用于设计显示的图片。

2）SizeMode 属性，用于设置控件或图片的大小及位置关系。SizeMode 属性值及说明如表 3－1 所示。

表 3－1　SizeMode 属性值及说明

属性值	说明
AutoSize	PictureBox 控件调整自身大小，使图片能正好显示其中
CenterImage	若控件大于图片则图片居中；若图片大于控件则图片居中，超出控件的部分被剪切掉
Normal	图片显示在控件左上角，若图片大于控件则超出部分被剪切掉
StretchImage	若图片与控件大小不等，则图片被拉伸或缩小以适应控件

3）BorderStyle 属性，设置边框样式：值 None 表示没有边框，FixedSingle 表示单线边框，Fixed3D 表示立体边框。

下列语句使用 Bitmap 实例将存放在 F 盘 GIF 目录下的图片文件 001. gif 显示到图片框中：

pictureBox1. Image = new Bitmap("f:\gif\001. gif"); // new 关键字用于创建一个实例

也可以通过 Image 类的静态方法 FromFile 获取图像文件，并将它赋值给 PictureBox 控件的 Image 属性来实现图片显示。下列语句使用 FromFile 方法将存放在 F 盘 GIF 目录下的图片文件 002. gif 显示到图片框中：

pictureBox1. Image = Image. FromFile("f:\gif\002. gif");

3. 4. 2　图片列表控件（ImageList）

图片列表框控件 ImageList 是一个图片容器，用于保存一些图片文件供项目中其他对象使用，如 Label、Button、TreeView、ListView、ToolBar 等。ImageList 控件的常用属性如表 3－2 所示。

表 3－2　ImageList 控件的常用属性

属性值	说明
Images	图片组成的集合
ImageSize	ImageList 中每个图片的大小，有效值在 1～256
ColorDepth	表示图片每个像素占用几个二进制位

【例 3－6】设计一个使用图片框 PictureBox 和图片列表控件 ImageList，以及切换按钮实现的图片浏览程序。

程序实现步骤如下。

1）在解决方案“chapter03”中添加新建的 Windows 窗体应用程序，选择存放位置，并命名为“exp03_ 06”。

2）设置默认窗体 Form1 的 Text 属性为“图片框与图片列表框的使用”，StartPosition 的属性值设为 CenterScreen。

3）添加控件。添加所需要的控件，一个用于描述显示图片的 PictureBox 组件 pictureBox1；一个用于存储图片的图片列表 ImageList 组件 mageList1，并设置其 images 属性值如图 3－9 所示，添加三张图片；三个实现计图片显示的 Button 按钮 button1、button2、button3，并分别设置 mageList1 属性为“imageList1”，设置 ImageIndex 属性分别为 0、1、2。

窗体设计如图 3－10 所示。

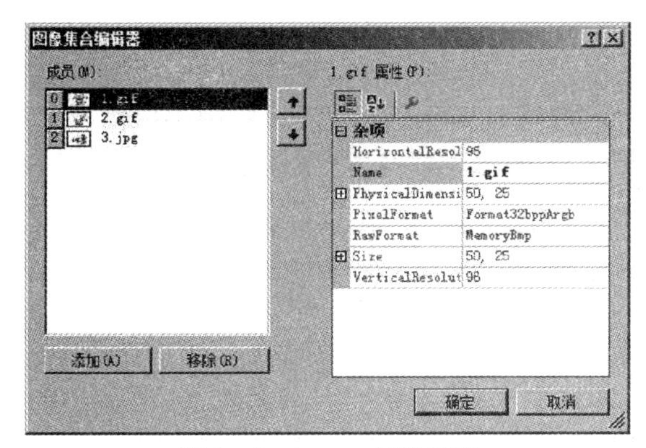

图 3－9　images 属性设置

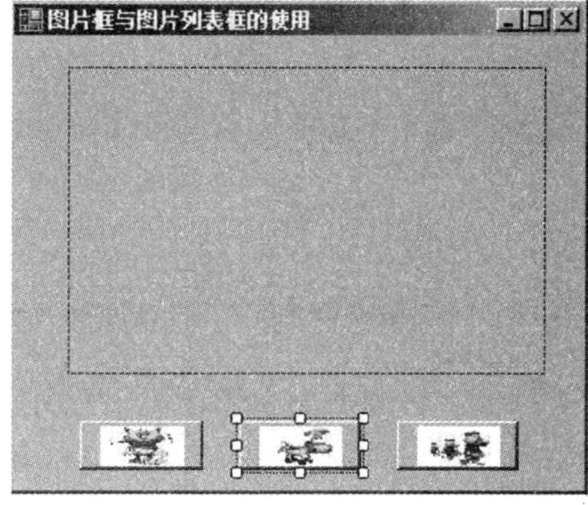

图 3－10　窗体设计

4）分别为按钮编写事件代码。代码如下：

```
private void button1_Click(object sender, EventArgs e)
{
    pictureBox1.Image = new Bitmap(@"d:\image\1.gif");
}
private void button2_Click(object sender, EventArgs e)
{
    pictureBox1.Image = new Bitmap(@"d:\image\2.gif");
}
private void button3_Click(object sender, EventArgs e)
{
    pictureBox1.Image = Image.FromFile(@"d:\image\3.jpg");
}
```

5）将该项目设定为启动项目，运行程序。单击按钮，运行结果如图 3－11 所示。

图 3－11　运行结果

任务 3.5　分组类控件

在程序设计中需要从不同的选择条件中选择其中的一种，这时可以用单选按钮（RadioButton），如选择性别；如果需要同时考虑几种情况，可以使用复选框（CheckBox），如选择个人爱好等。

3.5.1　单选按钮（RadioButton）

RadioButton 被称为单选按钮，为用户提供从一个设计容器中的多个选项中选择一个选项的功能，同一设计容器内的一组选按钮仅能选中一个，这种控件一般都是成组使用而不能单独使用。单选按钮的常用属性如表 3－3 所示。

表 3－3　RadioButton 常用属性

属性	属性值	说明
Checked	false/true	按钮是否被选中
Enabled	false/true	按钮是否可用
Appearance	Normal/Button	正常外观还是下压按钮外观

3.5.2　复选按钮（CheckBox）

复选框顾名思义可以同时选中多个选项，也就是说用户可以在窗口同时选中多个复选框，常常用于多种选择。复选框的常用属性如表 3－4 所示。

表 3－4　CheckBox 常用属性

属性	属性值	说明
Checked	false/true	按钮是否被选中
CheckState	Unchecked/Checked/Indeterminate	未选中状态/选中状态/不确定状态
Enabled	false/true	按钮是否可用
Appearance	Normal/Button	正常外观还是下压按钮外观

3.5.3　分组框控件（GroupBox）

如同窗体一样，分组框（GroupBox）控件也是一种容器类控件，在分组框控件内部的控件可以随分组框一起移动，并且受到分组框控件某些属性（Visible、Enabled）的控制。

在多数情况下，只需使用分组框控件将功能类似或关系紧密的控件分成可标识的控件组，而不必响应分组框控件的事件。需要修改的通常是分组框控件的 Text 或 Font 属性以说明框内控件的功能或作用，从而起修饰窗体的作用。

【例 3－7】使用多选按钮和单选按钮实现模拟学生信息的存放。

1）在解决方案“chapter03”中添加新建的 Windows 窗体应用程序，选择存放位置，并命名为“exp03_ 07”。

2）设置默认窗体 Form1 的 Text 属性为“学生信息保存”，StartPosition 的属性值设为 CenterScreen。

3）添加控件。在窗体上添加两个 Label 控件、两个 GroupBox 控件、两个 RadioButton 控件、六个用于描述业余爱好的 CheckBox 控件。控件的属性如表 3－5 所示。其中所有的单选按钮和复选框的 Checked 属性为默认值，窗体设计如图 3－12 所示。

表 3－5　RadioButton 常用属性

控件名称	属性	属性值	说明
label1	Text	姓名	该 Label 控件 name 为 label1
textBox1	Name	textBox1	编辑框控件
label2	Text	性别	该 Label 控件 name 为 label1
groupBox1	Text	选择性别	为 radioButton 提供设计容器
radioButton1	Text	男	RadioButton 控件
radioButton2	Text	女	RadioButton 控件
groupBox2	Text	业余爱好	为 CheckBox 提供设计容器
checkBox1	Text	音乐	CheckBox 控件
checkBox2	Text	网游	CheckBox 控件
checkBox3	Text	阅读	CheckBox 控件
checkBox4	Text	足球	CheckBox 控件
checkBox5	Text	画画	CheckBox 控件
checkBox6	Text	舞蹈	CheckBox 控件
button1	Text	保存	模拟保存，使用对话框显示
button2	Text	重置	将所有学生信息清空

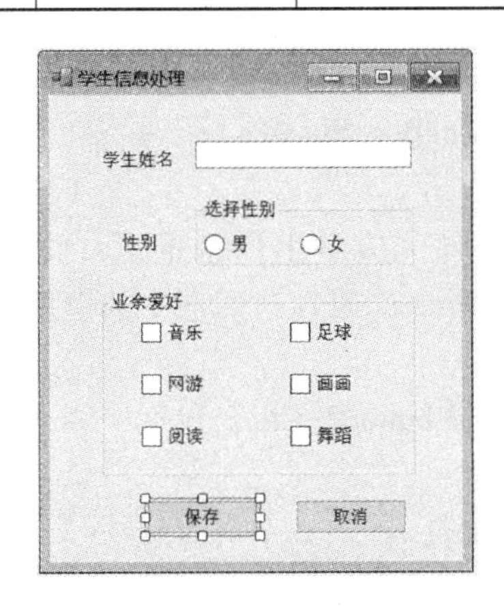

图 3－12　界面设计

4）代码设计。通过按钮 button1 的 click 事件完成模拟学生信息存放，使用鼠标即选中该控件，双击左键，进入 click 事件，或者通过 button1 属性对话框中的事件，找到 click，双击也可以进入编码界面。代码如下：

```
private void button1_Click(object sender, EventArgs e)
{
    string stuname = textBox1.Text;
    string stusex = null;
    if (radioButton1.Checked)
        stusex = "男";
    else if (radioButton2.Checked)
        stusex = "女";
    string stuhobby = null;
    if (checkBox1.Checked == true)
        stuhobby += "音乐 ";
    if (checkBox2.Checked == true)
        stuhobby += "网游 ";
    if (checkBox3.Checked == true)
        stuhobby += "阅读 ";
    if (checkBox4.Checked == true)
        stuhobby += "足球 ";
    if (checkBox5.Checked == true)
        stuhobby += "画画 ";
    if (checkBox6.Checked == true)
        stuhobby += "舞蹈 ";
    string s = "姓名:" + stuname + " 性别:" + stusex + " 爱
好:" + stuhobby;
    MessageBox.Show(s);
}
```

通过按钮 button2 的 click 事件完成学生信息重置，使用鼠标即选中该控件，双击左键，进入 click 事件，或者通过 button2 属性对话框中的事件，找到 click，双击也可以进入编码界面。代码如下：

```
private void button2_Click(object sender, EventArgs e)
{
    textBox1.Text = "";
    radioButton2.Checked = false;
    radioButton1.Checked = false;
    checkBox1.Checked = false;
    checkBox2.Checked = false;
```

```
            checkBox3.Checked = false;
            checkBox4.Checked = false;
            checkBox5.Checked = false;
            checkBox6.Checked = false;
        }
```

5）运行程序。将该项目设定为启动项目，单击工具栏上的启动按钮▶，或按〈F5〉键执行程序，或者通过菜单栏“调试→启动调试”运行程序，输入相关的信息，运行结果如图 3－13 所示。

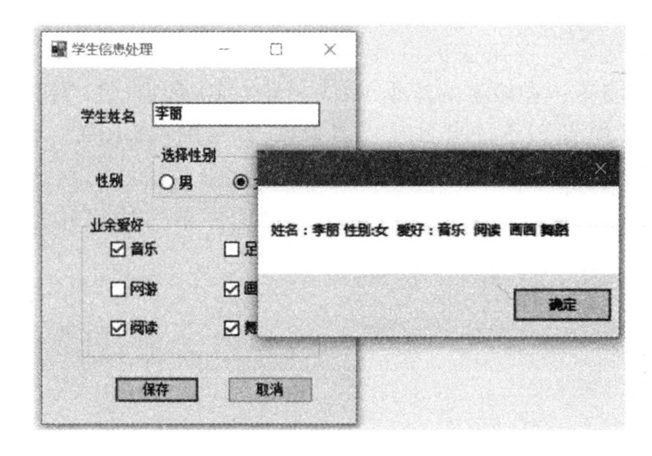

图 3－13　运行结果

思考与练习

1. 简述 if 语句嵌套时，if 与 else 的配对规则。
2. switch 条件语句中的控制表达式可以是哪几种数据类型？
3. switch 条件语句中，case 子句中在什么情况下可以不使用 break 语句？
4. 将下列命题用布尔表达式表示：

（1）z 大于 x，y；　　（2）$a > b+2*c$；

（3）p 能被 q 整除；　　（4）$x \notin [-5, -2]$，并且 $x \notin [2, 5]$；

（5）x，y，z 中至少有一个是奇数；　（6）$a^2 = a$。

5. 假设有三个文本框 textBox1、textBox2、textBox3，其中 textBox3.Text 值为空，textBox1.Text 值为 1，textBox2.Tex 值为 2，则执行语句：“textBox3.Text = textBox1.Text + textBox2.Text;”后，textBox3.Text 的值为（　　）

A. 12　　B. 3　　C. 102　　D. 出错

6. a、b、c 的值分别是 1、2、3，执行下面的程序段后，判断变量 n 的值为（　　）

```
if(c < b)
   n = a + b + c;
else if(a + b < c)
n = c - a - b;
```

```
else
n = a + b;
```

A. 6　　　　B. 0　　　　C. 3　　　　D. 5

7. 键盘输入 a、b、c 的值，判断它们能否构成三角形的三个边。若能构成一个三角形，则计算三角形的面积。

8. 某商店为了吸引顾客，采取以下优惠活动：所购商品在 1000 元以下的，打 9 折优惠；所购商品多于 1000 元的，打 8 折优惠。试采用 if 语句实现该优惠。

9. 编辑框的 PasswordChar 属性可以隐蔽用户通过键盘输入的字符，常用来编写检查用户口令的程序。使用选择语句实现该操作。

10. 某航空公司规定，在旅游的旺季 7 ~ 9 月份，如果订票数超过 20 张票价优惠 15%，20 张以下优惠 5%；在旅游的淡季 1 ~ 5 月份、10 月份、11 月份，如果订票数超过 20 张票价优惠 30%，20 张以下优惠 20%；其他情况一律优惠 10%。设计程序，根据月份和订票张数决定票价的优惠率。

11. 设计一个 Windows 应用程序，使程序通过选择单选按钮和复选框以更改字体和字形。

项目 4　循环结构设计

项目导读

程序设计中往往需要重复进行同一操作，如实现 1 + 2 + … + 100，则需要做 99 次加法，这类问题使用循环语句解决，可以使问题变得简单。C#中提供了四种不同的循环机制：for 循环、while 循环、do...while 循环和 foreach 循环。这里介绍前三种循环机制，foreach 循环将在数组中介绍。

学习目标

（1）理解循环程序结构。
（2）掌握 for 循环语句的使用方法和技巧。
（3）掌握 while 循环语句、do...while 循环的使用方法和技巧。

任务 4.1　for 循环语句

for 循环常常用于已知循环次数的情况，一般情况下，该循环执行一定的次数，每次执行不断改变循环变量的值，直到不满足循环条件时退出循环。

4.1.1　for 语句的语法格式

一般情况下，for 循环语句格式为：
for（初始化表达式；条件表达式；迭代表达式）
{ 循环语句序列；}
for 语句的程序流程图如图 4 - 1 所示。

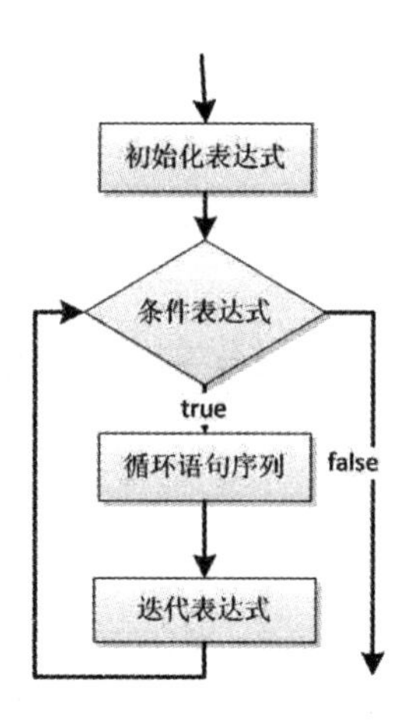

图 4－1　for 语句程序流程图

说明如下：

1）初始化表达式一般用于循环条件变量的初始化，该表达式仅执行一次。

2）条件表达式为布尔判断表达式，即每次循环体开始之前，判断该表达式的值，如果为 true，进入下一次循环；否则，循环结束。

3）迭代表达式一般用于参与循环条件变量的运算，一般为递增或递减的循环计数器。

4）循环语句序列用于描述重复执行的语句，可以是简单语句或复合语句。当语句序列中仅含有一条语句时，花括号可以省略。

该结构中，初始化表达式、条件表达式、迭代表达式是可选的，但应该注意死循环的发生。如条件表达式省略，并且不采用转移语句，会导致死循环的发生。可以在循环体中的任何位置放置 break 语句来强制终止 for 循环——随时跳出 for 循环，break 语句通常包含于 if 语句中。可以在循环体中的任何位置放置 continue 语句，在整个循环体没有执行完就重新开始新的循环，continue 语句通常包含于 if 语句中。

4.1.2　for 循环语句的使用

【例 4－1】计算 1＋2＋3＋…＋100，使用 for 语句实现。

程序实现步骤如下。

分析：该问题属于重复执行加法的问题，并且参与运算的两个操作数不断地按规律增加。该类问题可以通过循环进行解决。

1）建立控制台应用程序，项目名称为“exp04_ 01”，解决方案名称为“chapter04”，项目 4 的例题项目都放在该解决方案下。

2）在 Program 类的 Main( ) 方法中，编写代码如下：

```
static void Main(string[ ] args)
{
    int sum;
    sum = 0;
    for (int k = 1; k <= 100; k = k + 1)
```

```
        {
            sum = sum + k;
        }
        Console.WriteLine("1 +2 +3 +... +100 =" +sum);
        Console.Read();
    }
```

3）运行程序，运行结果在控制台中显示如下：

1 +2 +3 +… +100 =5050

该例中，首先声明一个用于存放和的变量 sum，然后通过循环改变 sum 的值。for 循环的执行过程如下：首先执行第一个表达式“int k =1;”，初始化用于循环的变量的值，需要注意的是，该表达式仅执行一次；然后执行第二个表达式“k < =100;”，若该表达式的值为 true，则进入循环，否则结束循环的运行；循环语句运行完毕后，执行 k =k +1 语句，再次判断是否进入循环。

【例4 -2】斐波那契（Fibonacci）数列问题，计算数列的前20项。

Fibonacci 数列问题来源于一个古典的有关兔子繁殖的问题：假设在第1个月时有一对小兔子，第2个月时成为大兔子，第3个月时成为老兔子，并生出一对小兔子（一对老，一对小）。第4个月时老兔子又生出一对小兔子，上个月的小兔子变成大兔子（一对老，一对大，一对小）。第5个月时上个月的大兔子成为老兔子，上个月的小兔子变成大兔子，两对老兔子生出两对小兔子（两对老，一对中，两对小）……

这样，各月的兔子对数为：1，1，2，3，5，8，……

这就是 Fibonacci 数列。其中第 n 项的计算公式为：

$$f_n = \begin{cases} 1 & (n \leqslant 2) \\ f_{n-1} + f_{n-2} & (n > 2) \end{cases}$$

程序实现步骤如下。

1）在解决方案“chapter04”中添加新建的 Windows 窗体应用程序，选择存放位置，并命名为“exp04_ 02”。

2）设置默认窗体 Form1 的 Text 属性为“斐波那契数列计算”，StartPosition 的属性值设为 CenterScreen。

3）添加控件。添加列表框 listBox1 控件，添加两个按钮 button1 和 button2，分别实现数列的计算和列表的清空。窗体设计参照运行结果图4 -2。

4）编写代码。在设计器上使用鼠标双击“计算”按钮，编写单击事件代码如下：

```
private void button1_Click(object sender, EventArgs e)
{
    int f1 = 1, f2 = 1, f3 = 1;
    listBox1.Items.Add("1 项:" + f1.ToString());
    listBox1.Items.Add("2 项:" + f2.ToString());
    for (int k = 3; k <= 20; k++)
    {
```

```
                f3 = f1 + f2;
                f1 = f2;
                f2 = f3;
                listBox1.Items.Add(k.ToString() + "项:" + f3.ToString());
            }
        }
```

button2 实现列表框的清空，代码如下：

```
        private void button2_Click(object sender, EventArgs e)
        {
            listBox1.Items.Clear();
        }
```

5）将该项目设为启动项目，运行程序，程序运行结果如图 4-2 所示。

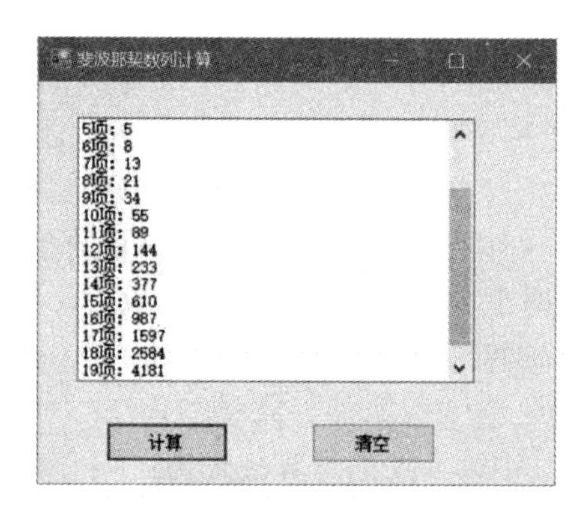

图 4-2　运行结果

任务 4.2　while 循环语句

while 语句属于前测型循环结构。首先判断条件，根据条件表达式决定是否执行循环，执行循环的最少次数为 0，while 循环一般用于不关心循环次数的情况下使用。

4.2.1　while 循环语句的语法格式

while 循环语句的格式为：

while（布尔条件表达式）

{ 语句序列；}

布尔条件表达式是每次循环开始前进行判断的条件，当条件表达式的值为真时，执行循环；否则，退出循环。该语句结构的流程图如图 4-3 所示。说明如下：

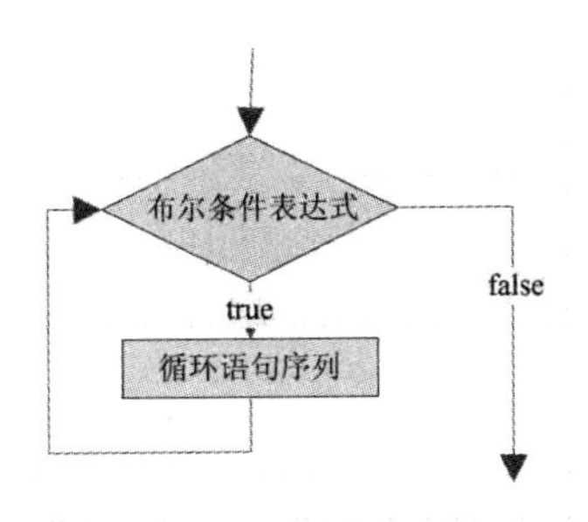

图 4－3　while 流程图

1）布尔条件表达式是一个具有 bool 值的条件表达式，为循环开始的条件，至少执行一次。

2）循环语句序列可以是简单语句、复合语句和其他结构语句。如果只有一行代码，循环语句块的花括号可以省略。

3）while 循环的执行过程：首先计算布尔条件表达式的值，若条件为真（true），则执行后面的循环体，执行完后，再开始一个新的循环；若条件为假（false），则终止循环。

4）可以在循环语句中的任何位置放置 break 语句来强制终止当前的 while 循环。

5）可以在循环语句序列中的任何位置放置 continue 语句，在整个循环体没有执行完就重新判断条件，以决定是否开始新的循环。

4.2.2　while 循环语句的使用

【例 4－3】设有一张厚为 x mm，面积足够大的纸，将它不断地对折。试问对折多少次后，其厚度可达或超过珠穆朗玛峰的高度（8844.43 m）。

分析：在没有对折时，纸厚为 x mm，每对折一次，其厚度是上一次的 2 倍，在未到达 8844.43 m 时，重复对折；当达到或者超过时，终止循环。

程序实现步骤如下。

1）在解决方案“chapter04”中添加新建的 Windows 窗体应用程序，选择存放位置，并命名为“exp04_ 03”。

2）设置默认窗体 Form1 的 Text 属性为“while 语句应用”，StartPosition 的属性值设为 CenterScreen。

3）添加控件。添加一个用于显示提示信息标签 label1，设置 Text 属性为“请输入纸的厚度（mm）:”；一个标签 label2，用于显示结果，初始 Text 属性为空；添加一个按钮 button1，实现计算功能。窗体设计参照运行结果图 4－4。

4）编写代码。在设计器上使用鼠标双击“计算”按钮，编写单击事件代码如下：

```
private void button1_Click(object sender, EventArgs e)
{
    int count = 0;
    double height;
    height = double.Parse(textBox1.Text);
```

```
            while (height < 8844430)
            {
                count = count + 1;
                height = 2 * height;//每对折一次,厚度*2
            }
            label2.Text = "需要对折的次数为:" + count + ",这时纸的总厚度
为:" + height + "mm";
        }
```

5）将该项目设为启动项目，运行程序，输入纸的厚度为“0.1”mm，程序运行结果如图4－4所示。

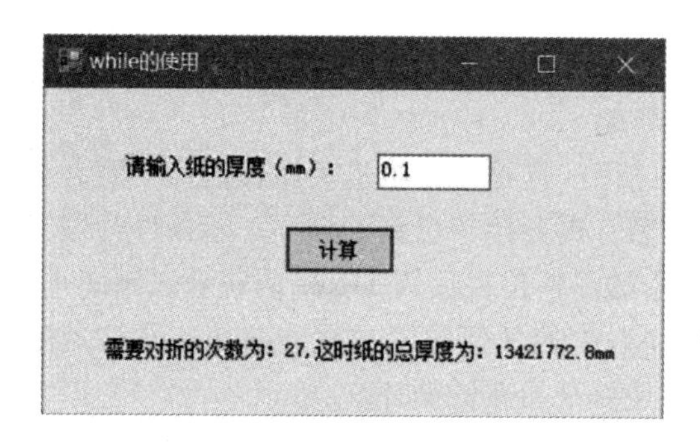

图4－4　程序运行结果

任务4.3　do...while循环

do...while循环属于后测型循环结构，先执行循环语句然后判断条件。该循环最少执行一次。do...while的语法格式如下。

4.3.1　do...while的语法格式

do...while语法的一般格式为：

```
do
{ 语句序列; }
while (布尔条件表达式)
```

说明：

1）布尔条件表达式是一个具有bool值的条件表达式，为循环的条件。

2）作为循环体的语句序列可以是一条语句，也可以是多条语句。如果只有一条语句，语句块的“{ }”可以省略。

3）循环的执行过程：首先执行循环体，然后计算条件的值，若条件为真（true），则开始一个新的循环；若条件为假（false），则终止循环，执行后面的语句。

该语句结构的程序流程图如图4－5所示。

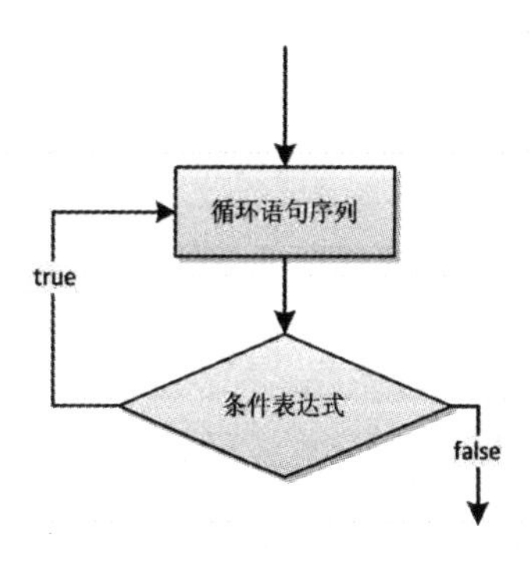

图4-5　do…while语句流程图

根据流程图可以看出，该循环的循环体至少执行一次。举例分析。

代码段一：

```
int a  =10;
while( a  <  10 )
{
     a--;
}
```

变量a初始值为10，条件a<10显然不成立，所以循环体内的语句未被执行。本段代码执行后，变量a值仍为10。

代码段二：

```
int a  =10;
do
{
     a=a-1;
} while( a  <  10 );
```

尽管循环执行前，条件a<10一样不成立，但由于程序在运行到do…时，并不先判断条件，而是直接先运行一遍循环体内的语句：a=a-1。于是a的值变为9，然后，程序才判断a<10，发现条件不成立，循环结束。

4.3.2　do…while的使用

【例4-4】使用do…while语句实现n!，n<12。

程序实现步骤如下。

1）在解决方案“chapter04”中添加新建的Windows窗体应用程序，选择存放位置，并命名为“exp04_04”。

2）设置默认窗体Form1的Text属性为“do…while语句的应用”，StartPosition的属性值设为CenterScreen。

3）添加控件。添加一个用于显示提示信息标签label1，设置Text属性为“请输入n(n<12):”；一个标签label2，用于显示结果，初始Text属性为空；添加一个按钮button1，

实现计算功能。窗体设计参照运行结果图 4－6。

4）编写代码。“计算”按钮的单击事件代码如下：

```
private void button1_Click( object sender, EventArgs e)
{
    int n = int.Parse(textBox1.Text);
    int k = 1, sum = 1;
    do
    {
        sum = sum * k;
        k++;
    } while (k <= n);
    label2.Text = n + "的阶乘为:" + sum;
}
```

5）运行程序。将该项目设为启动项目，运行程序，输入 n 的值为 10，运行结果如图 4－6 所示。

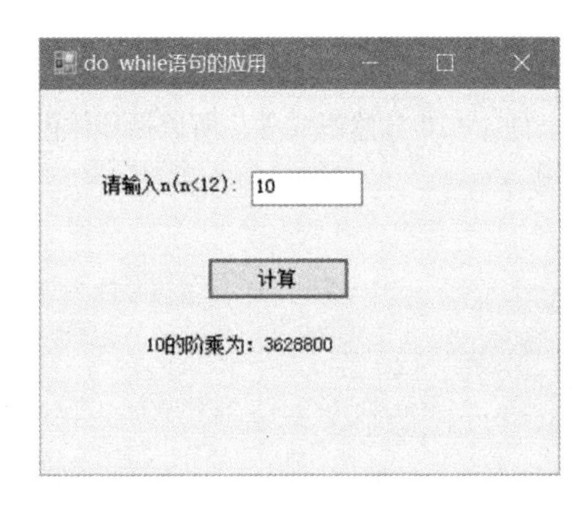

图 4－6 程序运行结果

【例 4－5】一只猴子，摘了一篮桃子，每天吃的桃子是剩余桃子的 1/2，觉得还不过瘾，再多吃 1 个。第 10 天就剩下 1 个桃子，问共有多少桃子。

分析：该问题应从最后一天入手，后一天剩余的桃子是前一天的桃子总数的 1/2 少一个，假设后一天剩余的桃子为 x 个，则前一天的桃子数为 2 * （x+1） 个。

程序实现步骤如下。

1）在解决方案“chapter04”中添加新建的控制台应用程序，选择存放位置，并命名为“exp04_ 05”。

2）在 Main( ) 方法中编写代码。代码如下：

```
static void Main( )
{
    int day = 10;
    int peaches = 1;
```

```
            do
            {
                peaches = 2 * (peaches + 1);
                day--;
            } while (day > 1);
            Console.WriteLine("一共有的桃子是:" + peaches);
            Console.Read();
        }
```

3）运行结果如下。一共有的桃子是：1534。

任务4.4　循环的嵌套

在解决循环问题时，有时内层循环语句本身也是一个循环，即一个循环（称为“外循环”）的循环语句序列内包含另一个循环（称为“内循环”），称为循环的嵌套，在多重循环中，需要注意的是循环语句所在循环的层数。为了提高可读性及程序的运行效率，尽量避免使用多层循环。

【例4-6】编程实现1！+2！+3！+…+10！的值。

分析：在【例4-4】中，使用循环实现了阶乘运算，现在要计算阶乘的叠加，只需要在【例4-4】的基础上进行修改，外层加一循环，循环变量n从1到10，里层计算n的阶乘，然后相加即可。

程序实现步骤如下。

1）在解决方案“chapter04”中添加新建的控制台应用程序，选择存放位置，并命名为“exp04_06”。

2）在Main()方法中编写代码。代码如下：

```
class Program
{
    static void Main(string[] args)
    {
        int k = 1, n = 1, sum = 1, sum1 = 0;
        do
        {
            k = 1;
            sum = 1;
            do
            {
                sum = sum * k;
                k++;
            } while (k <= n);
```

```
            Console.WriteLine(n + "!  =" + sum);
            sum1 = sum1 + sum;
            n + +;
        } while (n < = 10);
        Console.WriteLine("1!  +2!  +3!  +··· +10!  =" + sum1);
        Console.Read();
    }
}
```

3）将该项目设定为启动项目，运行程序，程序的运行结果如图 4 -7 所示。

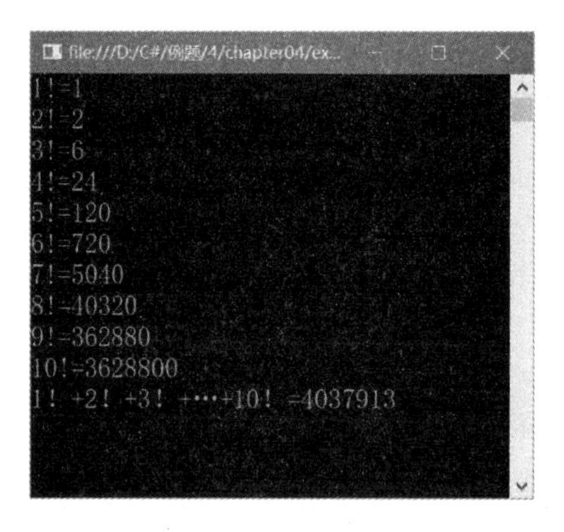

图 4 -7　程序运行结果

本例可以使用 for、while 语句实现。其实也可以使用一重代码实现，更简单。修改代码如下：

```
static void Main(string[] args)
{
    int k = 1, sum = 1,sum1 =0;
    do
    {
        sum = sum * k;//k!
        Console.WriteLine(k + "!  =" + sum);
        sum1 = sum1 + sum;//每次把 k! 叠加
        k + +;
    } while (k < = 10);
    Console.WriteLine("1!  +2!  +3!  +··· +10!  =" + sum1);
    Console.Read();
}
```

【例 4 -7】编程实现九九乘法表。

分析：本例中实现每一个一位数 i 显示从 1 乘到 i，对于 i 的取值要从 1 取到 9，所以

可以使用两重循环实现。

程序实现步骤如下。

1）在解决方案“chapter04”中添加新建的 Windows 窗体应用程序，选择存放位置，并命名为“exp04_ 07”。

2）设置默认窗体 Form1 的 Text 属性为“九九乘法表”，StartPosition 的属性值设为 CenterScreen。

3）添加控件。添加一个用于显示提示信息标签 label1，设置 Text 属性为空。窗体设计参照程序运行结果图 4-8。

4）编写代码。本例不牵涉数据交换，这里将乘法表生成的代码写在窗体载入事件中。在窗体中空白区域双击或者在 Form1 的属性选项卡上选择事件，在“Load”事件项双击，编写 Form1_ Load 事件，事件代码如下：

```
private void Form1_Load(object sender, EventArgs e)
{
    label1.Text = "";
    string str = "";
    int sum;
    for (int i = 1; i < 10; i = i + 1)
    {
        str = "";
        for (int k = 1; k <= i; k = k + 1)
        {
            sum = k * i;
            if (sum < 10)
            {
                str = str + k.ToString() + " × " + i.ToString() + " = " + sum.
ToString() + ";";
            }
            else
            {
                str = str + k.ToString() + " × " + i.ToString() + " = " + sum.
ToString() + ";";
            }
        }
        label1.Text += str + "\n"; //显示并换行
    }
}
```

5）运行程序。将该项目设为启动项目，运行程序，运行结果如图 4－8 所示。

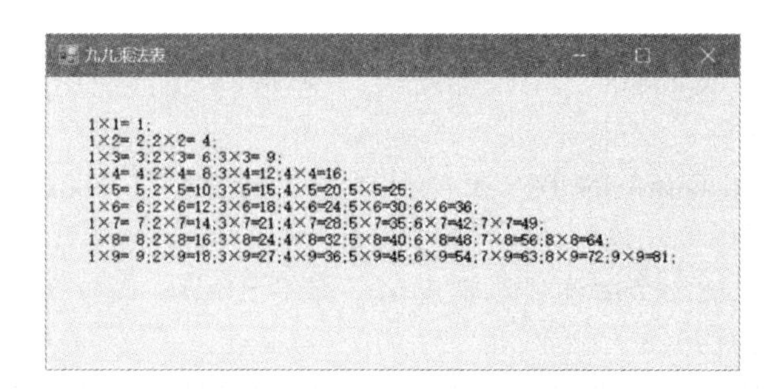

图 4－8　九九乘法表运行结果

【例 4－8】编制程序，求数学灯谜。有 A、B、C、D 一位非负整数，它们符合下面的算式，请找出 A、B、C、D 的值。

$$\begin{array}{rcccc} & A & B & C & D \\ - & & C & D & C \\ \hline & & A & B & C \end{array}$$

分析：这里 A 的取值范围为 1～9，C 的取值范围为 1～9，B、D 的取值范围为 0～9，隐含条件为 1000＊A＋100＊B＋10＊C＋D－（C＊100＋D＊10＋C）＝A＊100＋B＊10＋C，这里使用穷尽测试寻找 A、B、C、D 的值。

程序实现步骤如下。

1）在解决方案“chapter04”中添加控制台应用程序，选择存放位置，并命名为“exp04_08”。

2）在 Main（）方法中编写代码。代码如下：

```
static void Main(string[] args)
{
    for(int A =1;A <10;A + +)
        for(int B =0; B <10;B + +)
            for(int C =1;C <10;C + +)
                for(int D =1;D <10;D + +)
                {
                    int sum1 = 1000 * A + 100 * B + 10 * C + D;
                    int sum2 = C * 100 + D * 10 + C;
                    int sum3 = A * 100 + B * 10 + C;
                    if(sum1 - sum2 = =sum3)
                    {
                        Console.WriteLine("A =" +A +",B =" +B +",C ="
+C +",D =" +D);
                    }
            }
```

```
        Console.Read( );
    }
```

3）将该项目设为启动项目。运行程序，程序运行结果显示如下：

A =1，B =0，C =9，D =8

【例4 -9】我国古代著名的“百钱买百鸡”：每只公鸡5 元，每只母鸡3 元，三只小鸡1 元，用100 元买100 只鸡，保证全部是活鸡，100 元钱正好花完，问公鸡、母鸡和小鸡各买几只?

分析：设能买 cock 只公鸡，hen 只母鸡，chicken 只小鸡，本例中要解决的问题中隐含了三个条件：5 * cock +3 * hen + chicken/3 = =100、cock + hen + chicken = =100 以及 chicken%3 = =0。由于两个方程式中有三个未知数，无法直接求解。可以用“穷举法”来进行“试根”，即将各种可能的 cock、hen、chicken 组合一一进行测试，将符合条件者输出。

程序实现步骤如下。

1）在解决方案“chapter04”中添加新建的 Windows 窗体应用程序，选择存放位置，并命名为“exp04_ 08”。

2）设置默认窗体 Form1 的 Text 属性为“百钱买百鸡”，StartPosition 的属性值设为 CenterScreen。

3）添加控件。添加一个用于显示提示信息标签 label1，设置 Text 属性为空。窗体设计参照程序运行结果图4 -9。

4）编写代码。本例不牵涉数据交换，这里将乘法表生成的代码写在窗体载入事件中。在窗体中空白区域双击或者在 Form1 的属性选项卡上选择事件，在“Load”事件项双击，编该题窗体及控件的属性设计如图4 -9 所示。【计算】按钮的 Click（单击）事件代码为：

```
private void button1_Click(object sender, EventArgs e)
{
    listBox1.Items.Clear( );
    int chicken = 0, hen, cock;
    // listBox1.Items.Add("小鸡:" + chicken + " 母鸡:" + hen + " 公
鸡:" + cock);
    for (chicken = 0; chicken < 100; chicken + +)
        for (hen = 0; hen < 33; hen + +)
            for (cock = 0; cock < = 20; cock + +)
            {
if ((cock + hen + chicken = = 100) && (5 * cock + 3 * hen + chicken/3 = =
100)&&(chicken%3 = =0))
                {
                    listBox1.Items.Add("小鸡:" + chicken + " 母鸡:" +
hen + " 公鸡:" + cock);
                }
```

```
        }
    }
```

5）运行程序。将该项目设为启动项目，运行程序，运行结果如图 4 -9 所示。

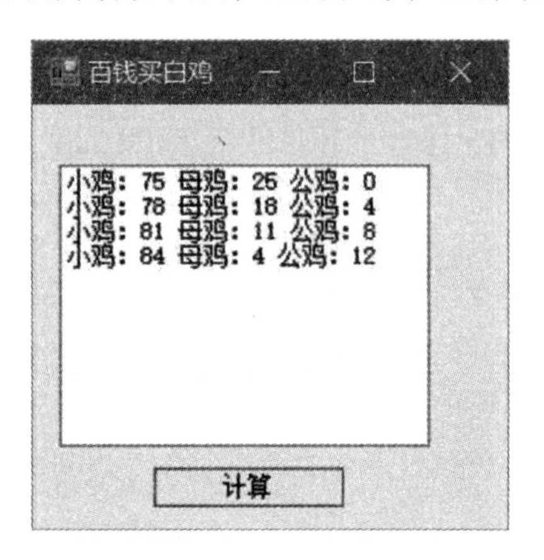

图 4 -9　百钱买百鸡

任务 4.5　跳转语句

使用跳转语句，可以使程序执行跳转到程序中其他部分。C#中提供四种跳转语句：goto 语句、break 语句、continue 语句、return 语句。

1. goto 语句

goto 语句可以将程序控制直接转移给标签制定的语句：

```
int k =1;
if(k <101)
{
goto loop:
sum = sum +1;
}
```

但由于 goto 语句改变了程序的正常流程，使得程序特别容易出错，因此尽量不要用。而且，用 goto 语句实现的循环完全可以用循环语句实现，因此 goto 语句很少使用。

2. break 语句

break 语句可以用于退出所在的最近循环，使用 break 语句时，将结束循环，执行后面的语句。break 不能放在循环语句后，否则发生错误。

3. continue 语句

continue 语句用于循环语句中，类似于 break 语句，但仅从当前的循环迭代中退出，然后执行下一次迭代循环。

【例 4 -10】使用 continue 语句实现 100 内的偶数相加。

本例使用控制台程序实现。

程序设计实现步骤如下。

1）在解决方案“chapter04”中添加新建的 Windows 窗体应用程序，选择存放位置，并命名为“exp04_ 10。

2）编写 Main( ) 方法的代码如下：

```
static void Main(string[ ] args)
    {
        int sum = 0;
        for(int k =0;k < =100;k + + )
        {
            if (k % 2 ! = 0)
                continue;
            else
                sum = sum + k;
        }
        Console. WriteLine("2 +4 +8 +10... +100 =" + sum);
        Console. Read( );
    }
```

4. return 语句

return 语句用于返回方法的调用值，退出类的方法。如果方法有返回类型，应使用该返回类型的值；如果方法没有返回类型，应使用没有表达式的 return 语句或者不使用return 语句。

思考与练习

1. 有以下程序：

```
static void Main(string[ ] args)
{ int i =0,s =0;
    for ( ; ; )
    {
        if(i = =3||i = =5) continue;
        if (i = =6) break;
        i =i +1;
        s =s +i;
    };
    Console. WriteLine(s);
    Console. ReadLine( );
}
```

程序运行后的输出结果是（　　）

A. 10　　B. 13　　C. 21　　D. 程序进入死循环

2. 有以下程序：

```
static void Main(string[ ] args)
{
    int k =5,n =0;
    while(k >0)
    {
    switch(k)
        {
            case 1 :
                n + =k;
                break;
            case 2 :
                break;
            case 3 :
                n + =k;
                break;
            default :
                break;
        }
      k =k -1;
    }
    Console. WriteLine(n);
    Console. ReadLine( );
}
```

程序运行后的输出结果是（　　）

A. 0　　B. 4　　C. 6　　D. 7

3. 编写一个 Windows 程序，求 1 +2 +3 + ⋯ +100 的值。

4. 若要求出 n！ < =40000 时的最大 n 值，设计程序算法（仅写出循环结构语句）。

5. 利用 for 循环显示 1000 以内所有能被 37 整除的自然数。

6. “水仙花数”是指一个三位数，其各位数的立方和等于该数，如 $153 = 1^3 + 5^3 + 3^3$。编写程序，输出所有的“水仙花数”。

7. 设计程序，求 1 至 N 之间的完数，输出 1 至 1000 中的完数。所谓完数，就是一个数等于其各因子之和，如 6 =1 +2 +3。

8. 勾股定理中三个数的关系为 $c^2 = a^2 + b^2$。设计一个应用程序，能在列表框中输出 30 以内所有满足上述关系的整数组合。要求用户单击【开始】按钮后程序自动完成数据查找，单击查找到的列表项后，可将其显示到标签中，单击【取消】按钮可恢复到初始界面。

9. 编写程序，求 1 +12 +123 + ⋯ +123456789 的值。

10. 分别用 do…while 和 for 循环编写程序，计算 1 +1/2！ +1/3！ +1/4！ +⋯的前 10 项和。

项目5　数　组

项目导读

在程序设计中，往往要处理的数据是一个数据集合，如一个班级学生成绩、一组员工的信息等，需要使用数组处理这样的数据集合。数组是一些具有相同类型的数据按一定顺序组成的序列，数组中的每一个数据都可以通过数组名及索引号（下标）来存取。

学习目标

（1）掌握数组的基本概念。

（2）掌握一维数组的定义及读取方法。

（3）掌握二维数组的定义及读取方法。

（4）掌握 foreach 语句的使用。

任务5.1　数组的基本概念

实际应用中，经常需要处理一批相互有联系、有一定顺序、同一类型和具有相同性质的数据。例如，10 个学生的 C#成绩，对于这些数据可以用声明 g1，g2，…，g10 等变量来分别代表每个学生的成绩，其中 g1 代表第一个学生的成绩，g2 代表第二个学生的成绩……其中 g2 中的 2 表示其所在的位置序号。

数组是指一组类型相同的数据，每个数据称为一个数组元素（array element）。例如，上述 10 个学生的成绩构成一个数组，每位学生的成绩就是一个数组元素。

有了数组，就可以表示一组元素类型相同的数据，并用下标（index）来表示同一数组中的不同数组元素。每个元素都具有一个下标值，表示元素在数组中的位置。

数组有以下几个特点：

1）数组是数据类型相同的数据元素的集合。

2）数组中的各个元素按照顺序存放。

3）每个数组元素用其所在数组的名字与其在数组中位置表示。例如，list［0］代表变量名为 list 的数组中的第一个元素，list［1］代表变量名为 list 的数组中的第二个元素，依此类推，list［n］代表数组 list 中的第 n+1 个元素。

4）数组的下标值从 0 开始，最大下标为数组长度减 1。

5）数组的长度是能够存储元素的个数。

6）数组是应用类型。

7）C#通过. NET 框架中的 System. Array 类来支持数组，因此可以使用该类的属性与方法操作数组。

数组必须先声明后使用。声明数组后，可以对数组进行访问，访问数组一般都转化为对数组中的某个元素或全部元素进行访问。

根据数组元素的下标个数，数组还可以分为一维数组和多维数组。

任务 5.2　一维数组

5.2.1　一维数组的创建

一维数组是指只使用一个下标描述各数组元素的数组。在批量处理数据时，可使用循环高效简洁地读取或向数组中写入数据。

声明一维数组的格式为：

访问修饰符 类型名称 [ ] 数组名;

说明：

1）“访问修饰符”：表示访问权限，若省略则默认为 private（私有）。

2）“数组名”：遵循 C#的变量命名规则。

3）“类型名称”：用于指定数组元素的数据类型，可以是值类型或者引用类型，如 string、int 等。例如：

```
int [ ] list ; // 声明了一个名称为 list 的整型数组
string [ ]strs ; // 声明了一个名称为 strs 的字符串数组
```

数组在声明后必须实例化才可以使用。实例化数组的格式为：

数组名称 = new 类型名称 [无符号整型表达式];

如上面两个数组的实例化代码如下：

```
list = new int[10];//初始化数组长度为 10 的 int 数组
strs = new string[10];//初始化数组长度为 10 的 string 数组
```

通常情况下，将数组的声明和实例化在一条语句中实现。如 list、strs 数组的声明可实例化的代码如下：

```
int[ ] list = new int[10];// 声明了一个名称为 list 的长度为 10 整型数组
string[ ] strs = new string[10];// 声明了一个名称为 strs 的长度为 10 字符串数组
```

上面的两条语句可以合为一条语句：int [ ] myArray = new int [5];

当数组被建立后，所有的数组元素都将自动地被初始化为一个默认值。若数组元素属于数值型，其默认值为 0，Boolean 数组的默认值为 false，char 型数组的默认值为' \ u0000'，类类型数组的默认值为 null。

5.2.2　一维数组的使用

1. 数组元素赋值

可以按照数组元素的下标给每个元素赋值。例如，下面的语句是给数组 list 中的元素赋值：

```
list[0] = 1;
list[1] = 2;
list[2] = 3;
```

还可以用静态初始化的方法在声明数组的同时直接给数组赋初值，初值的个数是数组的长度。初值用大括号括起来，用逗号分隔开。例如：

```
int[] list = {1,2,3,4,5,6,7,8,9,10};
```

或者

```
int[] list = new int[10]{1,2,3,4,5,6,7,8,9,10};
```

在使用这种方法时，声明和初始化一定要在一条语句中完成。下面代码是错误的：

```
int[] list = new int[10];
list = { 1,2,3,4,5,6,7,8,9,10};
```

2. 数组的长度

因为 C#的数组为引用类型，并且继承 Array 类，所以数组有其成员变量和成员方法。在其成员中，最常用的是记录数组长度（元素个数）的变量 Length，它是一个公共的成员变量，无论在什么时候、什么位置都可以访问它。其格式为：

数组名称. Length

如果需要给数组中的一个元素赋值,格式为：

数组名称[下标] = 值;

如果读取数组中一个元素的值,格式为：

变量 = 数组名称[下标];

3. 数组的使用

【例 5 – 1】创建一个存储 10 个整数的数组 list，并依次给元素赋值 1 ~ 10，然后输出这些整数。

程序实现步骤如下。

1）建立控制台应用程序，项目名称为“exp05_ 01”，解决方案名称为“chapter05”，项目 5 的例题项目都放在该解决方案下。

2）在 Program 类的 Main( ) 方法中，编写代码如下：

```
static void Main(string[] args)
{
    int[] list = new int[10];// 声明了一个名称为 list 的长度为 10 整型数
    for (int k = 0; k < list.Length; k++)
    {
        list[k] = k+1;
```

```
            }
            for (int m = 0; m < list.Length; m + +)
            {
                Console.WriteLine("数组下标为" + m + "的元素值为" + list
[m]);
            }
            Console.Read();
        }
```

3）运行程序，运行结果如图 5 – 1 所示。

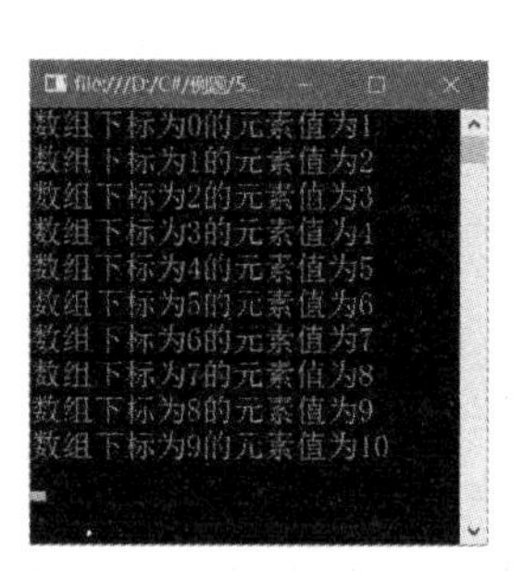

图 5 – 1　运行结果

【例 5 – 2】使用随机类 Random 为一个长度为 20 的数组赋值，值的范围为 0 ~ 19。在窗体上输入要查找的元素，查找该元素在数组中下标，若该元素存在，则返回下标，否则返回下标为 – 1。

程序实现步骤如下。

1）在解决方案“chapter05”中添加新建的 Windows 窗体应用程序，选择存放位置，并命名为“exp05_ 02”。

2）设置默认窗体 Form1 的 Text 属性为“查找元素是否存在”，StartPosition 的属性值设为 CenterScreen。

3）添加控件。添加一个用于显示提示信息标签 label1，设置 Text 属性为“请输入查找的元素（0 ~ 19）”；一个用于接受输入的 TextBox 控件 textBox1；一个用于实现交互的 Button 控件 button1，设置“Text”属性为“查找”。窗体设计参照程序运行结果图 5 – 2。

4）编写代码。编写“查找”单击事件代码如下：

```
        private void button1_Click(object sender, EventArgs e)
        {
            Random rand = new Random();//生成随机类对象
            int[] list = new int[20];
            for(intk = 0;k < list.Length;k + +)
            {
                list[k] = rand.Next(0, 20);//随机数的范围为 0 到 20 内任意的
数,不能取到 20
```

```
}
int key = int.Parse(textBox1.Text);
int index = -1;
for(int k = 0;k < list.Length;k++)
{
    if(list[k] == key)
    {
        index = k;
        break;
    }
}
if (index != -1)
    MessageBox.Show("元素存在,下标为:" + index,"元素查找");
else
    MessageBox.Show( "元素不存在!","元素查找");
}
```

5）将该项目设置为启动项目，运行程序，输入要查找的元素，运行结果如图5-2所示。

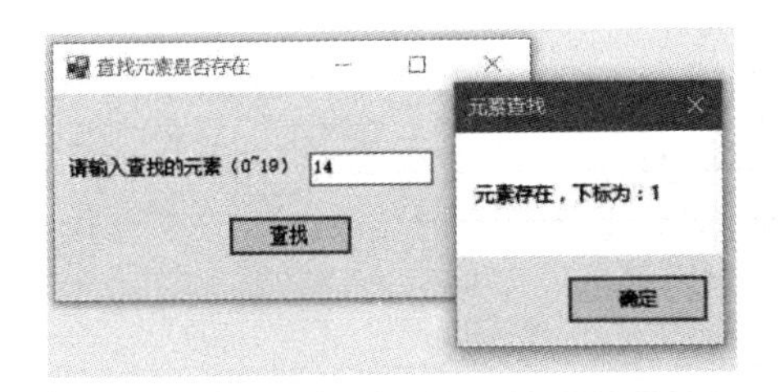

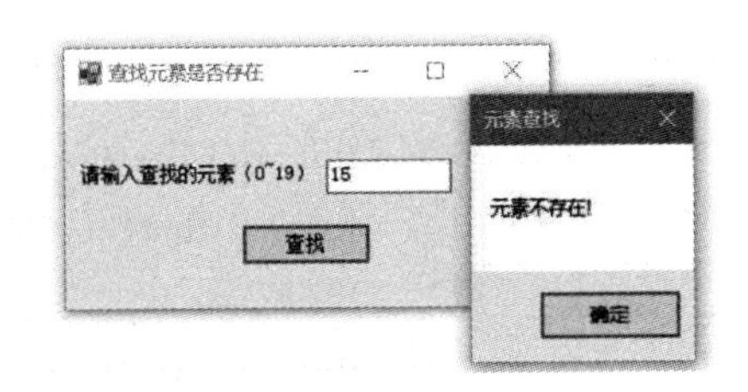

图5-2　程序运行结果

【例5-3】编写一个Java程序，用一维数组实现斐波那契数列，显示时每行显示5个元素。

分析：

（1）Fibonacci数列问题来源于一个古典的有关兔子繁殖的问题：假设在第1个月时有一对小兔子，第2个月时成为大兔子，第3个月时成为老兔子，并生出一对小兔子（一对老，一对小）。

（2）第4个月时老兔子又生出一对小兔子，上个月的小兔子变成大兔子（一对老，一对大，一对小）。第5个月时上个月的大兔子成为老兔子，上个月的小兔子变成大兔子，两对老兔子生出两对小兔子（两对老，一对中，两对小）……

（3）这样，各月的兔子对数为：1，1，2，3，5，8，……这就是Fibonacci数列。其中第n项的计算公式为：

$$f_n = \begin{cases} 1 & (n \leqslant 2) \\ f_{n-1} + f_{n-2} & (n > 2) \end{cases}$$

程序实现步骤如下。

1）在解决方案“chapter05”中添加新建的 Windows 窗体应用程序，选择存放位置，并命名为“exp05_ 03”。

2）设置默认窗体 Form1 的 Text 属性为“斐波那契数列”，StartPosition 的属性值设为 CenterScreen。

3）添加控件。添加一个用于显示提示信息标签 label1，设置 Text 属性为“请输入要计算的项”；一个用于接受输入的 TextBox 控件 textBox1；一个用于实现交互的 Button 控件 button1，设置“Text”属性为“计算”。窗体设计参照程序运行结果图 5－3。

4）编写代码。编写“计算”单击事件代码如下：

```
private void button1_Click(object sender, EventArgs e)
{
    this.richTextBox1.Clear();
    int n = int.Parse(textBox1.Text.Trim());
    if (n > 80 || n < 1)
    {
        MessageBox.Show("请输入一个不超过 80 的正整数");
        return;
    }
    else
    {
        this.richTextBox1.AppendText("斐波那契数列前" + n + "项");
        long[] flist = new long[n + 1];
        String str = "";
        flist[0] = 1; flist[1] = 1;
        for (int i = 2; i < n; i++)
        {
            flist[i] = flist[i - 1] + flist[i - 2];
        }
        for (int i = 0; i < n; i++)
        {
            if (i % 5 == 0) str = str + "\n";
            str = str + flist[i] + " ";
        }
        this.richTextBox1.AppendText(str);
    }
}
```

5）将该项目设置为启动项目，运行程序，输入项数为50，运行结果如图5－3所示。

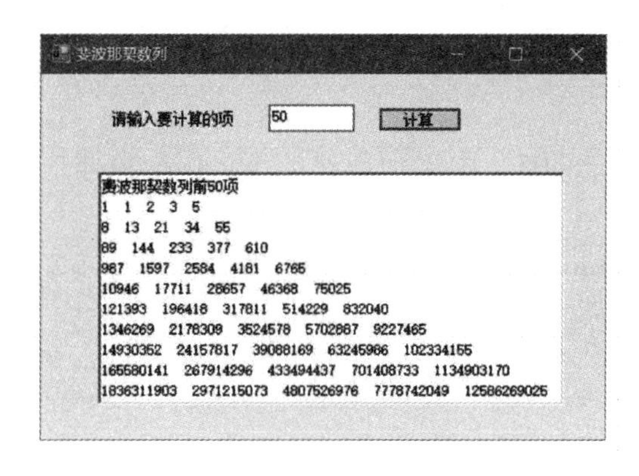

图5－3　运行结果

任务5.3　二维数组

5.3.1　二维数组的创建

在某些较复杂的情况下，如需要处理一个矩阵或一张二维表格中的数据时，需要两个下标才能实现数据定位。此时应使用多维数组来处理这类数据。

数组元素的下标超过两个的数组可称为多维数组，二维数组是其中最简单也最常用的一种。声明二维数组的格式为：

访问修饰符 类型名称［，］数组名；

声明并实例化二维数组的格式为：

访问修饰符 类型名称［，］数组名＝new 类型名称［行数，列数］；

在声明并实例化二维数组时也可以指定数组各元素的初始化值。例如：

int [,] myArray = new int[3,2]{{1,2},{3,4},{5,6}};// 声明并实例化一个2行3列的二维数组

访问多维数组需要用多个下标唯一确定数组中某个元素。例如：

int [,] myArray = new int[5,6]; // 声明一个5行6列的二维数组

myArray [3,4] = 15; // 为第4行第5列的元素赋值(将数据写入数组元素)

int a = myArray [3,4]; // 用第4行第5列的元素为其他变量赋值(从数组元素读取数据)

5.3.2　二维数组的使用

要访问二维数组中的所有元素可以使用双重循环来实现，通常外循环控制行，内循环控制列。如有特别需要，也可以用外循环控制列，内循环控制行。

【例5－4】创建杨辉三角形。

分析：杨辉三角形中的各行是二项式 $(a + b)^n$ 展开式中各项的系数。注意到

$$C_n^k=\begin{cases}C_n^{k-1}\dfrac{(n-k+1)}{k} & k=1,2,\cdots,n\\ 1 & k=0\end{cases}$$

设计步骤如下：

1）在解决方案“chapter05”中添加新建的 Windows 窗体应用程序，选择存放位置，并命名为“exp05_ 04”。

2）设置默认窗体 Form1 的 Text 属性为“杨辉三角形前 15 项”，StartPosition 的属性值设为 CenterScreen。

3）添加控件。添加一个用于显示多行文本的 RichTextBox 控件 richTextBox1。设计参照程序运行结果图 5－4。

4）编写代码。编写窗体载入事件 Form1_ Load 代码如下：

```
private void Form1_Load(object sender, EventArgs e)
{
    long[][] list = new long[15][]; // 生成存放系数的二维数组 xs
        for (int i = 0; i < 15; i++)
        { // 计算第 i 行
            list[i] = new long[i + 1];
            list[i][0] = 1;
            for (int j = 1; j <= i; j++)
            {
                list[i][j] = list[i][j - 1] * (i - j + 1) / (j);
            }
        }
        String m = list[0][0].ToString(); // 合并各行
        for (int i = 1; i < 15; i++)
        {
            m = m + "\n";
            for (int j = 0; j <= i; j++)
            {
                m = m + list[i][j].ToString() + " ";
            }
        }
        this.richTextBox1.AppendText(m);
    }
```

5）将该项目设置为启动项目，运行程序，运行结果如图5－4所示。

```
杨辉三角形前15项
1
1 1
1 2 1
1 3 3 1
1 4 6 4 1
1 5 10 10 5 1
1 6 15 20 15 6 1
1 7 21 35 35 21 7 1
1 8 28 56 70 56 28 8 1
1 9 36 84 126 126 84 36 9 1
1 10 45 120 210 252 210 120 45 10 1
1 11 55 165 330 462 462 330 165 55 11 1
1 12 66 220 495 792 924 792 495 220 66 12 1
1 13 78 286 715 1287 1716 1716 1287 715 286 78 13 1
1 14 91 364 1001 2002 3003 3432 3003 2002 1001 364 91 14 1
```

图5－4　运行结果

任务5.4　Array与ArrayList

5.4.1　Array类

提供一些静态方法，用于创建、处理、搜索数组并对数组进行排序，从而充当公共语言运行时中所有数组的基类。常用的属性与方法如表5－1所示。

表5－1　数组常用属性及常用方法

方法	含义
Length	获取Array的所有维度中的元素总数
LongLength	获取一个64位整数，该整数表示Array的所有维数中元素的总数
Rank	获取Array的秩（维数）。例如，一维数组返回1，二维数组返回2
public static int BinarySearch < T > （T [ ] array，T value）	在数组中搜索特定元素，返回元素的下标
public static void Copy（Array sourceArray，Array destinationArray，int length）	复制数组，复制长度为Length
public static int FindIndex < T > （T [ ] array，Predicate < T > match）	搜索与指定元素相匹配的元素，并返回整个Array中第一个匹配元素的从零开始的索引
public int GetUpperBound（int dimension）	获取数组中指定维度最后一个元素的索引
public static void Reverse（Array array）	反转整个一维Array中元素的顺序
public void SetValue（object value，int index）	为指定索引的数组元素赋值
public object GetValue（int index）	获取指定下标的数组元素
public static void Sort（Array array）	整个Array中的元素进行排序

【例 5 – 5】使用 Arrays 方法对数组进行排序。

程序实现步骤如下。

1）在解决方案“chapter05”中添加新建的控制台应用程序，选择存放位置，并命名为“exp05_ 05”。

2）编写 Main( ) 方法代码。代码如下：

```
static void Main(string[ ] args)
{
    int[ ] list = new int[10];
    Random rand = new Random( );
    //数组随机赋值
    for(int k =0;k < list. Length;k + + )
    {
        list[k] = rand. Next(0, 100);//赋值为 0 ~99 内随机数
    }
    //打印数组
    string s = "";
    for (int k = 0; k < list. Length; k + + )
    {
        s = s + " " + list[k];
    }
    Console. WriteLine("生成的数组是:" +s);
    //排序
    Array. Sort(list);
    //打印排序后的数组
    string s1 = "";
    for (int k = 0; k < list. Length; k + + )
    {
        s1 = s1 + " " + list[k];
    }
    Console. WriteLine("排序后的数组是:" + s1);
    Console. Read( );
}
```

3）将该项目设为启动项目，运行程序，随机运行结果如图 5 – 5 所示。

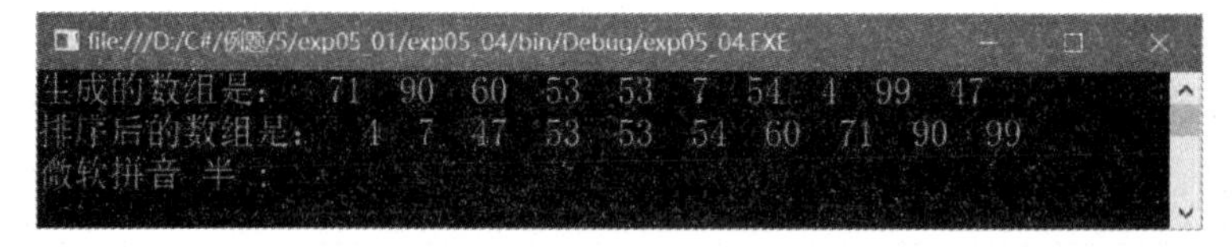

图 5 – 5 运行结果

5.4.2　ArrayList 类

ArrayList 叫数组列表，使用大小会根据需要动态增加的数组，实现了 IList 接口命名空间为 System. Collections，声明 ArrayList 数组列表必须引用该命名空间。

构造函数有以下三个。

（1） public ArrayList （ICollection c）

初始化 ArrayList 类的新实例，该实例包含从指定集合复制的元素，具有与复制的元素数相同的初始容量。

（2） public ArrayList （）

初始化 ArrayList 类的新实例，该实例为空并且具有默认初始容量。

（3） public ArrayList （int capacity）

初始化 ArrayList 类的新实例，该实例为空并且具有指定的初始容量。

例如：

int [ ]myAarry = new int[6]；// 声明并实例化数组

ArrayList myArrayList = new ArrayList(myArray)；// 声明并实例化数组列表，myArray 相当于包含 6 个元素的整型数组

ArrayList 类中常用的属性和方法如表 5－2 所示。

表 5－2　ArrayList 类常用属性及常用方法

方法	含义
Count	获取 ArrayList 中实际包含的元素数
public virtual int Add （object value）	将对象添加到 ArrayList 的结尾处
public virtual int BinarySearch （object value）	二分查找有序数组中是否存在指定元素，返回元素的下标
public virtual void Clear （）	从 ArrayList 中移除所有元素
public virtual bool Contains （object item）	确定某元素是否在 ArrayList 中
public virtual void Insert （int index，object value）	将元素插入 ArrayList 的指定索引处
public virtual void InsertRange （int index，ICollection c）	将一个数组插入到 ArrayList 中指定索引后
public virtual void Remove （object obj）	从 ArrayList 中移除特定对象的第一个匹配项
public virtual void RemoveAt （int index）	移除 ArrayList 的指定索引处的元素
public virtual void Reverse （int index，int count）	将指定范围中元素的顺序反转
public virtual void Reverse （）	将整个 ArrayList 中元素的顺序反转
public virtual void Sort （）	数组元素排序

任务 5.5 foreach 语句在数组中的应用

5.5.1 foreach 语句的格式

foreach 语句用于逐个读取集合中的元素。foreach 语句特别适合对数组对象的读取操作。其一般形式为：

```
foreach ( 类型 标识符 in 表达式 )
{
    语句序列
}
```

其中，类型和标识符是用来声明循环变量，该循环变量的类型和数组中元素类型相同，用于依次读取数组中的值；in 为关键字；表达式对应于作为操作对象的一个集合。

5.5.2 foreach 的使用

【例 5-6】初始化数组元素 list，长度为 20 以内的随机数，每个元素存放 100 以内的随机整数，使用 foreach 语句遍历数组并输出。

程序实现步骤如下。

1）在解决方案“chapter05”中添加新建的控制台应用程序，选择存放位置，并命名为“exp05_06”。

2）编写 Main() 方法代码。代码如下：

```
static void Main(string[] args)
{
    int[] list = new int[20];
    Random rand = new Random();
    //数组随机赋值
    for (int k = 0; k < list.Length; k++)
    {
        list[k] = rand.Next(0, 100);//赋值为 0~99 内随机数
    }
    //打印数组
    string s = "";
    for (int k = 0; k < list.Length; k++)
    {
        s = s + " " + list[k];
    }
    Console.WriteLine("生成的数组是:" + s);
    //排序
```

```
        Array.Sort(list);
        //打印排序后的数组
        string s1 = "";
        foreach (int m in list)
        {
            s1 = s1 + = " " + m;
        }
        Console.WriteLine("排序后的数组是:" + s1);
        Console.Read();
    }
```

3）将该项目设为启动项目，运行程序，每次运行结果不同。

任务5.6 面板控件和选项卡控件

5.6.1 面板控件（Panel）

Panel控件一个容器控件，常常为其他控件提供分组，没有Text属性。常用到的属性为控件边缘显示属性BorderStyle属性，该属性值有三个：None值，表示没有边缘特性；FixedSingle值，表示有矩形外框；Fixed3D值，表示有立体外框。

5.6.2 选项卡控件（TabControl）

TabControl控件称为多选项卡控件，可以创建带有多个标签页的窗口，该控件有若干TabPags组成，类似于Windows的多选项卡可以将界面划分为多个区域进行操作。可以通过该控件的TabPags属性进行添加TabPag页面，每个页面相当于一个容器，在该容器中可以进行相关的操作。

1）Alignment属性：决定各标签页的选项卡文本信息显示的位置，共有top（文本显示在各标签页的上方）、bottom（文本显示在各标签页的底部）、right（文本显示在各标签页的右侧）、left（文本显示在各标签页的左侧）四种不同的显示方式。

2）TabPages属性：用于定义当前TabControl控件中所要包含的所有标签页。该属性设置时，单击TabPages属性后的【…】按钮，弹出【TabPage集合编辑器】，如图5-6所示，默认情况下每个TabControl控件中包含两个标签页。在左侧的【成员】窗口中，通过【添加】和【移除】按钮修改TabControl控件中的标签页个数；在右侧的【属性】窗口中，设置每个标签页的属性。也可以选中选项卡控件，单击鼠标右键通过弹出菜单中提供的【添加选项卡】和【移除选项卡】快捷方式直接完成。

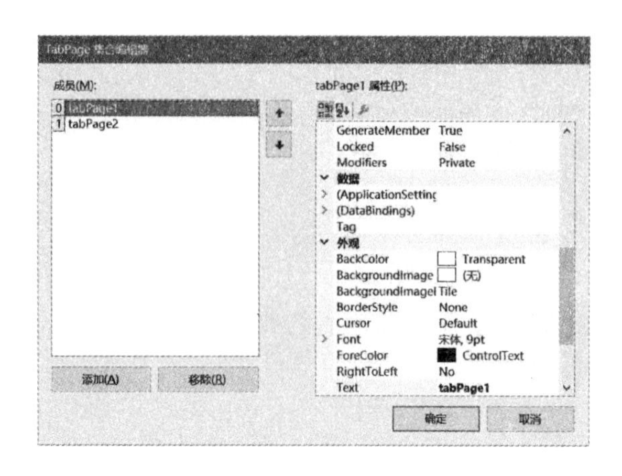

图 5－6　TabPage 集合编辑器

【例 5－7】模拟实现计算机登机考试报名窗体。

程序实现步骤如下。

1）在解决方案“chapter05”中添加新建的 Windows 窗体应用程序，选择存放位置，并命名为“exp05_ 07”。

2）窗体设计。

窗体中添加 groupBox1 控件实现姓名等身份信息的分组，添加由于接收姓名的 textBox1；用于接收身份证号的 maskedTextBox1，Mask 属性值为“000000－00000000－000a”；添加用于实现性别分组的 panel1，在 panel1 上添加 radioButton1、radioButton2 ，Text 属性分别为“男”、“女”。

添加选项卡 tabControl1，并添加 4 个 TabPages，属性及控件设计如图 5－7、图 5－8、图 5－9、图 5－10 所示，在 4 个 TabPages 上共放置 22 个 RadioButton 对象，即 radioButton3 ~ radioButton24。

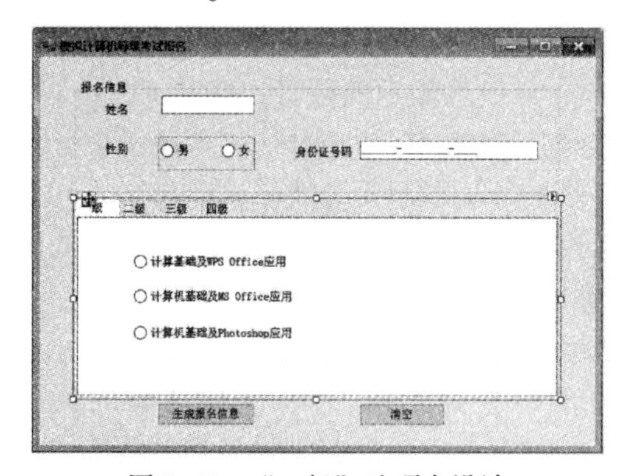

图 5－7　“一级”选项卡设计

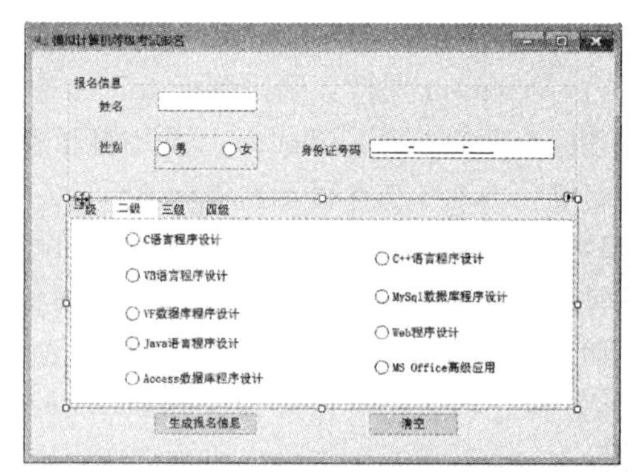

图 5－8　“二级”选项卡设计

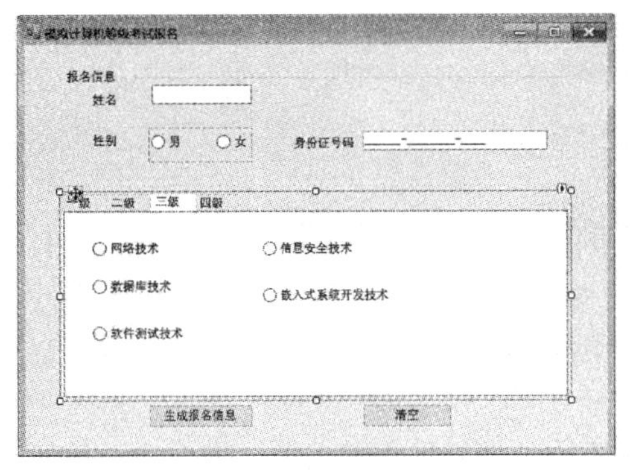

图5-9 “三级”选项卡设计

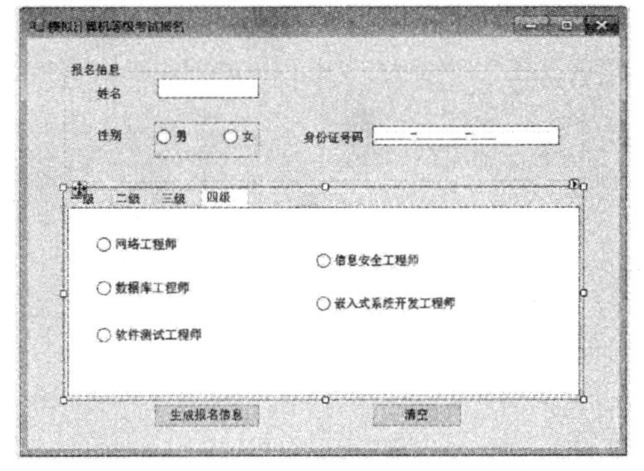

图5-10 “四级”选项卡设计

3）代码设计。

当显示学生报名信息时，需要判定选中的 RadioButton 对象以及选中的级别，这里 RadioButton 对象在“一级”上是 radioButton3 ~ radioButton5，共 3 个；“二级”上是 radioButton6 ~ radioButton14，共 9 个；“三级”是 radioButton15 ~ radioButton19，共 5 个；“四级”是 radioButton20 ~ radioButton24，共 5 个。建立 RadioButton 类型的数组，数组元素初始化为 radioButton3 ~ radioButton24，并使用计数器 k 进行计数，k 初始化为 0。使用 foreach 语句遍历数组，如果某个元素的 Checked 属性为 true，获取其 Text 属性并根据 k 的值判定级别，使用 break 语句结束循环。因为有 4 个 TabPages 容器控件，所以最多可以选择 4 个 RadioButton 对象，使用 break 只是认定第一个选中的 RadioButton 对象。

“生成报名信息”的单价事件代码如下：

```
private void button1_Click(object sender, EventArgs e)
{
    RadioButton[ ] RB = { radioButton3, radioButton4, radioButton5, radioButton6, radioButton7, radioButton8,
  radioButton9,radioButton10,radioButton11,radioButton12,radioButton13,radioButton14,
  radioButton15,radioButton16,radioButton17,radioButton18,radioButton19,radioButton20,
    radioButton21,radioButton22,radioButton23,radioButton24};
string s = null;
string s1 = null;
if (radioButton1.Checked)
    s1 = "男";
if (radioButton2.Checked)
    s1 = "女";
s = "姓名:" + textBox1.Text + "\n" + "性别:" + s1 + "\n" + "身份证号码:" + maskedTextBox1.Text + "\n";
int k = 0;
foreach (RadioButton rabtn in RB)
{
```

```
                k + + ;
                if (rabtn. Checked  = =  true)
                {
                    if (k  < = 5)
                        s = s + "您报考的是计算机等级考试一级:" + rabtn. Text;
                    else if (k  > 5 && k  < = 14)
                        s = s + "您报考的是计算机等级考试二级:" + rabtn. Text;
                    else if (k  > 14 && k  < = 19)
                        s = s + "您报考的是计算机等级考试三级:" + rabtn. Text;
                    else if(k >19&&k < =24)
                        s = s + "您报考的是计算机等级考试四级:" + rabtn. Text;
                    break;
                }
            }
            MessageBox. Show(s, "报名信息");
        }
```

“清空”按钮实现所有编辑控件的 Text 属性为空，RadioButton 类型的对象 Checked 属性为 false。代码如下：

```
            private void button2_Click(object sender, EventArgs e)
            {
                RadioButton[ ] RB = {radioButton1,radioButton2 ,radioButton3, radioBut-
ton4, radioButton5, radioButton6, radioButton7, radioButton8,
        radioButton9,radioButton10,radioButton11,radioButton12,radioButton13,radioButton14,
            radioButton15, radioButton16, radioButton17, radioButton18, radioButton19,
radioButton20,radioButton21
          ,radioButton22,radioButton23,radioButton24} ;
                textBox1. Text  =  "";
                maskedTextBox1. Text  =  "";
                foreach (RadioButton rbtn in RB)
                {
                    rbtn. Checked  =  false;
                }
            }
```

4）运行程序，输入需要的数据，单击“生成报名信息”，运行结果如图 5－11 所示。

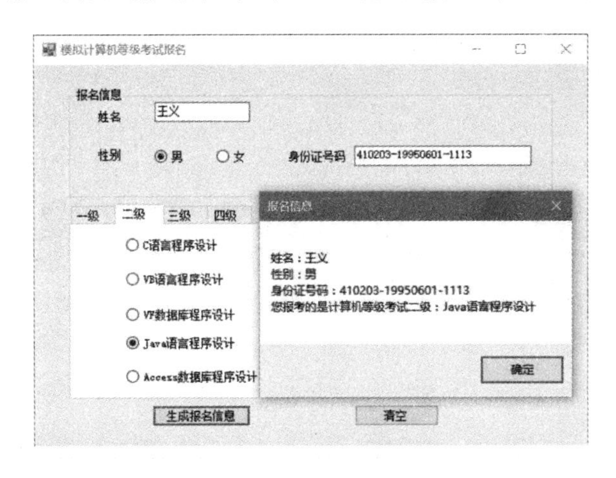

图 5－11 运行结果

思考与练习

1. 语句 int［ ］a = new int［20］定义了几个数组元素？如果希望将一组连续的两位整数存入数组，应编写怎样的代码？

2. 随机生成一个包含 10 个元素的数组，要求编程实现寻找数组中的最小数和最大数。

3. 使用冒泡排序方法对数组进行排序操作。

4. 使用数组存储不超过 100 个学生的 Java 成绩，并计算平均分，显示高于平均分的成绩及对应的下标，统计人数。约定程序运行时输入成绩，当输入数据为负值，成绩输入结束。

5. 输入一个奇数，然后创建能容纳 1 到该奇数的所有奇数的数组，并为数组各元素赋予 1 到该奇数的奇数值，最后通过标签输出数组中的值。

6. 创建一个 Windows 应用程序，利用列表框显示 50 个随机数值，并实现数组排序。

7. 创建 Windows 应用程序，在程序中声明两个数组，一个包含 10 个元素，一个包含 15 个元素。将包含 10 个元素的数组元素值合并到包含 15 个元素的数组末尾，然后克隆包含 20 个元素的数组。输出原数组与合并、克隆后数组元素的值。

8. 创建 Windows 应用程序，在程序中声明包含 10 个元素的双精度型数组，为数组元素赋值为 0 到 100 之间的随机实数，单击【升序】按钮，数组按升序排序；单击【降序】按钮，数组按降序排序。输出排序前后数组元素值。

项目6　面向对象程序设计

项目导读

C#是完全面向对象（OOP）的程序设计语言，具有面向对象程序设计方法的突出特征。C#通过类、对象、继承、封装、多态等机制形成一个完善的面向对象的编程体系。

学习目标

（1）了解面向对象的相关概念。

（2）理解构造函数的设计及使用。

（3）掌握实体类成员的设计。

（4）掌握方法成员的声明及使用。

任务6.1　类和对象概述

6.1.1　类和对象的概念

现实世界中，我们要处理的问题往往是一类事物的集合，比如图书信息处理、学生信息处理等，在程序设计中，往往使用面向对象的技术解决这类问题。

C#是面向对象的程序设计语言，也提供了大量的类，其中包括窗体、控件等。

6.1.2　类与对象的本质

类是一种数据类型，是从现实世界具有相同属性与相同操作的实体集合中提取的一种抽象数据类型，它不仅仅封装了描述实体的数据信息，也封装了描述方法的信息。

对象是使用类数据类型定义的一个变量，是类的实例化，是具有一组属性和一组相关操作的个体，类一个特例。

6.1.3　类成员

从数据处理的角度出发，类的成员分为两种：存储数据信息的成员与实现功能的方法成员。在C#中，存储数据信息的成员叫“字段”，方法成员有很多种，本项目仅介绍“属性”、“方法”与“构造函数”。

任务6.2　类定义

6.2.1　类的声明

类的关键字为class，类的声明格式如下：

```
[访问修饰符] class 类名称[:[基类类名或接口序列]]
{
[字段成员]
[属性成员]
[方法成员]
[事件成员]
[构造函数]
[析构函数]
}
```

说明：

(1) 访问修饰符

1) new表示对继承父类同名类型的隐藏。

2) public修饰符，若修饰类的声明，表示可以在该类命名空间外能被访问到；若修饰类成员，则该成员能在类外被访问到。

3) protected修饰符，用于修饰类成员，表示访问范围限定于它所属的类或从该类派生的类型。

4) internal修饰符，表示内部类型，只有在同一程序集的文件中，内部类型或成员才是可访问。

5) private修饰符，该修饰符往往修饰类成员，表示访问范围限定于它所属的类。

6) abstract用来修饰抽象类，表示该类只能作为父类被用于继承，而不能进行对象实例化。

7) sealed用来修饰密封类，阻止该类被继承，也可以修饰一个不能被继承的方法。

需要说明的是，在没有显示声明的情况下，类和方法默认的访问控制都是public，属性和字段默认的访问控制是private。

(2) 类名称

类名称符合变量的命名规则，为了提高可读性，一般情况下，类名的第一个字母大写，并且与表示的数据信息具有相同的含义。

(3) 基类类名或接口序列

基类类名表示该类继承的父类，C#只允许单一继承，即一个类只能有一个直接父类；接口序列指该类实现的接口，一个类可以实现多个接口。

(4) 类成员

[ ] 中的内容为可选项，类的具体成员定义根据问题的需求进行。

C#类的成员通常包括字段、属性、方法、事件、构造函数、析构函数、索引指示器，在实体类的使用中，我们主要使用到字段、属性、构造函数、方法等。

声明学生类的格式如下：

```
public class Student
{
…
}
```

可以通过类声明对象,声明对象的格式为：

类名 对象名

如：

```
Student stu;
```

6.2.2 字段

1. 字段的声明

字段用于保存类的数据信息，一个类中可以有 0 至 n 个字段成员，字段的声明格式与普通变量的声明格式相同。字段声明的位置没有特殊要求，习惯上将字段声明在类中的最前面，提高代码可读性。声明格式如下：

[访问修饰符] 类型 字段名；

其中，类型为该字段的数据类型，可以是值类型或引用类型；字段名和 C#变量命名规则一致，为了属性成员区分，一般采用小写字母命名；访问修饰符用于描述类成员访问限制情况，常常为 public（共有成员）、private（私有成员）或者 protected（保护成员）。为了数据信息的封装，字段成员定义为 private（私有成员）。

在不显示声明修饰符的情况下，类成员默认为 private。

2. 静态字段

静态字段声明时使用 static 关键字，若一个字段声明为静态的，则使用该类实例化的第一个对象将初始化该字段，该类多个对象共同使用静态字段所在内存的副本。

通过下面的实例了解静态字段和非静态字段的使用。

【例 6 - 1】定义一个学生类，包含私有字段成员的学号、姓名、年龄；共有的字段成员班级名称与系部名称；一个公有的静态成员是实现学生计数器的功能包含一个静态字段用于描述学生班级信息。

程序实现步骤如下。

1）建立控制台应用程序，项目名称为“exp06_ 01”，解决方案名称为“chapter06”，项目 6 的例题项目都放在该解决方案下。

2）在解决方案资源管理器中选中项目，右键单击依次选择“新建”→“类”，将显示如图6-1所示的新建类对话框，输入类名为Student，完成类代码的编写如下：

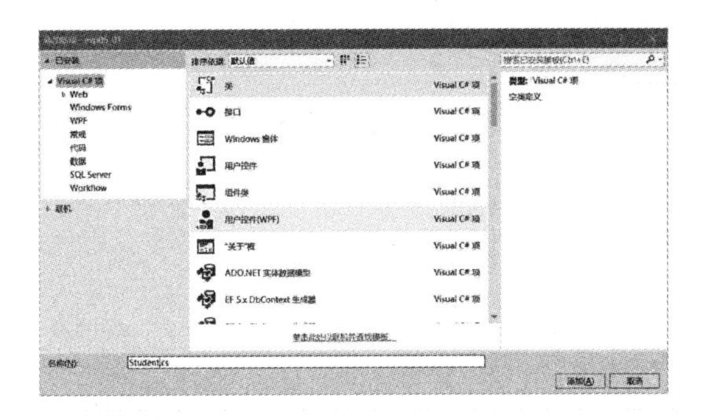

图6-1　添加“类”对话框

```
class Student
{
    private string stuno;
    private string stuname;
    private int age;
    public string classname;
    public string deptname;
    public static int stucount;
}
```

3）在Main()方法编写代码，用于测试字段成员的引用操作。Main()代码如下：

```
static void Main()
{
    Student stu = new Student();//声明一个对象
    stu.classname = "软件技术0501";
    // stu.stuname = "张毅";//错误,私有成员不能在类外访问
    // stu.stucount++;//错误,静态成员只能通过类名访问
    Student.stucount++;
    Console.WriteLine("班级:" + stu.classname + " 系部:" + stu.deptname
+"静态成员的值:" + Student.stucount);
    Console.Read();
}
```

4）运行程序，查看结果。

3. 常量字段和只读字段

在类中声明在字段常量时使用const关键字。常量字段的值不能被修改，不能出现在赋值表达式的左边。

只读字段只能读，表现面上与常量字段相同，但是，只读字段可以通过构造函数进行修改，如下面的代码：

```
class Shape
    {
        public readonly double pi  =3.1415;
        public const double PI =3.1415;
        public A(double x)
        {
            pi  =  x;//正确,只读字段可以在构造函数中重新赋值
              PI  =  x;//不正确,常量不能被赋值
        }
    }
```

6.2.3 属性

为了更好地实现类的封装性，一般不直接对类的数据信息进行操作。在【例 6－1】Student 类中，有些字段定义为私有成员，在类外不能直接访问。

为了实现对字段成员的访问，C#使用属性调用 get 和 set 访问器实现对字段的读写操作属性的声明格式如下：

[访问修饰符] 类型 属性名{ get{…} set{…} }

其中，访问修饰符和字段的访问修饰符一致，一般情况下，访问修饰符为 public；类型和其描述的字段类型保持一致；get 访问器用于读取所描述字段的值，set 访问器用于修改所描述字段的值。若属性中只有 get 访问器，则该属性为只读属性；若只有 set 访问器，则该属性为只写属性。

修改例【6－1】中 Student 类的代码，将 stuno、stuname 字段封装为只读的，age 封装为可读可写的，封装的属性代码如下：

```
                public string Stuno
                {
                    get{return stuno;}
        }
                public string Stuname
                {get{return stuname;}
                }
                public int Age
                {
                    get{return age;}
                    set{age  =  value;}
                }
```

C#提供了字段的自动封装，实现时，将鼠标放在要封装的字段上，单击鼠标右键，选

择“快速操作和重构”，如图 6－2 所示；接着，在类设计器中显示“封装字段（并使用属性）、封装字段（但仍使用字段）”两个选项，并提供封装预览操作，如图 6－3 所示。封装生成的属性可以根据需要进行修改。

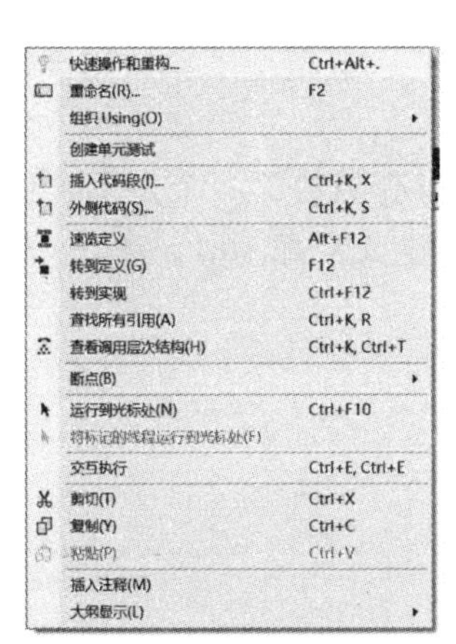

图 6－2　字段封装

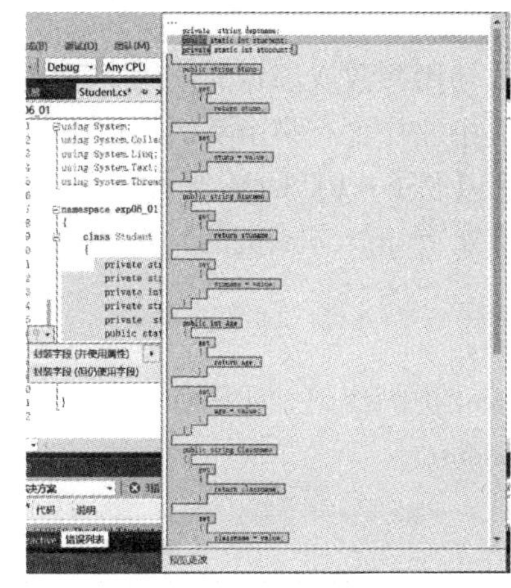

图 6－3　字段封装选项

6.2.4　构造函数和析构函数

构造函数和析构函数是特殊的方法。构造函数用于对象的实例化，对实例化一个对象时，系统将会调用相应的构造函数，为对象分配内存空间。当对象消亡时，析构函数被自动执行。

1. 构造函数

构造函数是一种特殊的方法成员，构造函数的主要功能是为了初始化字段成员，是在创建对象（声明对象）时初始化对象。一个非抽象类定义必须且至少有一个构造函数，如果定义类时，没有声明构造函数，系统会提供一个默认的构造函数；如果声明了构造函数，系统将不再提供默认构造函数。很多种情况下，我们根据需要定义若干个构造函数。

构造函数是特殊的方法，构造函数的名字和类名相同，没有回类型，即构造函数没有返回值；构造函数可以包含 0 至多个形式参数。系统平台中提供了生成构造函数的快捷方法，与自动封装属性相同，如图 6－4 所示。

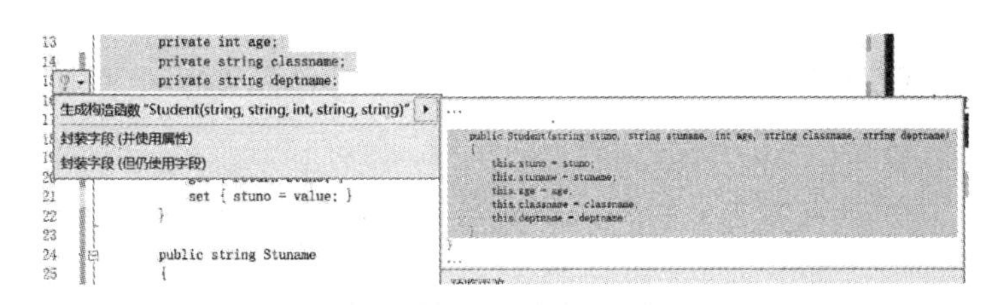

图 6－4　构造函数生成

（1）默认构造函数

默认构造函数也称为缺省构造函数，由系统（CLR）提供，不需要任何代码。如【例 6－1】中，类 Student 中没有显式声明构造函数，使用默认构造函数实例化对象 stu。

这样使用缺省的构造函数实例化对象 stu，然后可以使用封装好的属性给相应的字段赋值。如果字段为私有成员，没有提供给字段赋值的属性时，要想给对象的字段赋值，又不使用方法时，应该怎么办呢？可以使用带参数的构造函数来实现。

（2）实例构造函数

实例构造函数使用参数或固定的值给字段赋值，一般情况下参数用于初始化对象的字段成员等，一个类中往往含有多个实例构造函数。

【例 6-2】在【例 6-1】的基础上定义两个构造函数，一个是不含任何参数的构造函数，一个是含有所有非静态成员的构造函数，并定义对象 stu1、stu2，观察构造函数的使用。

程序实现步骤如下。

1）修改 Student 类的代码。代码如下：

```
class Student
{
private string stuno;
private string stuname;
private int age;
private string classname;
private string deptname;
public static int stucount;
public string Stuno
{
    get { return stuno; }
    set { stuno = value;}
}
public string Stuname
{
    get { return stuname;}
    set { stuname = value;}
}
public int Age
{
    get {return age; }
    set{age = value;}
}
public string Classname
{
    get { return classname;}
    set {classname = value; }
```

```
    }
    public string Deptname
    {
        get {return deptname; }
        set { deptname = value;}
    }
    public Student( ) { }
    public Student(string stuno, string stuname, int age, string classname, string deptname)
    {
        this. stuno = stuno;
        this. stuname = stuname;
        this. age = age;
        this. classname = classname;
        this. deptname = deptname;
    }
}
```

2）在 Program 类中，编写 Main( ) 方法的代码如下：

```
static void Main( )
{
    Student stu1 = new Student( );//声明一个对象
    stu1. Stuno = "2015001";
    stu1. Stuname = "Peter";
    stu1. Age = 18;
    stu1. Classname = "软件技术 1501";
    stu1. Deptname = "信息工程学院";
    Student. stucount + +;
    Student stu2 = new Student ( "2015002", "Kate", 19, "软件技术 1501", "信息工程学院");
    Student. stucount + +;
    Console. WriteLine("学号:" +stu1. Stuno +" 姓名:" +stu1. Stuname +" 年龄:" +stu1. Age +" 班级:" +stu1. Classname +"系别:" +stu1. Deptname);
    Console. WriteLine("学号:" + stu2. Stuno + " 姓名:" + stu2. Stuname + " 年龄:" + stu2. Age + " 班级:" + stu2. Classname + "系别:" + stu2. Deptname);
    Console. WriteLine("学生数量:" +Student. stucount);
    Console. Read( );
}
```

3）运行程序，可以得到结果如下：

学号:2015001 姓名:Peter 年龄:18 班级:软件技术 1501 系别: 信息工程学院

学号:2015002 姓名:Kate 年龄:19 班级:软件技术 1501 系别: 信息工程学院
学生数量:2

在 Main() 方法中实例化了对象 stu1 和 stu2，实例化 stu1 时，系统根据构造函数的参数调用不带参数的构造函数，使用了属性的 set 访问器实现字段赋值操作；而实例化对象 stu2 时，将调用带有 5 个参数的构造函数初始化，比较方便。在输出操作时，都调用了属性的 get 访问器读取字段的值。

(3) 静态构造函数

静态构造函数用于初始化任何静态数据，或用于执行仅需执行一次的特定操作。在创建第一个实例或引用任何静态成员之前，将自动调用静态构造函数。

静态构造函数是不可继承的，而且不能被直接调用。静态构造函数声明时，不能使用访问修饰符。

需要注意的是，静态成员可以通过非静态构造函数调用，但是非静态成员不能在静态构造函数内出现。为了了解静态构造函数的使用，在 Student 类中添加静态构造函数如下：

```
static Student()
   {
        stucount = 1;
   }
```

运行程序，学生数量为“3”，是因为静态构造函数中静态变量 stucount 的值被赋值为 1，默认情况下为 0。

(4) 私有构造函数

私有构造函数是一种特殊的实例构造函数。它通常用在只包含静态成员的类中。若类具有一个或多个私有构造函数而没有公共构造函数，则其他类（除嵌套类外）无法创建该类的实例。如以下代码：

```
class Cricle
{
private Cricle()
{ }
public static double getArea(double r)
{
    return 3.14 * r * r;
}
}
```

在 Cricle 类中，只能使用静态方法实现相应的功能，不能被实例化对象。

(5) 构造函数重载

在一个类中，可以定义一个或几个构造函数，构造函数的参数列表不完全相同，即参数个数不同或者对应的参数数据类型不同，称为构造函数重载。当实例化对象时，系统根据参数决定调用构造函数。

【例 6-3】定义员工 Employee 类，了解构造函数的重载问题。

程序实现步骤如下。

1）在解决方案“chapter06”中新建控制台应用程序，项目名称为“exp06_ 03”。

2）选中项目，右键单击依次选择“新建”→“类”，在新建类对话框中输入类名为Employee，完成类代码的编写如下：

```
class Employee
{
    string empid;
    int age;
    string empname;
    public Employee(string empid, string empname, int age)
    {
        this.empid = empid;
        this.empname = empname;
        this.age = age;
    }
    public Employee(string empid, int age)
    {
        this.empid = empid;
        this.age = age;
    }
    public Employee(int age,string empid)
    {
        this.empid = empid;
        this.age = age;
    }
    public Employee() { }
    public string Empid
    {
        get{ return empid; }
        set{empid = value;}
    }
    public string Empname
    {
        get { return empname; }
        set { empname = value; }
    }
    public int Age
    {
```

```
                get { return age;}
                set{age = value;}
            }
        }
```

3）在 Program 类中，修改 Main( ) 方法的代码如下：

```
static void Main(string[ ] args)
{
    Employee emp1 = new Employee( );
    Employee emp2 = new Employee(19, "002");
    Employee emp3 = new Employee("003", 20);
    Employee emp4 = new Employee("004", "王四", 20);
}
```

Employee 类中定义了四个构造函数。其中第二个构造函数与第三个构造函数的参数列表个数相同，但是对应的参数类型不完全相同。

2. 析构函数

析构函数用于回收对象占用的内存空间，声明方式与构造函数的相同只是在类名前加个（~）符号，析构函数不接受任何参数，不带任何修饰符。一个类只能有一个析构函数，析构函数不能重载，只有在该类被销毁的时候调用。C#提供了一种内存管理机制——自动内存管理机制（Automatic Memory Management），资源的释放是可以通过“垃圾回收器”自动完成的，一般不需要用户干预，但在有些特殊情况下还是需要用到析构函数的，如在 C#中非托管资源的释放。如【例 6－3】中，可以声明析构函数如下：

```
~Employee( )
    { }
```

一般情况下，类中不定义析构函数。

6.2.5 使用对象初始值设定项初始化对象

在 C#中，我们常用两种方法来对一个类进行初始化，一种是采用带有参数的构造函数，另一种则是不采用构造函数，或者构造函数中并没有实际地对字段进行赋值，而是在申请了类的实例之后，通过它的属性进行赋值。在 Visual studio 2008 及其以上的版本中，提供了使用对象初始值设定项初始化对象，需要注意的是，类中必须含有不带参数的构造函数。下面的语句创建了对象 emp5，并使用对象初始值设定初始化对象。

```
Employee emp5 = new Employee { Empid = "005",Empname = "张五" };
```

6.2.6 this 关键字

C#中 this 关键字常常会出现在类中，但仅限于构造函数、类的非静态方法中使用，也可以称为指针，可以使用 this. 调用当前实例，即对象的成员方法、属性、字段等，此时表示当前的实例；在类的构造函数中出现的 this 表示对正在构造的对象本身的引用，在类的方法中出现的 this 表示对调用该方法的对象的引用。

【例 6 -4】创建长方体类 Cuboid，包括三个 double 类型的数据成员长、宽、高，定义类并对字段成员封装，定义两个构造函数，一个没有参数，一个带有三个参数。

程序实现步骤如下。

1）在解决方案“chapter06”中新建 Windows 窗体应用程序，项目名称为“exp06_ 04”。

2）选中项目，右键单击依次选择“新建”→“类”，添加长方体类，代码如下：

```
class Cuboid
{
    double length;
    double width;
    double height;

    public double Length
    {
        get{ return length; }
        set { length = value; }
    }
    public double Width
    {
        get{ return width; }
        set
        { width = value; }
    }
    public double Height
    {
        get
        { return height; }
        set
        { height = value; }
    }
    public Cuboid(double length, double width, double height)
    {
        this.Length = length;
        this.Width = width;
        this.Height = height;
    }
    public Cuboid() { }
}
```

3）设置默认窗体 Form1 的“Text”属性值为“类的使用”，在窗体上放置用于接收长、宽、高的编辑框，添加三个 Label 标签提示，添加两个 Button 实现交互，窗体的设计如图 6－5 所示。

图 6－5　窗体设计

4）编写事件代码。“生成对象” 的单击事件代码如下：

```
private void button1_Click(object sender, EventArgs e)
{
    double l = double.Parse(textBox1.Text.Trim());
    double w = double.Parse(textBox2.Text.Trim());
    double h = double.Parse(textBox3.Text.Trim());
    Cuboid cub = new Cuboid(l, w, h);
    MessageBox.Show("长方体长为:" + cub.Length + " 宽为:" + cub.
Width + " 高为:" + cub.Height, "提示:", MessageBoxButtons.OK);
}
```

“信息重置”按钮实现了信息的修改为空，代码如下：

```
private void button2_Click(object sender, EventArgs e)
{
    textBox1.Text = "";
    textBox2.Text = "";
    textBox3.Text = "";
}
```

5）将该项目设为启动项目，运行程序，输入长、宽、高的值分别为 1、2、3，运行结果如图 6－6 所示。

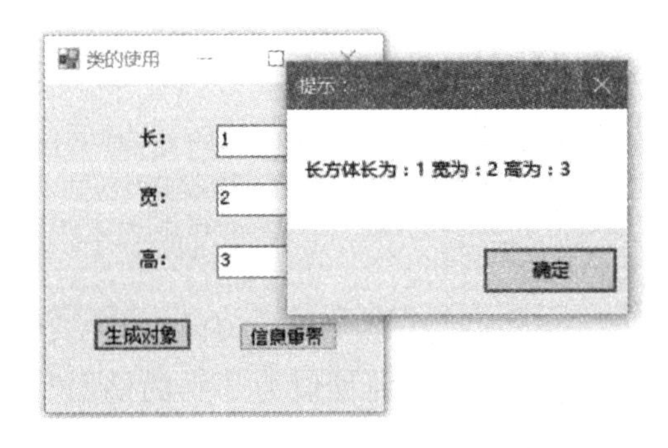

图 6－6　程序运行结果

任务6.3　方法定义

在面向对象程序设计中，类是封装的基本单元，类中的方法是编程的关键。程序设计中的功能通过调用方法实现。方法是把一些相关的语句组织在一起，用于解决某一特定问题的语句块。方法必须放在类定义中。方法同样遵循先声明后使用的规则。

6.3.1　声明与调用方法

方法的使用分为声明与调用两个环节。

1. 声明方法

声明方法最常用的语法格式为：

访问修饰符 返回类型 方法名(参数列表)

{ 语句序列;}

1）访问修饰符可以是new、public、protected、internal、private、static、virtual、sealed、override、abstract、external等，根据需要进行定义。方法的访问修饰符通常是public，以保证在类定义外部能够调用该方法。

2）方法的命名规则与变量命名规则一致。在C#中，通常情况下方法名首字母要大写。

3）参数列表用于描述要处理的参数，也称为形式参数列表，指定调用该方法时需要使用的参数个数、各个参数的类型。参数之间以逗号分隔，若方法在调用时不需要参数，则不用指定参数，但圆括号不能省略。当方法被调用时，在方法内传递给形式参数的变量称为实际参数。

4）为了方法的可读性以及封装特性，一般情况下，方法内不包含直接从键盘接收数据、输出数据的指令代码。但是在做一些测试时会用到输出指令，观察变量的改变情况，检查过后删除。

5）若方法有返回值，则方法体中必须包含return语句，以指定返回值，该值可以是变量、常量、表达式，其类型必须和方法的返回类型相同。若方法无返回值，在方法体中可以不包含return语句，或包含一个不指定任何值的return语句。在不需要返回值的情况下，方法的返回值类型可以设计为void类型。需要特别说明的是，方法的返回类型可以是数组类型，但“[ ]”要写在类型后。如以下方法：

```
public int[ ] l( )
{
    int[ ] lisn = { 1,2,3,5};
    return lisn;
}
```

例如，为前面定义的Cubiod（长方体）类声明一个计算体积的方法：

```
public double getCubage( )
{
```

```
        double cubge = 0;
        cubge = length * width * height;
        return cubge;
    }
```

该方法的功能是求长方体类对象的体积。该方法的返回类型是一个双精度型值，方法名称为“getCubage”，没有参数，方法体中有一个 return 语句，该语句指定的返回值是一个 double 类型的值。

2. 调用方法

从方法被调用的位置，在类定义中调用该方法和类定义外部调用方法。类定义中调用该方法的语法格式为：

方法名（参数列表）

在类定义外部调用该方法实际上是通过类声明的对象调用该方法，其格式为：

对象名.方法名（参数列表）

【例 6 –5】创建一个 Windows 应用程序，定义三角形类，包括长、宽、高字段信息。定义中定义判断能否构成三角形以及求三角形面积的方法。

1）在解决方案“chapter06”中新建 Windows 窗体应用程序，项目名称为“exp06_04”。

2）选中项目，右键单击依次选择“新建”→“类”，添加三角形类 Triangle，在类中定义能否构成三角形的方法 IsTriangle( )，以及计算利用海伦公式计算三角形面积的方法 getArea( )，在该方法中调用 IsTriangle( )，如果不能构成三角形，面积返回值为 0。Triangle 代码如下：

```
class Triangle
{
    double edgea;
    double edgeb;
    double edgec;
    public double Edgea
    {
        get
        {
            return edgea;
        }
        set
        {
            edgea = value;
        }
    }
    public double Edgeb
```

```
        {
            get
            {
                return edgeb;
            }
            set
            {
                edgeb = value;
            }
        }
    public double Edgec
    {
        get
        {
            return edgec;
        }
        set
        {
            edgec = value;
        }
    }
    public Triangle() { }
    public Triangle(double edgea, double edgeb, double edgec)
    {
        this.edgea = edgea;
        this.edgeb = edgeb;
        this.edgec = edgec;
    }
    public bool IsTriangle()
    {
        if (this.edgea <= 0 || edgeb <= 0 || edgec <= 0)
            return false;
        if (this.edgea + edgeb > edgec && edgeb + edgec > edgea && edgea +
edgec > edgeb)
            return true;
        else
            return false;
    }
```

```
public double GetArea()//如果不能构成三角形,面积为0
{ double area = 0;
    if(IsTriangle())
    {
        double p = (edgea + edgeb + edgec) / 2;
        area = Math.Sqrt(p * (p - edgea) * (p - edgeb) * (p -
edgec));
    }
    return area;
}
}
```

3）设置默认窗体 Form1 的“Text”属性值为“方法调用”，在窗体上放置实现信息分组的 groupBox1，放置用于接收边长的编辑框，添加三个 Label 标签提示，添加两个 Button 实现交互，窗体的设计如图 6 -7 所示。

图 6 -7　窗体设计

4）在设计界面上双击按钮“判断能否构成三角形”编写单击事件代码，使用 Triangle 类不带参数的构造方法初始化对象，通过属性赋值的方式给对象成员赋值，并调用对象的 IsTriangle() 方法判断能否构成三角形，并给出提示信息。代码如下：

```
private void button1_Click(object sender, EventArgs e)
{
    Triangle tri = new Triangle();
    tri.Edgea = double.Parse(textBox1.Text);
    tri.Edgeb = double.Parse(textBox2.Text);
    tri.Edgec = double.Parse(textBox3.Text);
    if (tri.IsTriangle())
        MessageBox.Show("可以构成三角形","提示",MessageBoxBut-
tons.OK);
    else
        MessageBox.Show("不能构成三角形", "提示", MessageBox-
```

```
Buttons. OK);
            }
```

在设计界面上双击按钮“面积计算”编写单击事件代码，使用 Triangle 类带有三个参数的构造方法初始化对象，并调用对象的 getArea( ) 方法计算面积，若面积为0，则不能构成三角形；否则，显示三角形的面积。代码如下：

```
private void button2_Click(object sender, EventArgs e)
{

    double a = double.Parse(textBox1.Text);
    double b = double.Parse(textBox2.Text);
    double c = double.Parse(textBox3.Text);
     Triangle tri = new Triangle(a,b,c);
     double area = tri.GetArea();
     if (area > 0)
     {
            MessageBox.Show("可以构成三角形,面积为:" + area, "提
示", MessageBoxButtons.OK);
     }
     else
     {
            MessageBox.Show("不能构成三角形", "提示", MessageBox-
Buttons.OK);
     }
  }
```

5）将该项目设为启动项目，运行程序，输入三角形的三条边，判断能否构成三角形，如图6－8所示。

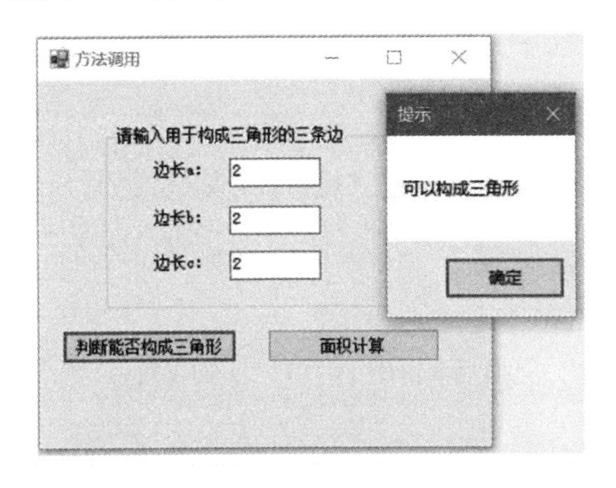

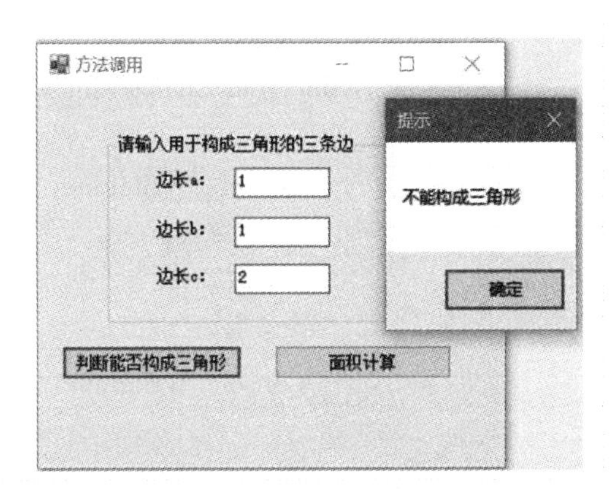

图6－8 判断能否构成三角形

也可以通过“面积计算”判断能否构成三角形，若面积为 0，则不能构成三角形；若面积不为 0，则构成三角形并显示面积的值。计算三角形的面积如图 6－9 所示。

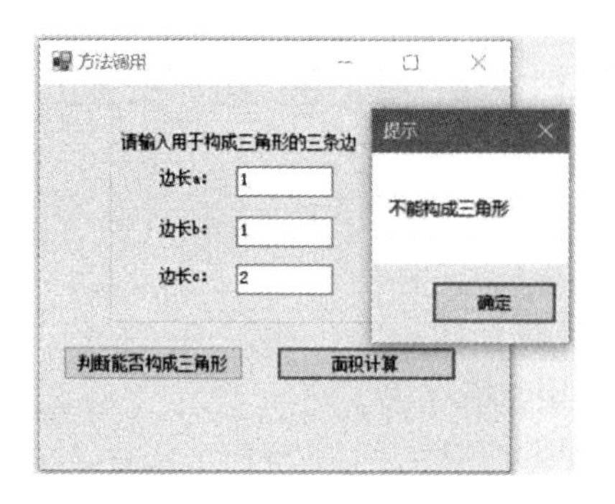

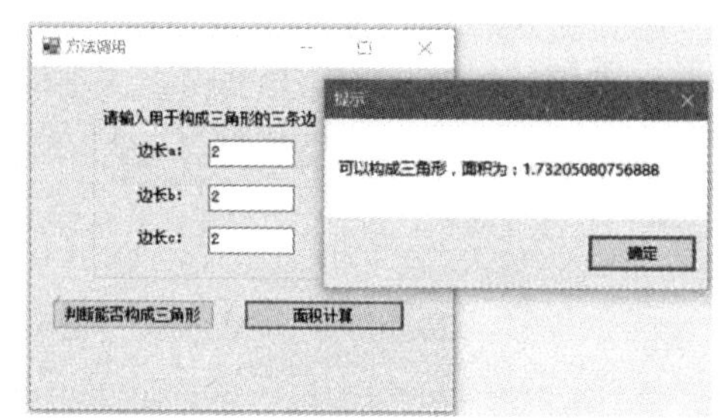

图 6－9　判断能否构成三角形并计算面积

在方法的声明与调用中，通过方法的参数列表传递数据信息，往往这些数据信息只是方法的输入数据，不做其他用途。但是，形式参数的类型的定义可能会影响实际参数，也可能是方法的间接返回结果，不同类型的形式参数对实际参数的影响不同。

6.3.2　值传递类型参数的方法

形式参数的数据类型是值类型，该方法被调用时，会为每个值类型参数分配一个新的内存空间，然后将对应实际参数值复制到该内存空间。在方法中对形式参数的任何运算都不会影响到实际参数。方法的声明格式如下：

访问修饰符 返回值类型 方法名称（值类型参数列表）

{ 语句序列;}

【例 6－6】尝试通过值类型的参数定义两个数的交换方法。

程序实现步骤如下。

1）在解决方案“chapter06”中新建控制台应用程序，项目名称为“exp06_ 06”。

2）选中项目，右键单击依次选择“新建”→“类”，添加 Exchange 类，代码如下：

```
class Exchange
{
    public void Change(int x,int y)
    {
        Console.WriteLine("方法内,交换前 x:{0},y:{1}", x, y);
        int z = x;
        x = y;
        y = z;
        Console.WriteLine("方法内,交换后 x:{0},y:{1}", x, y);
    }
}
```

3）在默认的 Program 类中的 Main( ) 方法内调用 Change( ) 方法，代码如下：

```
class Program
```

```
    }
        static void Main(string[] args)
        {
            Exchange ec  =  new Exchange();
            int a  =  10, b  =  15;
            Console.WriteLine("实参交换前:a="  + a  + " b="  + b);
            ec.Change(a, b);
            Console.WriteLine("实参交换后:a="  + a  + " b=" +b);
            Console.Read();
        }
    }
```

4）将本项目设为启动项目，运行程序，运行结果如图6-10所示。

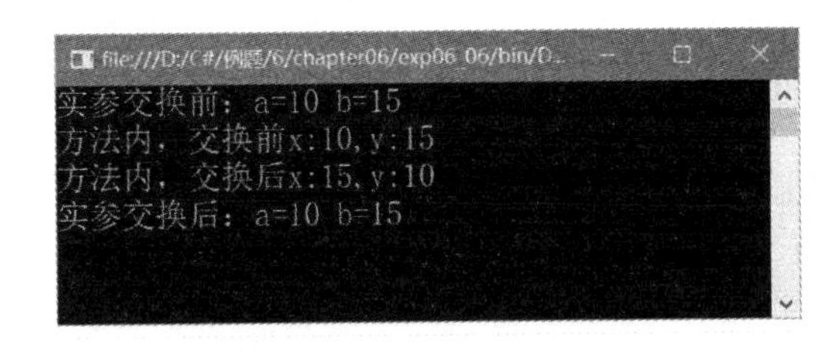

图6-10　运行结果

从运行结果可以看出，实际参数a、b没有发生交换，但是对于方法Change()在执行时，参数x、y分别接收了a、b的值，x、y发生了交换。这是因为Change()方法的参数是值类型的参数，形式参数在方法内部确实发生了交换，但是形式参数的运算不能影响到实际参数。

6.3.3　引用类型的参数的方法

引用类型的参数分为两类：一类是形式参数本身就是引用类型，此时方法的定义和调用与值类型方法相同；一类是形式参数是值类型，需要在形式参数前添加ref关键字，调用方法时，也需要在实际参数前添加ref关键字。方法的声明格式如下：

访问修饰符 返回值类型 方法名称（含有［ref 值类型 参数 或 引用类型参数］的参数列表）

{ 语句序列;}

【例6-7】修改【例6-6】，使用引用类型的参数定义交换方法，观察交换结果。

程序实现步骤如下。

1）在Exchange类中添加将值类型参数变换为引用类型参数的方法Chang()，代码如下：

```
public void Change( ref int x, ref int y)
{
    Console.WriteLine("方法内,交换前 x:{0},y:{1}", x, y);
```

```
            int z = x;
            x = y;
            y = z;
            Console.WriteLine("方法内,交换后 x:{0},y:{1}", x, y);
        }
```

2）修改 Main() 方法，在实际参数前添加关键字“ref”，修改后的代码如下：

```
        static void Main(string[] args)
        {
            Exchange ec = new Exchange();
            int a = 10, b = 15;
            Console.WriteLine("实参交换前:a=" + a + " b=" + b);
            ec.Change(ref a, ref b);
            Console.WriteLine("实参交换后:a=" + a + " b=" +b);
            Console.Read();
        }
```

3）运行程序，运行结果如图 6－11 所示。

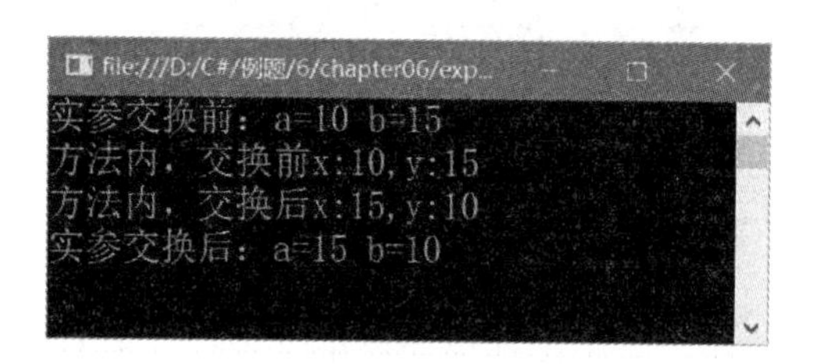

图 6－11　引用类型参数运行结果

运行结果可以看出，实际参数在方法调用后，确实发生了交换。

【例 6－8】模拟实现学生信息管理系统中的学生信息中班级信息字段的修改。

分析：学生信息通过学生类 Student 定义，一个学生信息代表一个对象，在学生类中定义修改方法；为了显示学生对象信息，在 Student 类中重写 Object 类中的 ToString() 方法。程序实现步骤如下。

1）在解决方案“chapter06”中新建控制台应用程序，项目名称为“exp06_ 08”。

2）选中项目，右键单击依次选择“新建”→“类”，添加 Student 类，代码如下：

```
    class Student
    {
        private string stuno;
        private string stuname;
        private string classname;
        public Student(string stuno, string stuname, string classname)
        {
```

```
            this. stuno  =  stuno;
            this. stuname  =  stuname;
            this. classname  =  classname;
        }
        public Student( ) { }
        public string Stuno
        {
            get { return stuno; }
            set { stuno  =  value; }
        }
        public string Stuname
        {
            get { return stuname; }
            set { stuname  =  value; }
        }

        public string Classname
        {
            get { return classname; }
            set { classname  =  value; }
        }
        public void Update(Student stu,string classname)
        {
            stu. classname  =  classname;
        }
        public new String ToString( )//重写 Object 类中的 toString 方法。
        {
             return "学号:"  +  stuno  +  " 姓名:"  +  stuname  +  " 班级:"  +
classname;
        }
    }
```

3）在默认的 Program 类中的 Main( ) 方法内调用 Update( ) 方法，代码如下：

```
        static void Main(string[ ] args)
        {
            //使用对象初始值设定项初始化对象
            Student stu  =  new Student{ Stuno = "001",Stuname = "张三",Class-
name = "软件技术 1601" };
            Console. WriteLine("调用修改方法前:");
```

```
        Console. WriteLine( stu. ToString( ) ) ;
        Student stu1  = new Student( "002" ,"李四" ,"软件技术 1602" ) ;
        stu1. Update( stu, "软件技术 1602" ) ;
        Console. WriteLine( "调用修改方法后:" ) ;
        Console. WriteLine( stu. ToString( ) ) ;
        Console. Read( ) ;
    }
```

4）将本项目设为启动项目，运行程序，运行结果如图 6－12 所示。

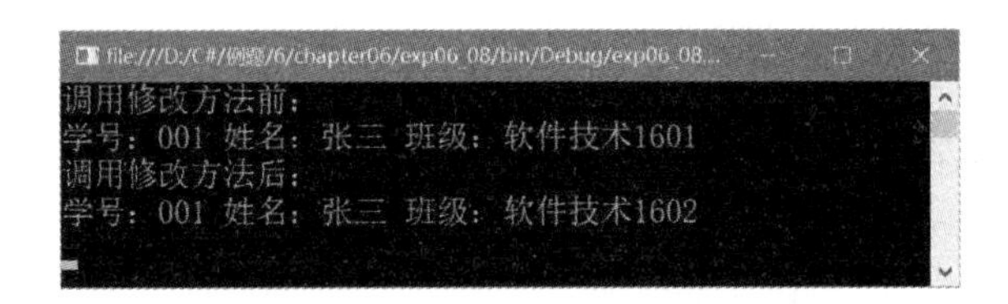

图 6－12　运行结果

从运行结果可以看出，形式参数是引用类型的参数，形式参数的操作直接影响到实际参数，这是由于引用类型的参数赋值规律造成的。

6.3.4　可变数量的参数成员的方法

当需要编写参数个数不确定的情况时，可以使用两种方法解决。

1）形式参数为数组或者集合，即形式参数的类型为引用类型。

2）定义可变数量的参数成员，使用 params 修饰符声明，该类型的参数不能有其他修饰符，如 ref、out。

若形参表包含一个参数数组，则该参数数组必须位于该列表的最后而且它必须是一维数组类型。

【例 6－9】编程实现对整数数组排序，使用数组作为参数以及使用可变类型的参数成员定义排序方法。

程序实现步骤如下。

1）在解决方案“chapter06”中新建控制台应用程序，项目名称为“exp06_ 09”。

2）在 Program 类中添加数组作为参数的排序方法 Sort( )、可变参数数组排序方法 Sort1( )，以及打印数组内数组成员方法 Print( )。方法代码如下：

```
public void Sort( int[ ]list)
{
    Array. Sort( list) ;
}
public void Sort1( params int[ ]list)
{
    Array. Sort( list) ;
    Console. WriteLine( "调用可变参数即将完成时形参 list:" + print( list) ) ;
```

```
        }
        public String Print(int [ ]list)
        {
            String s  =  "";
            foreach(int k in list)
            {
                s =s  +  "  "  +  k;
            }
            return s;
        }
```

3）在 Main( ) 方法中调用 Sort( ) 方法、Sort1( ) 方法，代码如下：

```
static void Main(string[ ] args)
{
    Program p  =  new Program( );
    int[ ] list1  =  { 1,3,2,4,23,0,2,7,9,10};
    Console.WriteLine("调用 sort 方法前 list1:" +p.print(list1));
    p.Sort(list1);
    Console.WriteLine("调用 sort 方法后 list1:"  +  p.print(list1));
    int[ ] list2  =  {9,8,7,6,5,4,3,2,1 };
    Console.WriteLine("调用 sort1 方法前 list2:"  +  p.print(list2));
    p.Sort1(list2);
    Console.WriteLine("调用 sort1 方法后 list2:"  +  p.print(list2));
    p.Sort1(3,5,6,1,2,89,100);//调用可变参数成员的方法
    Console.Read( );
}
```

4）将本项目设为启动项目，运行程序，运行结果如图 6－13 所示。

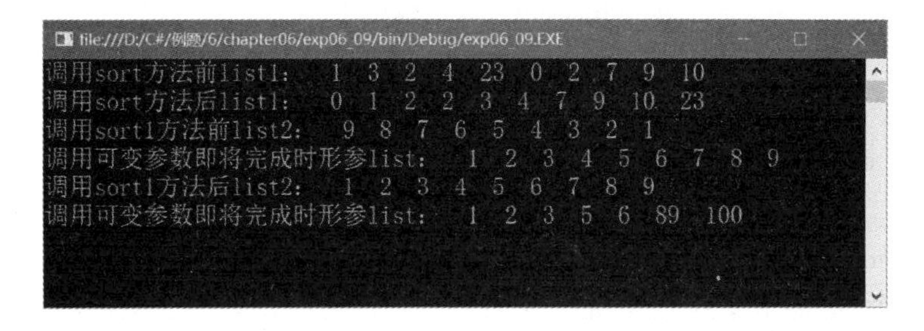

图 6－13　运行结果

在本例中，数组本身为引用类型的参数，数组中的元素个数可以改变，在 Sort( ) 方法使用时，只能传递一个数组，不能传递可变参数；Sort1( ) 定义了可变参数，既可以接受一个数组，也可以接受能转变为数组的可变参数个数成员。

6.3.5 输出类型参数的方法

输出类型参数的成员用于接收方法的计算输出，即方法调用后，方法内的计算结果可以通过该参数带回。由于方法内可以有多个输出类型的参数，因此可以解决一般方法只能返回一个返回值的问题。方法的声明格式如下：

访问修饰符 返回值类型 方法名称(含有 1 个至多个[out 参数]的参数列表)
{语句序列;}

【例 6 - 10】使用输出类型参数定义方法实现查询数组中元素的最大值、最小值以及平均值。

程序实现步骤如下。

1）在解决方案“chapter06”中新建控制台应用程序，项目名称为“exp06_ 10”。

2）在 Program 类中添加含有 out 类型的参数的方法 Find( )，用于查找数组中最大值 max、最小值 min、平均值 avg。方法代码如下：

```
public void Find(int[ ]list,out int max,out int min,out double avg)
{
    max = list[0];
    min = list[0];
    int sum = 0;
   for(int k =1;k < list.Length;k + + )
    {
        if (max < list[k])
            max = list[k];
        if (min > list[k])
            min = list[k];
        sum = sum + list[k];
    }
    avg = (double)sum / list.Length;
}
```

3）在 Main( ) 方法中调用 Find( ) 方法，方法代码如下：

```
static void Main(string[ ] args)
{
    int[ ] list1 = { 12,3,23,45,5,25,7,9,14,50};
    Program p = new Program( );
    int max1, min1;
    double avg;
    p.Find(list1, out max1,out min1, out avg);
    Console.WriteLine("最大值:" +max1 +" 最小值:" +min1 +" 平均值:" +avg);
    Console.Read( );
```

```
}
```

4）运行程序，结果如下：

最大值：50 最小值：3 平均值：18.1

任务6.4　方法重载

方法重载就是指在一个类或者父类与子类中存在两个或者两个以上的方法具有相同名称和不同的参数列表。一般情况下，重载方法实现的功能类似，但处理的数据信息不同。如 Console 类中的 WriteLine( ) 方法一共 19 个，实现各类数据信息的输出。

方法重载有两点要求：

1）方法名称相同。

2）参数列表不同。

声明了重载方法后，当调用具有重载的方法时，系统会根据参数的类型及个数寻求最匹配的方法予以调用。当执行方法调用时，系统根据传递的实参类型决定调用哪一个方法，从而实现对不同的数据类型进行相同处理。

【例 6－11】创建一个控制台应用程序，在该程序中利用方法重载实现对不同种类的数据相加的功能。

程序实现步骤如下。

1）在解决方案“chapter06”中新建控制台应用程序，项目名称为“exp06_ 11”。

2）在 Program 类中添加字符串相加的方法 Add( )、int 整数相加的方法 Add( )、double 类型的数据相加的方法 Add( )，为了程序运行时，方便查看方法的调用情况，在每一个 Add( ) 方法中添加一个输入语句用于描述调用的方法。Add( ) 方法的代码如下：

```
public string Add(string str1,string str2)
{
    Console.WriteLine("调用的方法是 Add(string, string)");
    return str1 + str2;
}
public int Add(int op1,int op2)
{
    Console.WriteLine("调用的方法是 Add(int, int)");
    return op1 + op2;
}
public double Add(double op1,double op2)
{
    Console.WriteLine("调用的方法是 Add(double, double)");
    return op1 + op2;
}
```

3）为了查看方法的调用，在 Main( ) 方法中实现三种 Add( ) 的调用，Main( ) 方法的代码如下：

```
static void Main(string[ ] args)
{
    Console.WriteLine( );
    Program p = new Program( );
    string s1 = "123", s2 = "456";
    string s = p.Add(s1, s2);
    Console.WriteLine("s1 +s2 =" +s);
    int a = 123, b = 456;
    int sum = p.Add(a, b);
    Console.WriteLine("a +b =" + sum);
    double d1 = 12.3, d2 = 45.6;
    double sumd = p.Add(d1,d2);
    Console.WriteLine("d1 +d2 =" + sumd);
    Console.Read( );
}
```

4）将本项目设定为启动项目，运行程序，程序的运行结果如图 6－14 所示。

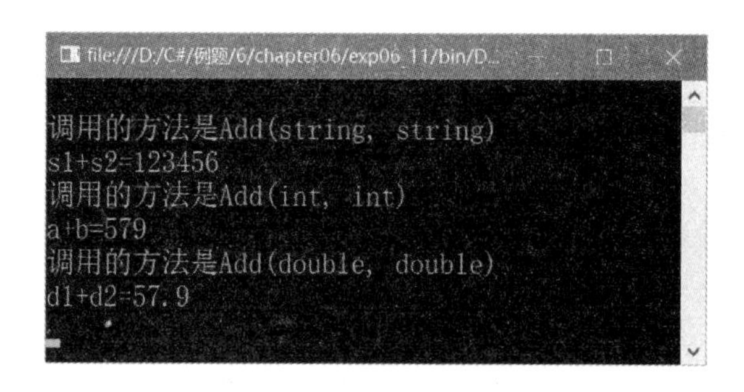

图 6－14　程序的运行结果

任务 6.5　静态方法

非静态的方法是对某个对象进行数据操作，例如，Cuboid（长方体）类中的计算体积方法，总是某个对象的计算体积的方法，即 Cuboid（长方体）类中 Cubage 方法成员就是一个非静态的方法成员。

如果某个方法使用时并不需要与具体的对象相联系，比如方法操作的数据并不是某个具体对象的数据而是表示全体对象特征的数据，甚至方法操作的数据与对象数据根本无关，这时可以将该方法声明为静态方法。使用静态方法要注意以下两点：

1）静态方法只能被类调用。

2）静态方法不能对非静态成员进行操作。

静态方法同样使用修饰符 static 声明，静态方法属于类，只能使用类调用，不能使用

对象调用。

【例 6 - 12】修改【6 - 11】中的 Add( ) 方法为静态方法，并观察调用情况。

分析：【例 6 - 11】中，实现数据加法操作，操作数与类之间没有联系，只是计算，这类方法可以使用静态方法解决，并且方便调用。程序实现步骤如下。

1）在解决方案"chapter06"中新建控制台应用程序，项目名称为"exp06_ 12"。

2）在 Program 类中添加字符串相加的静态方法 Add( )、int 整数相加的静态方法 Add( )、double 类型的数据相加的静态方法 Add( )。修改 Main( ) 方法，Program 类代码修改如下：

```
class Program
{
    public static string Add(string str1, string str2)
    {
        Console.WriteLine("调用的方法是 Add(string, string)");
        return str1 + str2;
    }
    public static int Add(int op1, int op2)
    {
        Console.WriteLine("调用的方法是 Add(int, int)");
        return op1 + op2;
    }
    public static double Add(double op1, double op2)
    {
        Console.WriteLine("调用的方法是 Add(double, double)");
        return op1 + op2;
    }

    static void Main(string[] args)
    {
        Console.WriteLine();
        string s1 = "123", s2 = "456";
        string s = Program.Add(s1, s2);
        Console.WriteLine("s1 + s2 = " + s);
        int a = 123, b = 456;
        int sum = Program.Add(a, b);
        Console.WriteLine("a + b = " + sum);
        double d1 = 12.3, d2 = 45.6;
        double sumd = Program.Add(d1, d2);
        Console.WriteLine("d1 + d2 = " + sumd);
        Console.Read();
```

```
        }
    }
```

任务 6.6 递归方法

递归方法是指方法直接或间接调用自身的一种方法，它通常把一个大型复杂的问题通过递归的概念转化为一个与原问题类似的规模较小的问题使用迭代方法求解，只需少量的代码就可描述需要的多次重复计算，大大地减少了代码量。一般来说，递归需要有边界条件、递归前进段和递归返回段。当边界条件不满足时，递归前进，调用自身方法；当边界条件满足时，递归返回，即找到出口点。需要注意的是，递归必须找到出口点。

如使用递归解决斐波那契（Fibonacci）数列问题，计算数列的前 n 项。

$$f_n = \begin{cases} 1 & (n \leqslant 2) \\ f_{n-1} + f_{n-2} & (n > 2) \end{cases}$$

```
public static int f( int n)
{
    if (n  < = 2)
        return 1;
    else
        return f(n  -  1)  + f(n  -  2);
}
```

计算 n! 的方法的实现，也可以通过递归方法实现，代码如下：

```
public long fact( int n)
{
    if( n = =0) return 1;
    else
        return n * fact( n - 1) ;
}
```

任务 6.7 常用类

6.7.1 Convert 类

Convert（转换）类位于 System 命名空间下，提供了基本数据类型之间的转换。类型转换方法最常用的调用格式之一是：

Convert. 静态方法名(要转换的数据)

如下面的代码段，实现将 int 类型转换为 bool 类型：

```
int k  = 13;
bool f  = Convert. ToBoolean( k) ;
```

转换后的 f 值为 true。

6.7.2　String 类

几乎任何一个项目都离不开对字符串的处理，C#中专门设置了两个字符串处理类：String 类和 StringBuilder 类。

声明 String 类时可以用 String 也可以用 string。例如：

```
string s = "Hello!";
```

也可以写为：

```
String s = "Hello!";
```

String 类表示的是一系列不可变的字符当被改变或者重新赋值时，系统将重新为字符串分配空间，所以一般情况下，尽量对字符串不做重新赋值的操作。

1. String. Format 方法

使用 String. Format 可以将对象、变量或表达式的值插入到另一个字符串。如以下代码段：

```
Decimal pricePerOunce = 17.36m;
String s = String.Format("The current price is {0} per ounce.", pricePerOunce);
```

则 S 的值为 "The current price is 17. 36 per ounce. "。使用 Format( ) 方法可以将数据插入字符串中。

可以使用 Format( ) 方法将字符串表示为规定格式。规定格式的一般形式为：

{N [, M][: 格式码]}

其中：

[ ] 表示其中的内容为可选项。

N：从零开始的整数，表示第几个参数。

M：可选整数，表示最小宽度。若该参数的长度小于 M，就用空格填充。若 M 为负，则左对齐；若 M 为正，则右对齐；若未指定 M，则默认为零。

格式码：可选的格式化代码字符串。表 6－1 列出了部分格式示例。

表 6－1　部分格式码

格式符	含义	示例：(int k =5)	结果
C/c	将数字按照金额形式输出	Console. WriteLine("{0:C}",k);	¥5.00
D/d	输出整数	Console. WriteLine("{0:D4}",i);	0005
F/f	小数点后位数固定	Console. WriteLine("{0:F5}",i);	5.00000
P/p	百分比	Console. WriteLine("{0:p}", i);	500.00%

使用格式时，必须用"{"和"}"将格式与其他字符分开。

2. 常用字符串操作方法

字符串常用的属性与方法如表 6－2 所示。

表 6－2　String 常用属性及常用方法

方法	含义
Length	获取当前 String 对象中的字符数
public static int Compare (string strA, string strB, bool ignoreCase)	较两个指定的 String 对象(其中忽略或考虑其大小写),并返回一个整数,指示二者在排序顺序中的相对位置
public bool Contains(string value)	返回一个值,该值指示指定的子字符串是否出现在此字符串中
public bool EndsWith(string value)	确定此字符串实例的结尾是否与指定的字符串匹配
public bool Equals(string value)	确定此实例是否与另一个指定的 String 对象具有相同的值
public int IndexOf(char value)	报告指定 Unicode 字符在此字符串中的第一个匹配项的从零开始的索引
public string Remove(int startIndex)	开始删除字符的从零开始的位置
public string[ ] Split(params char[ ] separator)	分隔此字符串中子字符串的字符数组、不包含分隔符的空数组或 null
public string Substring(int startIndex)	子字符串在指定的字符位置开始并一直到该字符串的末尾
public char[ ] ToCharArray( )	将此实例中的字符复制到 Unicode 字符数组
public string Trim( )	当前 String 对象移除所有前导空白字符和尾部空白字符

【例 6－13】建立 Windows 应用程序，在窗体的 RichTextBox 控件中接受一段话，调用 Split( ) 方法将这段话使用中英文的逗号、句号以及叹号分割为字符串数组，并显示在界面上。

程序实现步骤如下。

1）在解决方案“chapter06”中新建 Windows 应用程序，项目名称为“exp06_ 13”。

2）设置窗体 Form1 的 Text 属性为“字符串应用”，在窗体上添加一个用于接收字符串输入的 richTextBox1 控件、一个用于显示分割得到的数组 listBox1 控件、一个按钮 button1 控件。窗体设计参照运行界面图 6－15。

3）双击“转换”按钮，编写单击事件代码如下：

```
private void button1_Click( object sender, EventArgs e)
{
    String s  =  this. richTextBox1. Text. Trim( ) ;
    //通过中英文标点逗号、句号以及叹号分割字符串
    String[ ] list  =  s. Split(',','.','，','。','!','！') ;
    //分割后的数组显示
    foreach( String ss in list)
    {
        listBox1. Items. Add( ss) ;
```

```
        }
    }
```

4）将本项目设定为启动项目，运行程序，运行结果如图 6 - 15 所示。

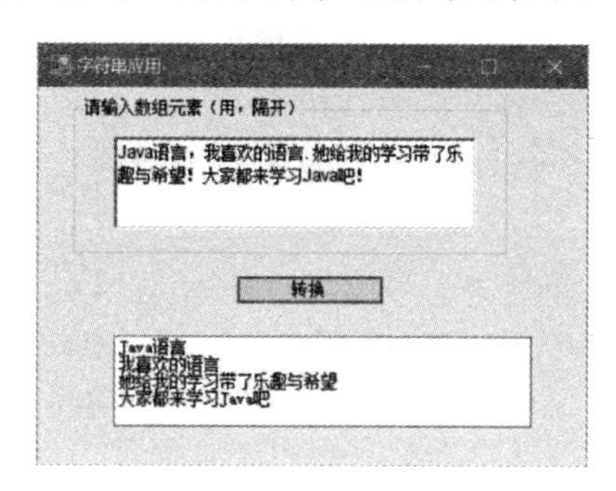

图 6 - 15　程序运行结果

【例 6 - 14】编程实现判断身份证号码是否合法。

分析：公民身份证号码按照 GB11643—1999《公民身份证号码》国家标准编制，由 18 位数字组成：前 6 位为行政区划分代码，第 7 位至 14 位为出生日期码，第 15 位至 17 位为顺序码，第 18 位为校验码，第 18 位取值为 0 ~ 9 和 X。设计方法 checkIDCard18（String idNumber），实现算法描述如下。

1）使用字符串的 Length 方法判断是否为 18 位，若不成立，则身份证信息不合法。

2）判断前 17 位是否为数字，若不成立，则身份证信息不合法。

3）判断第 18 位是否为 0 ~9 或者 X，若不成立，则身份证信息不合法。

4）判断前两位。前 6 位号码为行政区划分代码，为数字，其中前两位数字表示省份：从网上查询到省份的字符串如下面字符串中的数字，使用“x”连接，如 11，字符串如下：

"11x22x35x44x53x12x23x36x45x54x13x31x37x46x61x14x32x41x50x62x15x33x42x51x63x21x34x43x52x64x65x71x81x82x91"

可以使用字符串中 Split( ) 方法获取省份对应的数组；获取身份证 id 中前两位数字进行查询是否在数组中，若不存在，则身份证信息不合法。

5）判断年份。第 7 位至第 10 位为年份，这里假设年份范围为 1900 年至今；若不成立，则身份证信息不合法。

6）判断月份。第 11 位与第 12 位为月份代码，取值范围为 01 ~ 12；若不成立，则身份证信息不合法。

7）判断日期。第 13 位与第 14 位为日期代码。根据年判读是否为闰年，然后根据月份判断日期是否合法。设计判断闰年的方法 iSleapyear(int year)，设计判断日期的方法 isDate(int year, int month, int day)。若不成立，则身份证信息不合法。

8）第 15 位与第 17 位为同一地址码所标识的区域范围内，对同年、月、日出生的人员编定的顺序号。这里只做简单判断是否为数字。

9）第 18 位为校验码，是根据前面十七位数字码，按照 ISO 7064:1983. MOD 11 - 2 校验码计算出来的检验码。这里只做判定是否在 0 ~9、X 的范围内。

为了访问方便，定义类 IDCardJudge，并将上述方法与字符串封装在该类中，并定义成员方法与属性成员为静态成员。程序实现步骤如下。

1）在解决方案“chapter06”中新建 Windows 应用程序，项目名称为“exp06_ 14”。

2）在项目中添加 IDCardJudge 类，类中实现出生日期是否合法的方法。并在 checkIDCard18 方法中检查省份信息是否存在。类代码如下：

```
class IDCardJudge
{
    static String province_code = "11x22x35x44x53x12x23x36x45x54x13x31x37x46x61x14x32x41x50x62x15x33x42x51x63x21x34x43x52x64x65x71x81x82x91";
    public static bool checkIDCard18(String idNumber)
    {
        if (idNumber.Length != 18)
            return false;
        char c;
        for (int k = 0; k < 17; k++)//判定0~16对应的字符是否为0~9
        {
            c = Convert.ToChar(idNumber.Substring(k,1));//获取每一个字符
            if (c > '9' || c < '0')
                return false;
        }
        c = Convert.ToChar(idNumber.Substring(17, 1));
        if ((c > '9' || c < '0') && c != 'X')//判断第17位是否为0~9,X
            return false;
        String[] pcode = province_code.Split('x');//调用字符串Split方法,获取省份字符数组
        String pid = idNumber.Substring(0, 2);//调用字符串Substring方法,判断前两位是否在数组中
        bool f = false;
        foreach(String s in pcode)
        {
            if (s.Equals(pid))//调用字符串Equals方法
                f = true;
        }
        if (!f)
            return false;
```

```
            int year = Int32.Parse(idNumber.Substring(6, 4));//获取年
份,判断是否在 1900 至 2016
            if (year > 2016 || year < 1900)
                return false;
            int month = Int32.Parse(idNumber.Substring(10, 2));//获取月
份,判断是否在 1 至 12
            if (month > 12)
                return false;
            int day = Int32.Parse(idNumber.Substring(12, 2));//获取日
期,判断是否在 1 至 31
            bool flag = isDate(year, month, day);
            return flag;
        }
        public static bool iSleapyear(int year)//判断是否为闰年
        {
            if (year % 4 == 0 && year % 100 != 0 || year % 400 == 0)
                return true;
            else
                return false;
        }
        public static bool isDate(int year, int month, int day)//判断日期是否合法
        {
            if (iSleapyear(year) && month == 2)//二月份日期的判断
            {
                if (day > 29)
                    return false;
            }
            else
            {
                if (day > 28)
                    return false;
            }
            switch (month)
            {
            case 1:
            case 3:
            case 5:
            case 7:
```

```
            case 8:
            case 10:
            case 12:
                if (day > 31)
                    return false;
                else
                    break;
            case 4:
            case 6:
            case 9:
            case 11:
                if (day > 30)
                    return false;
                else
                    break;
        }
        return true;
    }
}
```

3）设置窗体 Form1 的 Text 属性为“模拟二代身份证验证”，在窗体上添加一个用于接收身份证字符串输入的 textBox1 控件，一个用于显示分割得到的数组 listBox1 控件，两个按钮 button1、button2 控件。窗体设计参照运行界面图 6 – 16。

4）双击“判定”按钮，编写单击事件代码如下：

```
private void button1_Click(object sender, EventArgs e)
{
    String idcard = textBox1.Text.Trim();
    if( IDCardJudge.checkIDCard18(idcard))
    {
        MessageBox.Show("身份证信息正确!", "提示", MessageBox-
Buttons.OK);
    }else
    {
        MessageBox.Show("身份证信息错误!", "提示", MessageBox-
Buttons.OK);
    }
}
```

5）将本项目设定为启动项目，运行程序，运行结果如图 6 – 16 所示。

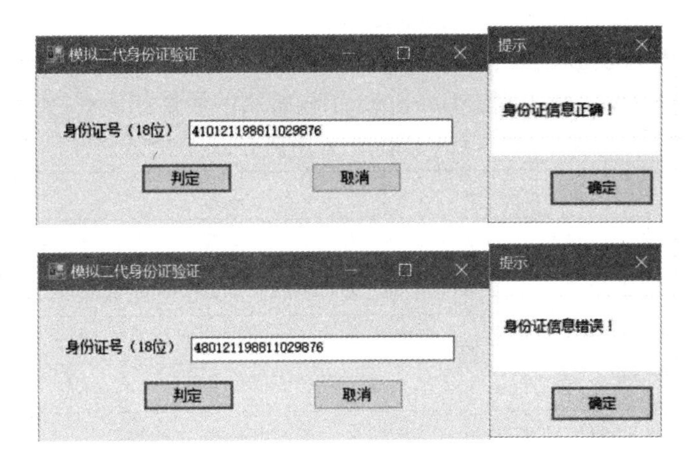

图 6－16　程序运行结果

6.7.3　StringBuilder 类

StringBuilder 类位于 System. Text 命名空间下，使用 StringBuilder 类每次重新生成新字符串时不是再生成一个新实例，而是直接在原来字符串占用的内存空间上进行处理，而且它可以动态地分配占用的内存空间大小。因此，在字符串处理操作比较多的情况下，使用 StringBuilder 类可以大大提高系统的性能。

6.7.4　DateTime 结构和 TimeSpan 结构

DateTime 类可以表示范围在 0001 年 1 月 1 日午夜 12：00：00 到 9999 年 12 月 31 日晚上 11：59：59 之间的日期和时间，最小时间单位等于 100 毫微秒。DateTime 结构常用的属性如表 6－3 所示。

表 6－3　DateTime 常用属性

属性	含义
Date	获取此实例的日期部分
Day	获取此实例所表示的日期为该月中的第几天
DayOfWeek	获取此实例所表示的日期是星期几
DayOfYear	获取此实例所表示的日期是该年中的第几天
Hour	获取此实例所表示日期的小时部分
Minute	获取此实例所表示日期的分钟部分
Month	获取此实例所表示日期的月份部分
Now	获取系统的时间
Second	获取此实例所表示日期的秒部分
Today	获取当前日期
Year	获取此实例所表示日期的年份部分

TimeSpan 结构可以表示一个时间间隔，其范围可以在 Int64. MinValue 到 Int64. MaxValue 之间,单位为正数或负数数天、小时、分钟、秒和秒的小数。imeSpan 对象初始化时常通过 DateTime 类型的对象相减得到。TimeSpan 结构常用的属性如表 6 -4 所示。

表 6 -4　TimeSpan 常用属性及常用方法

属性	含义
Days	获取当前 TimeSpan 结构所表示的时间间隔的天数部分
Hours	获取当前 TimeSpan 结构所表示的时间间隔的小时数部分
Milliseconds	获取当前 TimeSpan 结构所表示的时间间隔的毫秒数部分
Minutes	获取当前 TimeSpan 结构所表示的时间间隔的分钟数部分
Seconds	获取当前 TimeSpan 结构所表示的时间间隔的秒数部分

【例 6 -15】显示当前日期和时间，并计算从 1900 年 1 月 1 日至今过了多少天。

程序实现步骤如下。

1）在解决方案“chapter06”中新建控制台应用程序，项目名称为“exp06_ 15”。

2）在 Program 类中 Main( ) 方法中编写代码如下：

```
static void Main( )
{
    DateTime now = DateTime. Now;
    string str = string. Format( " {0:现在是 yyyy 年 M 月 d 日,H 点 m 分} ,
{1} ,是一年中的第{2}天" ,
        now,now. DayOfWeek,now. DayOfYear) ;
    Console. WriteLine( str) ;
    DateTime start = new DateTime(1900, 1, 1) ;
    TimeSpan times = now - start;
    Console. WriteLine( "从{0:yyyy 年 MM 月 dd 日}起到现在已经过了{1}
天!" , start, times. Days) ;
    Console. ReadLine( ) ;
}
```

3）将该项目设为启动项目，运行程序，程序运行结果如图 6 -17 所示。

图 6 -17　运行结果

6. 7. 5　Math 类

Math 类位于 System 命名空间下，为三角函数、对数函数和其他通用数学函数提供常

数和静态方法。常用的静态方法如表 6 –5 所示。

表 6 –5　Math 常用静态方法

方法	含义
public static decimal Round (decimal d)	将小数值舍入到最接近的整数值
public static double Sqrt (double d)	返回指定数字的平方根
public static double Pow (double x, double y)	返回指定数字的指定次幂
public static int Max (int val1, int val2)	返回两个 32 位有符号的整数中较大的一个
public static int Min (int val1, int val2)	返回两个 32 位有符号整数中较小的一个

6.7.6　Random 类

Random 类表示伪随机数生成器，能够产生满足某些随机性统计要求的数字序列。构造方法有以下两个。

(1) public Random( )

使用与时间相关的默认种子值，初始化 Random 类的新实例。

(2) public Random(int Seed)

使用指定的种子值初始化 Random 类的新实例，Seed 是用来计算伪随机数序列起始值的数字。若指定的是负数，则使用其绝对值。常用的方法如表 6 –6 所示。

表 6 –6　Random 常用方法

方法	含义
public virtual int Next ( )	返回一个非负随机整数
public virtual int Next (int maxValue)	返回一个小于所指定最大值的非负随机整数
public virtual int Next (int minValue, int maxValue)	返回在指定范围内的任意整数，在 minValue 与 maxValue –1 内
protected virtual double Sample ( )	返回一个介于 0.0 和 1.0 之间的随机浮点数
public virtual double NextDouble ( )	返回一个大于或等于 0.0 且小于 1.0 的随机浮点数

如下面的代码段：

```
Random rand1 = new Random( );
int k = rand1.Next( );//生成一个随机数
Random rand2 = new Random(100);
int m = rand2.Next( );//一个大于 100 的随机数
int n = rand1.Next(1, 10);//一个 1 至 9 的随机数
```

6.7.7　匿名类型

在 C#中提供了一种新的声明对象的方法，使用 var 关键字声明称为匿名类型，代码

如下：

```
var student = new {stuname = " zhangsan", stuid = 1, password = " 123456" };
```

上面声明对象的代码相当于声明下面的类和对象的声明：

```
class __Anonymous1
{
private string stuname ;
private int stuid;
private string password;
public string Stuname { get { return stuname; } set { stuname = value ; } }
public int Stuid { get { return stuid; } set { stuid d = value ; } }
public string Password{get{return password} set{password = value;}}
}
__Anonymous1 employee = new __Anonymous1();
student. Stuname = "zhangsan";
student. Stuid =1;
student.Password = "123456";
```

匿名类型有以下特点：

1）匿名类型是直接从对象派生的引用类型。尽管应用程序无法访问匿名类型，但编译器仍会为其提供一个名称。

2）若两个或更多个匿名类型以相同的顺序具有相同数量和种类的属性，则编译器会将这些匿名类型视为相同的类型，并且它们共享编译器生成的相同类型信息。

思考与练习

1. 简述类与对象的关系。简述值类型与引用类型的区别。

2. 在方法的调用中基本数据类型作为参数默认是按什么方式传递？类对象作为参数默认是按什么方式传递的？类对象可以按值方式传递吗？基本数据类型参数按引用传递时，应该怎么做？参数按值传递与按引用传递的区别是什么？

3. 重载方法的基本要求是什么？C#中的静态方法应该怎样调用？简述在 C#中有哪些常用的数据类型转换静态方法。

4. 定义一个网络用户类，要处理的信息有用户 ID、用户密码、email 地址。在建立类的实例时，把以上三个信息都作为构造函数的参数输入，其中用户 ID 和用户密码是必需的，缺省的 email 地址是用户 ID 加上字符串“@163. com”。

5. 编写程序，用于显示人的姓名和年龄。定义一个人类（Person），该类中应该有两个私有字段：姓名（name）和年龄（age）。定义构造方法，用来初始化数据成员。再定义显示（ToString）方法，将姓名和年龄打印出来。

6. 建立一个汽车 Auto 类，包括轮胎个数、汽车颜色、车身重量、速度等成员变量；模拟实现汽车能够加速、减速、停车的操作；通过不同的构造方法创建实例。

7. 创建一个 Windows 应用程序，输入两个正整数，求出这两个正整数的最大公约数

或最小公倍数，要求将求最大公约数和最小公倍数的算法声明为静态方法。

8. 自定义一个日期类，该类包含年、月、日字段与属性，具有将日期增加 1 天、1 个月和 1 年的方法，具有单独显示年、单独显示月、单独显示日的方法和年月日一起显示的方法。

9. 创建一个 Windows 应用程序，定义一个学生类，该类包含学号、姓名与性别字段，且字段的访问控制为 private，完成字段封装；并定义 ToString( ) 方法，返回学生信息；定义一个不含参数的构造函数、一个能给所有字段赋值的构造函数。在窗体类定义中声明学生类对象，通过文本框设置对象的值，通过标签框输出对象的值。

10. 定义类 MyMath，编写方法实现 1！ +2！ +…+N!，并通过 Windows 应用程序实现。

项目7　面向对象高级技术

项目导读

在我们解决一个问题时，往往会使用到以往使用过的代码，或者在原来的类基础上增加一些新的特性，这样会提高代码的复用率，又能将新的方法添加进去，C#语言提供了这种机制——继承，它是面向对象的一个重要特性。继承机制实现了类之间的交互，使得子类可以继承基类的已有的特性和方法，并且可以增加自己的特性或修改已有的特性。

学习目标

（1）了解面向继承的特性。
（2）理解抽象类的继承。
（3）理解密封类的使用方法。
（4）理解类的继承、封装、多态。

任务7.1　继承

7.1.1　概述

现实世界中很多同种类事物之间存在或多或少的联系，如小汽车、客车、货车，它们之间有相同的特性，但又有所不同，但是小汽车、客车、货车都具备汽车的特性，它们之间就形成了图7－1所示的层次关系。

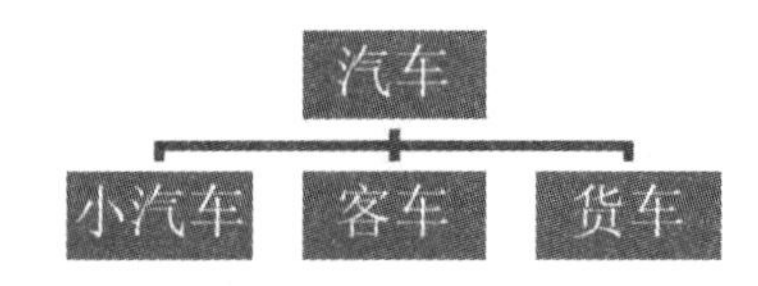

图7－1　汽车的关系

在图中，如果使用C#来描述这一关系时，汽车类具备所有汽车最基本的特性，小汽车类、客车类、货车类都具备汽车类的特性，但是又有自己的特性，汽车类就可以作为其他类的基类。

C#中，被继承的类称为基类，也称为父类，继承类称为派生类，也称为子类。子类可以继承基类的成员有域、属性、方法、事件、索引指示器。

7.1.2　派生类的定义

派生类通常定义的语法格式与类的定义格式相同，格式为：

```
[访问修饰符] class 派生类名称 [：[基类类名或接口序列]]
{
[字段成员]
[属性成员]
[方法成员]
[事件成员]
[构造函数]
[析构函数]
}
```

对于成员的访问修饰与类声明时相同。其中基类类名描述为被继承的基类名称，继承的规则如下。

1）派生类只能从一个基类继承。

2）继承具有传递性。如果C类继承B类，B类又继承A类，那么C类继承B类与A类的成员。在C#中，Object类是所有类的基类。

3）派生类可以添加新的成员，但不能除去已经继承的成员的定义。

4）构造函数和析构函数不能被继承。

5）派生类如果定义了与继承而来的成员同名的新字段成员，就可以覆盖已继承的成员。但这并不因为这派生类删除了这些成员，只是不能再访问这些成员。

6）如果派生类中定义的方法与基类方法同名，但是参数列表不同，属于方法的重载；如果派生类中定义的方法与基类方法同名，参数列表也相同，那么派生类的方法覆盖了基类方法，称为方法覆盖或者方法隐藏。

7）多态性。类可以定义虚方法、虚字段、虚属性以及虚索引指示器，它的派生类能够重载、隐藏这些成员，从而实现类的多态性。

7.1.3　派生类的声明和使用

派生类声明后，可以声明派生类的对象，然后通过派生类对象进行相应的操作。通过下面的实例了解派生类的使用。

【例7-1】定义长方体Cuboid类，将数据属性封装，并添加一个类似于缺省的构造函数，一个能给全部属性成员赋值的构造函数，定义计算表面积的方法；定义子类正方体Cube，继承立方体类，添加计算表面积的方法。

程序实现步骤如下。

1）建立Windows窗体应用程序，项目命名为“exp07_ 01”，并建立解决方案chapter07。

2）在项目中添加 Cuboid 类，该类有三个字段成员 length、width、height，定义为私有成员并封装；定义一个没有参数的构造函数、一个能给三个成员赋初值的构造函数，并定义面积方法。代码如下：

```
class Cuboid
{
    private double length;
    private double width;
    private double height;
    public double Length
    {
        get
        {
            return length;
        }
        set
        {
            length = value;
        }
    }
    public double Width
    {
        get
        {
            return width;
        }
        set
        {
            width = value;
        }
    }
    public double Height
    {
        get
        {
            return height;
        }
        set
        {
```

```
                height = value;
            }
        }
        public Cuboid(double length, double width, double height)
        {
            this.Length = length;
            this.Width = width;
            this.Height = height;
        }
        public Cuboid() { }
        public double Area()
        {
            return 2 * (length * width + length * height + height * width);
        }
    }
```

3）定义正方体类 Cube 继承长方体类 Cuboid，并定义正方体计算面积的方法。代码如下：

```
    class Cube:Cuboid
    {
        public Cube(double length)
        {
            this.Length = length;
            this.Width = length;
            this.Height = length;
        }
        public double Area1()
        {
            return Math.Pow(this.Length, 2) * 6;
        }
    }
```

4）窗体设计。设计窗体的 Text 属性为"继承的声明与使用"，添加两个 GroupBox 组件，用于实现长方体与正方体的操作，窗体设计如图 7－2 所示。

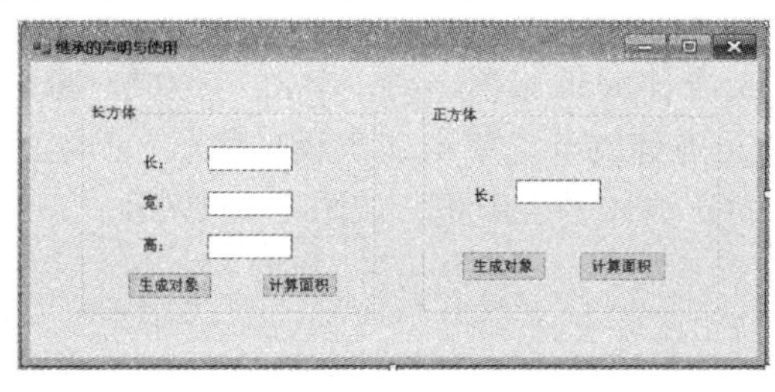

图 7－2　窗体设计

5）在 Form1 中添加长方体与正方体成员，如下代码：

```
Cuboid cuboid;
Cube cube;
```

6）长方体的类的调用。双击长方体的“生成对象”按钮，添加单击事件，完成成员变量 Cuboid 的实例化，单击事件代码如下：

```
private void button1_Click(object sender, EventArgs e)
{
    double length = double.Parse(textBox1.Text);
    double width = double.Parse(textBox2.Text);
    double height = double.Parse(textBox3.Text);
    cuboid = new Cuboid(length, width, height);
    MessageBox.Show("长方体实例化成功!");
}
```

“计算面积”是在对象实例化后进行的操作，单击事件代码如下：

```
private void button2_Click(object sender, EventArgs e)
{
    double s = cuboid.Area();
    MessageBox.Show("长方体的面积是" + s);
}
```

正方体在的“生成对象”按钮的事件代码如下：

```
private void button3_Click(object sender, EventArgs e)
{
    double length = double.Parse(textBox4.Text);
    cube = new Cube(length);
MessageBox.Show("正方体实例化成功!");
}
```

“计算面积”的实现可以调用父类继承的方法，也可以调用自身的计算面积的方法。这里调用自身的方法，事件代码如下：

```
private void button4_Click(object sender, EventArgs e)
{
    double s = cube.Area1();
    MessageBox.Show("正方体的面积是" + s);
}
```

7）运行程序，输入长方体的长、宽、高，单击“生成对象”，显示生成成功的对话框，然后计算面积；输入正方体的长，单击“生成对象”，完成正方体 Cube 的初始化，然后单击“计算面积”，显示正方体的表面积，如图 7-3 所示。

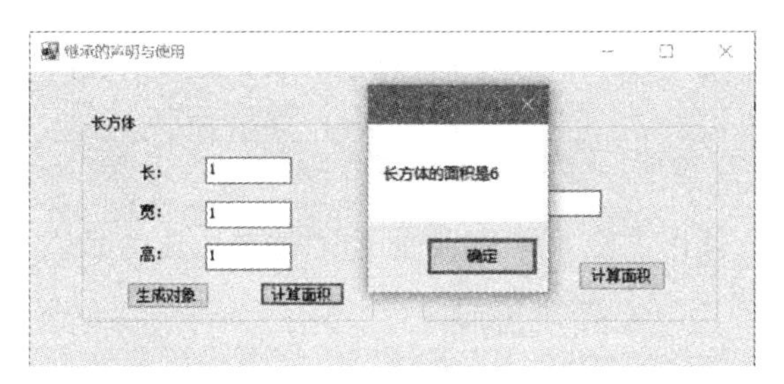

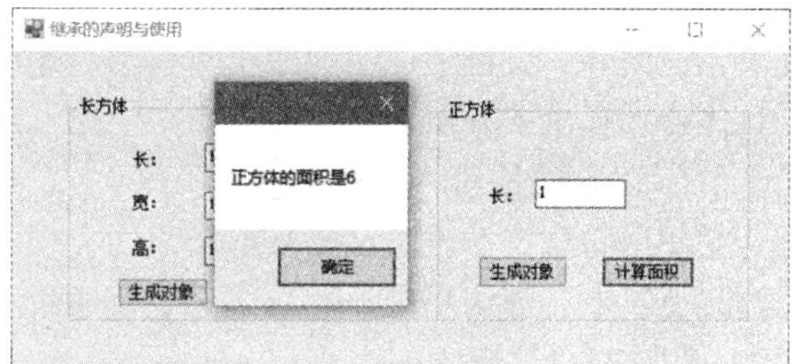

图7－3　运行结果

7.1.4　派生类中构造函数的调用

构造函数不能被继承，继承中的构造函数调用规则如下。

1）派生类的构造函数如果没有显式声明调用基类构造函数，将自动地调用一个默认的或无参的基类的构造函数。

2）如果基类没有默认的或无参的构造函数，需要使用 base 关键字显式地定义要调用基类构造函数。

3）当实例化派生类对象时，首先调用基类的构造函数，然后调用派生类的构造函数。

【例7－1】中，派生类的构造函数 Cube（double a，double b，double h）隐式地调用了基类无参数的构造函数。根据构造函数的调用，该例中 Cube 的构造函数可以更改为下面的代码：

```
public Cuboid(double length, double width, double height)
{
    this.Length = length;
    this.Width = width;
    this.Height = height;
}
```

也可以修改为：

```
public Cube(double length):base(length,length,length)
    {
    }
```

7.1.5　隐藏

隐藏是指在派生类中声明了与基类同名的成员，在派生类调用该成员时调用自身的同名成员，不会调用基类的同名成员。一般情况下使用 new 关键字定义。隐藏也称为重写。

如果在派生类中声明了与基类方法同名的方法，但是参数列表不同，不能成为方法的隐藏，而是方法的重载。方法的隐藏是指派生类中的方法名与参数列表与基类中的方法名和参数列表相同。

1. 声明与基类同名的派生类方法

在派生类中用 new 关键字声明与基类同名的方法的格式如下：

public new 方法名称（参数列表）{ }

使用 new 关键字声明的派生类方法，主要是为基类与派生类使用同一方法实现不同的具体功能提供了方便。

2. 隐藏的使用

使用隐藏技术时，对象根据表面的类型进行调用方法，如本身是子类对象，凡是赋值给父类对象，则调用父类的方法。下面通过【例 7 - 2】来了解。

【例 7 - 2】建立一个汽车 Automobile 类，包括轮胎个数、汽车颜色、汽车品牌、车身重量、速度等成员变量，定义给所有字段成员赋初值的构造方法创建实例。要求汽车能够加速、减速、停车，以及描述汽车的信息。再定义一个小汽车类 Car，继承 Automobile，并添加空调、CD 等成员变量，并重载加速方法，并在加速方法内调用基类的加速方法；隐藏减速的方法，描述汽车的信息方法，并定义汽车对象与小汽车对象观察程序运行结果。

程序实现步骤如下。

1）在解决方案 chapter07 中新建控制台应用程序，项目命名为“exp07_ 02”。

2）在项目中添加 Automobile 类，该类有五个字段成员 wheels、brand、weight、colour、speed，定义为保护 protected 类型的成员并封装；定义一个能给五个成员赋初值的构造函数；定义模拟实现加速、减速、停车、描述汽车信息的方法。类代码如下：

```
class Automobile//汽车类
{
    protected int wheels;
    protected String brand;
    protected double weight;
    protected Color colour;//using System. Drawing;
    protected double speed;

    public Automobile(int wheels, string brand, double weight, Color colour,
double speed)
    {
        this. wheels = wheels;
        this. brand = brand;
        this. weight = weight;
        this. colour = colour;
        this. speed = speed;
    }
public void upSpeed()
    {
        Console. WriteLine("汽车加速了");
    }
    public void downSpeed()
```

```
        {
            Console.WriteLine("汽车减速了");
        }
        public void stop()
        {
            Console.WriteLine("汽车停车了");
        }
        public void getInfo()
        {
            Console.WriteLine("汽车轮胎数(个):" + wheels + "\n 颜色:"
+ colour.ToString() + "\n 车身重量(吨):" + weight + "\n 速度(KM/H))" + speed);
        }
    }
```

3）定义小汽车类Car，继承汽车类Automobile，增加是否有空调、CD的两个字段成员，编写一个构造函数调用父类的构造函数；重载父类的upSpeed加速方法，并在该方法内通过base.upSpeed()调用基类的方法；隐藏父类中的减速方法、汽车信息显示方法，类代码如下：

```
    class Car:Automobile
    {
        bool Aircondition;
        bool CD;
        public Car(int wheels, string brand, double weight, Color colour, double
speed, bool Aircondition, bool CD):base(wheels,brand,weight,colour,speed)
        {
            this.Aircondition = Aircondition;
            this.CD = CD;
        }
    public void upSpeed(double speed)
        {
            this.speed = this.speed + speed;
            base.upSpeed();
            Console.WriteLine("提速:" +speed + "KM/H");
        }
    public new void downSpeed()
        {
            Console.WriteLine("小汽车开始减速了");
        }
    public new void getInfo()
```

```
        {
            Console.WriteLine("小汽车轮胎数(个):" + wheels + "\n颜色:" + colour.ToString() + "\n车身重量(吨):" + weight + "\n速度(KM/H):" + speed + "\n有空调:" + Aircondition + "\n有CD:" + CD);
        }
    }
```

4）在 Main() 方法中定义汽车对象 atuo、小汽车对象，代码如下：

```
        static void Main(string[] args)
        {
            //定义基类对象
            Console.WriteLine("汽车对象的信息:");
            Automobile auto = new Automobile(6, "中国重汽", 4, System.Drawing.Color.Black, 40);
            auto.upSpeed();
            auto.downSpeed();
            auto.getInfo();
            auto.stop();
            Console.WriteLine();
            //定义派生类对象
            Console.WriteLine("小汽车对象的信息:");
            Car car = new Car(4, "一汽大众", 1.5, System.Drawing.Color.Red, 80, true, true);
            car.upSpeed(3);
            car.downSpeed();
            car.getInfo();
            car.stop();
            Console.WriteLine();
            //定义父类对象,实例化时采用子类实例化
            Console.WriteLine("汽车1对象的信息:");
            Automobile auto1 = new Car(6, "陕西重卡", 6, System.Drawing.Color.Red, 60, true, true);
            auto1.upSpeed();
            auto1.downSpeed();
            auto1.getInfo();
            auto1.stop();
            Console.WriteLine();
            Console.Read();
        }
```

5）将该项目设定为启动项目，运行程序，程序的运行结果如图 7 - 4 所示。

```
汽车对象的信息：
汽车加速了
汽车减速了
汽车轮胎数（个）：6 颜色：Color [Black] 车身重量(吨)：4 速度（KM/H））40
汽车停车了

小汽车对象的信息：
汽车加速了
提速：3KM/H
小汽车开始减速了
小汽车轮胎数（个）：4 颜色：Color [Red] 车身重量（吨）：1.5 速度（KM/H）：83 有
空调：True 有CD:True
汽车停车了

汽车1对象的信息：
汽车加速了
汽车减速了
汽车轮胎数（个）：6 颜色：Color [Red] 车身重量(吨)：6 速度（KM/H））60
汽车停车了

微软拼音 半 ：
```

图 7 - 4　程序运行结果

在上面的结果中，执行“auto. upSpeed( );”调用汽车类中的方法，“car. upSpeed(3)”调用了 Car 类中的提速方法，使用的是方法重载技术；“auto. downSpeed( )”调用的是汽车类中的方法“downSpeed( )”，而“car. downSpeed( )”调用的是小汽车类中的“downSpeed( )”，使用的方法的隐藏。同样的信息的显示“car. getInfo( )”也采用了信息隐藏；“auto. stop( )”与“car. stop( )”调用的是同一个方法，都是父类中的 stop( ) 方法。

auto1 中调用的方法是基类中的方法。这是隐藏使用的特点。

7.1.6　虚方法

1. 声明虚方法

要实现继承的多态性，在类定义方面，必须分别用 virtual 关键字与 override 关键字在基类与派生类中声明同名的方法，在具体实现上通常是通过传递对象的途径，并且通常基类有两个以上的派生类，或者基类的派生类其下又有派生类。

基类中的声明格式：

    public virtual 方法名称(参数列表){ }

派生类中的声明格式：

    public override 方法名称(参数列表){ }

其中，基类与派生类中的方法名称与参数列表必须完全一致。

虚方法不能使用 static、abstract、override 修饰。基类虚方法的调用可以被派生类的重写方法改变。

2. 虚方法的覆盖及调用

虚方法调用时，对象根据本身存储的类型进行调用，如果一个对象是基类对象，但是由子类对象进行实例化，那么调用子类重写的方法。通过以下实例进行观察。

【例 7 - 3】定义基类 BaseClass，含有一个方法 fuction( )、一个虚方法 method( )；定

义派生类 SubClass，并在类中重写方法 fuction( )、method( )。在 Main( ) 方法中定义对象观察运行结果。

程序实现步骤如下。

1）在解决方案 chapter07 中新建控制台应用程序，项目命名为“exp07_ 03”。

2）在项目中添加类 BaseClass 类，类代码如下：

```
yclass BaseClass
{
    public void fuction( ) { Console. WriteLine("基类中的 fuction 方法"); }
    public virtual void method( )
    {
        Console. WriteLine("基类里定义的虚方法 method");
    }
}
```

3）在项目中添加类 SubClass 类继承 BaseClass 类，类代码如下：

```
class SubClass:BaseClass
{
    new public void fuction( ) { Console. WriteLine("派生类中的 fuction 方法"); }
    public override void method( )
    {
        Console. WriteLine("子类里 override 重写的方法 method");
    }
}
```

4）在 Main( ) 方法中定义三个对象，代码如下：

```
static void Main(string[ ] args)
{
    SubClass a = new SubClass( );
    BaseClass b = a;
    BaseClass c = new BaseClass( );
    a. fuction( );
    b. fuction( );
    c. fuction( );
    a. method( );
    b. method( );
    c. method( );
    Console. Read( );
}
```

5）将该项目设定为启动项目，运行程序，程序的运行结果如图 7－5 所示。

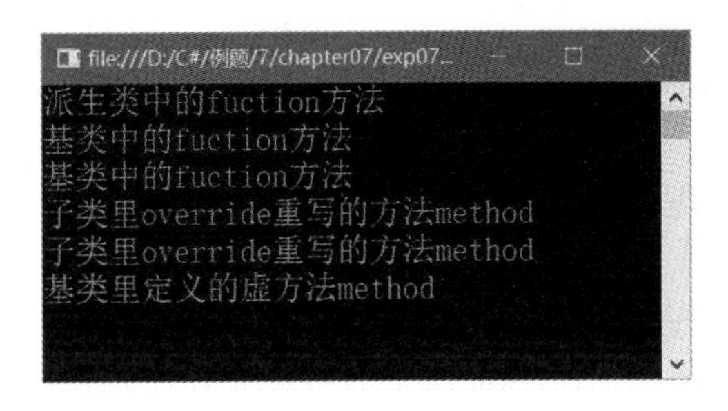

图 7－5　程序运行结果

在上面的程序中，BaseClass 类定义中包含方法 fuction( )；SubClass 类定义中包含 new 关键字声明的 fuction( )方法，该方法重写其基类成员的 fuction( )方法。BaseClass 类定义中包含用 virtual 关键字声明的虚方法 method( )；SubClass 类定义中包含用 override 关键字声明的 method( )方法，该方法覆盖其基类成员的 method( )方法。

在程序的 Main( )方法中创建了三个不同类的对象，子类对象 a、父类对象 c，以及使用子类对象赋值的父类对象 b，在 b 对象调用 method( )方法时，调用的方法是子类对象中的 method( )方法，调用 fuction( )方法是父类对象的 fuction( )方法。

3. 调用基类方法

在派生类中声明与基类同名的方法，也叫方法重载。在派生类重载基类方法后，如果想调用基类的同名方法，可以使用 base 关键字。例如，【例 7－2】中 Car 类中的加速方法：

```
public void upSpeed(double speed)
    {
        this.speed = this.speed + speed;
        base.upSpeed();
        Console.WriteLine("提速:" + speed + "KM/H");
    }
```

其中，"base.upSpeed( )"调用了基类 Automobile 中的"upSpeed( )"方法。

任务 7.2　抽象类与抽象方法

某些情况下，使用类只是要表达一种概念或者提供一种规则，并没有具体实现。C#提供了抽象类实现。抽象类用来列举一个类所需要的行为但不明确提供每个行为的具体实现方法。当以抽象基类派生一个类时，派生类将继承抽象基类所有的特性，它通过 override 关键字重写继承下来的所有的抽象方法。如果派生类没有从抽象基类继承下来的所有抽象方法提供具体实现，那么该派生类也是抽象类。

7.2.1　抽象类

声明抽象类与抽象方法均需使用关键字 abstract，其格式为：

```
public abstract class 类名称
{
    …
}
```

抽象类具有以下特征。

1）抽象类只能作为其他类的基类，它不能被实例化。

2）抽象类若含有抽象的变量或值，则它们要么是 null 类型，要么包含了对非抽象类的实例的引用。

3）抽象类允许包含抽象成员和非抽象成员，可以不包括抽象成员。

4）抽象类不能使用用密封（sealed）来修饰，即抽象类不能同时又是密封类。

5）若一个非抽象类从抽象类中派生，则其必须通过重载来实现所有继承而来的抽象成员。

7.2.2 抽象方法

抽象方法只包含方法定义，不包括方法体，不提供具体的实现代码，只有子类或子类的子类来实现。抽象方法被关键字 abstract 修饰，静态方法不能标记为 override、virtual 或 abstract，继承的抽象方法不可以被隐藏。抽象方法有以下特征。

1）一个抽象方法可以被看作一个虚方法。

2）抽象方法的声明只能在抽象类中。

3）抽象方法不提供任何实现，只是一个简单的声明，不包括方法体。

4）方法体的实现被重写方法提供，重写方法是一个非抽象类的成员。

一个抽象方法能够通过派生类使用 override 实现。

当定义抽象类的派生类时，派生类自然从抽象类继承抽象方法成员，并且必须重写（重载）抽象类的抽象方法，这是抽象方法与虚方法的不同，因为对于基类的虚方法，其派生类可以不必重写（重载）。重载抽象类方法必须使用 override 关键字。

重载抽象方法的格式为：

pulbic override 返回类型 方法名称（参数列表）{ }

其中，方法名称与参数列表必须与抽象类中的抽象方法完全一致。

【例 7-4】创建一个 Windows 应用程序，在程序中定义平面图形抽象类和其派生类圆、矩形与三角形。该程序实现输入相应图形的参数，如矩形的长和宽，单击相应的按钮，根据输入参数创建图形类对象并输出该对象的面积。程序运行的结果之一如图 7-6 所示。

程序实现步骤如下。

1）在解决方案 chapter07 中新建控制台应用程序，项目命名为“exp07_ 04”。

2）在项目中添加类抽象类图形类 Graphics 类、派生类圆类 Circularity、矩形类 Rectangle、三角形类 Triangle，类代码如下：

```
public abstract class Graphics
{
```

```
        protected float x;
        protected float y;
        public Graphics(float xx, float yy)
        {
            x = xx;
            y = yy;
        }
        public abstract double Area(); // 抽象方法
    }
    public class Circularity : Graphics // 圆派生类
    {
        public Circularity(float r) : base(r, 0) { }
        public override double Area() // 重载抽象方法
        {
            Console.WriteLine("调用 Circularity 类中的面积方法:");
            return (double)x * x * 3.14;
        }
    }
    public class Rectangle : Graphics // 矩形派生类
    {
        public Rectangle(float length, float width) : base(length, width) { }
        public override double Area() // 重载抽象方法
        {
            Console.WriteLine("调用 Rectangle 类中的面积方法:");
            return (double)x * y;
        }
    }
    public class Triangle : Graphics // 三角形派生类
    {
        float z;
         public Triangle(float length1, float length2, float length3) : base(length1,
length2)
        { z = length3; }
        public override double Area() //重载抽象方法
    {
            Console.WriteLine("调用 Triangle 类中的面积方法:");
            float p = (x + y + z) / 2;
            double area = Math.Sqrt(p * (p - x) * (p - y) * (p - z));
```

```
        return area;
    }
}
```

3）在 Main( ) 方法中分别使用三种派生类初始化图形对象，并计算图形对象的面积，代码如下：

```
static void Main( )
{
    // Graphics g1  = new Graphics(1,2);//error 无法创建抽象类的对象
    Graphics g2  = new Circularity(2);//使用圆实例化 Graphics 对象 g1
    Graphics g3  = new Rectangle(2, 2);//使用矩形实例化
    Graphics g4  = new Triangle(3, 4,5);//使用三角形实力化
    Console.WriteLine("图形 g2 的面积:" +g2.Area());
    Console.WriteLine("图形 g3 的面积:"  + g3.Area());
    Console.WriteLine("图形 g4 的面积:"  + g4.Area());
    Console.Read();
}
```

4）运行程序，运行结果如图 7 -6 所示。

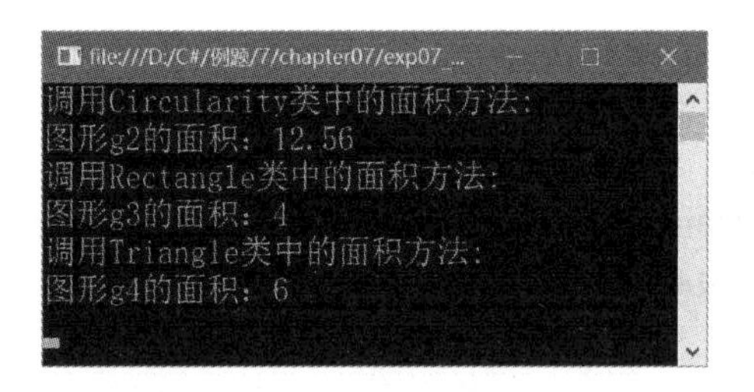

图 7 -6　运行结果

本例中，分别使用三个派生类继承了图形类，在每个派生类的构造函数中调用基类的构造函数，实现了计算面积的方法。在 Main( ) 方法中，分别使用不同的方式实例化图形对象，图形对象根据对象的隐含类型进行方法的调用，得到不同的运行结果。这种方法是多态的一种方式。

7.2.3　多态性

C#面向对象的一个特性为多态，即同一操作作用于不同的类的实例，不同的类将进行不同的解释，最后产生不同的执行结果，主要体现为以下两个方面。

（1）编译时的多态性

编译时的多态性是通过方法的重载来实现的。对于非虚的成员来说，系统在编译时，根据传递的参数、返回的类型等信息决定实现何种操作。如一个类有多个构造函数，在调用时根据参数的个数和类型进行调用。

（2）运行时的多态性

运行时的多态性是指直到系统运行时，才根据实际情况决定实现何种操作。C#中，运

行时的多态性通过虚成员、抽象成员实现。如【例7－4】中对象g2、g3、g4的调用情况。

任务7.3　密封类与密封方法

7.3.1　密封类

在程序设计中，一些类不想被继承，C#提供了密封类。密封类在声明中使用sealed修饰符，即不允许其他类继承，可以用来实例化对象，但密封类可以是其他类的子类。sealed修饰符可以应用于类、实例方法和属性。密封类不能同时又是抽象类，因为抽象总是希望被继承的。如修改【例7－4】中矩形类的代码，将不能被其他类继承：

```
sealed public class Rectangle : Graphics
    {
        public Rectangle(float length, float width) : base(length, width) { }
        public override double Area() // 重载抽象方法
    {
        Console.WriteLine("调用 Rectangle 类中的面积方法:");
        return (double)x * y;
    }
```

7.3.2　密封方法

密封方法用于重写基类中的方法，但不能在任何派生类中进一步重写。所以当用于方法或属性时，sealed修饰符必须始终与override一起使用，并且该方法被默认为一个虚方法。密封方法一般不在密封类中。

【例7－5】定义基类BaseClass，包含两个虚方法Method、Display；定义派生类SubCalss1，重写虚方法，并且重写的Method方法为密封方法；定义SubClass1的派生类SubClass2，重写虚方法Display。在Main( )方法中定义对象，并观察运行情况。

程序实现步骤如下。

1）在解决方案chapter07中新建控制台应用程序，项目命名为“exp07_05”。

2）在项目中添加BaseClass类、派生类SubClass1、SubClass1的派生类SubClass2，类代码如下：

```
class BaseClass
{
    public int x;
    protected int y;
    public BaseClass(int x, int y)
    {
        this.x = x;
        this.y = y;
```

```
        }
        public virtual void Method( ) //虚方法
        {
            Console.WriteLine(" BaseClass virtual method");
        }
        public virtual void Display( ) //虚方法
        {
            Console.WriteLine(" BaseClass x = {0}, y = {1}", x, y);
        }
    }
    class SubClass1: BaseClass
    {
        protected int z;
        public SubClass1(int x, int y, int z) : base(x, y)
        {
            this.z = z;
        }
        override public sealed void Method( )//密封方法,不能被重写
        {
            Console.WriteLine("SubClass1 sealed method");
        }
        override public void Display( ) //虚方法
        {
            Console.WriteLine("SubClass1 x = {0}, y = {1},z = {2}", x, y, z);
        }
    }
    class SubClass2 : SubClass1
    {
        private int k;
        public SubClass2(int x, int y, int z, int k) : base(x, y, z)
        {
            this.k = k;
        }
        override public void Display( )
        {
             Console.WriteLine ( " SubClass2 x = {0}, y = {1},z = {2},k =
{3}", x, y, z, k);
        }
```

```
        }
```

3）编写 Main( ) 方法，代码如下：

```
static void Main(string[ ] args)
{
    Console.WriteLine("- - - - - - - - - - - - - -BaseClass 对象调用:- - - - - - - - - - - - - - -");
    BaseClass baseclass = new BaseClass(1, 2);
    baseclass.Method( );
    baseclass.Display( );
    Console.WriteLine("- - - - - - - - - - - - - -BaseClass 子类 SubClass1 对象调用:- - - - - - - - - - - - - -");
    SubClass1 subclass1 = new SubClass1(1, 2, 3);
    subclass1.Method( );
    subclass1.Display( );
    Console.WriteLine("- - - - - - - - - - - - - -SubClass1 子类 SubClass2 对象调用:- - - - - - - - - - - - - -");
    SubClass2 subclass2 = new SubClass2(1, 2, 3, 4);
    subclass2.Method( );
    subclass2.Display( );
    Console.WriteLine("- - - - - - - - - - - - - -使用 Subclass1 实力化 BaseClass 对象调用:- - - - - - - - - - - - - -");
    BaseClass baseclasssubclass1 = subclass1;
    baseclasssubclass1.Method( );
    baseclasssubclass1.Display( );
    Console.Read( );
}
```

4）将本项目设为启动项目，运行程序，程序的运行结果如图 7－7 所示。该例可以看出，密封方法是虚方法的重写，可以被继承，但是不能被派生类重写。

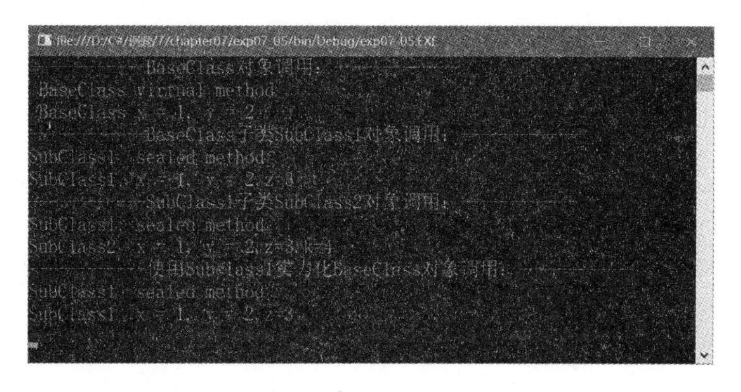

图 7－7　运行结果

任务7.4 接口

7.4.1 接口的定义

接口好比一种模版，这种模版定义了对象必须实现的方法，其目的就是让这些方法可以作为接口实例被引用。接口不能被实例化。类可以实现多个接口并且通过这些实现的接口被索引。接口可以实现多继承，即一个接口可以同时继承多个接口。接口的定义格式如下：

```
[访问修饰符] interface 接口名称[:[基接口]]
{
[接口体]
}
```

其中访问修饰符与类的方法修饰符一致，可以为 new、public、protected、internal、private。

接口可以是命名空间或类的成员，并且可以包含下列成员的签名：方法、属性、事件、索引器，不能包括常数、字段、运算符、构造函数、析构函数或类类型，也不能包括静态成员。如接口的定义：

```
interface IMyExample {
    string this[int index] { get ; set ; }
    event EventHandler E ;
    void Show(int value) ;
    string Point { get ; set ; }
}
```

7.4.2 接口继承

一个接口可以从零或多个接口继承，被继承的接口称为这个接口的显式基接口。当一个接口有一个或多个的显式基接口时，那么在接口的定义中的形式为，接口标识符后面跟着由一个冒号“:”和一个用逗号“,”分开的基接口标识符列表。

接口类型列表说明：

1）一个接口的基接口必须至少同接口本身一样的访问控制。例如，在一个公共接口的基接口中指定一个私有或内部的接口是错误的。

2）一个接口不能直接或间接继承自己。

3）一个接口继承它的基接口的所有成员。

4）一个实现了接口的类或结构也隐含地实现了所有接口的基接口。

7.4.3 接口成员的实现

接口定义不包括方法的实现，接口的成员可以通过类或结构继承来实现。使用类实现

接口成员时，接口必须出现在类声明的基类列表中，当类的基类列表中出现接口和类时，基类必须在任何接口之前。

【例 7-6】定义图形接口，包含一个计算面积的方法；定义圆类，继承图形接口；定义圆柱体类，继承圆类。编写 Main( ) 方法，观察代码运行情况。

程序实现步骤如下。

1）在解决方案 chapter07 中新建控制台应用程序，项目命名为“exp07_ 06”。

2）在项目中添加接口 Graphics、派生类 Circularity、Circularity 的派生类 Cylinder，类代码如下：

```
interface Graphics
{
    double Area( );
}
public class Circularity : Graphics//圆
{
    double r;
    public Circularity( double r)
    {
        this. R = r;
    }
    public double R
    {
        get
        {
            return r;
        }
        set
        {
            r = value;
        }
    }
    public double Area( )//实现接口中的面积方法,并定义为虚方法,
    {
        Console. WriteLine( "调用圆类中的计算面积方法:" );
        return 3. 14 * R * R;
    }
}
public class Cylinder:Circularity//圆柱
{
```

```
        double h;
        public Cylinder(double r,double h):base (r)
        {
            this.h = h;
        }
        public new double Area()
        {
            Console.WriteLine("调用圆柱体类中的计算面积方法:");
            return 2 * 3.14 * this.R + 2 * 3.14 * this.R * h;
        }
        public double Volume()
        {
            Console.WriteLine("调用圆柱体类中的计算体积方法:");
            return 3.14 * R * R * h;
        }
    }
```

3）编写 Main() 方法，代码如下：

```
        static void Main(string[] args)
        {
            Console.WriteLine("声明并实例化圆类对象");
            Circularity circle = new Circularity(2);
            Console.WriteLine("圆的面积是:" + circle.Area());
            Console.WriteLine();
            Console.WriteLine("声明并实例化圆柱体对象");
            Cylinder cl = new Cylinder(2, 4);
            Console.WriteLine("圆柱的表面积是:" +cl.Area());
              Console.WriteLine("圆的体积是:" + cl.Volume());
              Console.WriteLine();
              Console.WriteLine("使用圆类实例化图形对象");
              Graphics g1 = new Circularity(3);
              Console.WriteLine("图形的面积是:" + g1.Area());
              Console.WriteLine();
              Console.WriteLine("使用圆柱类实例化图形对象");
              Graphics g2 = new Cylinder(3,5);
              Console.WriteLine("图形的面积是:" + g2.Area());
              Console.WriteLine();
              Console.Read();
          }
```

4）将本项目设为启动项目，运行程序，程序的运行结果如图 7 - 8 所示。

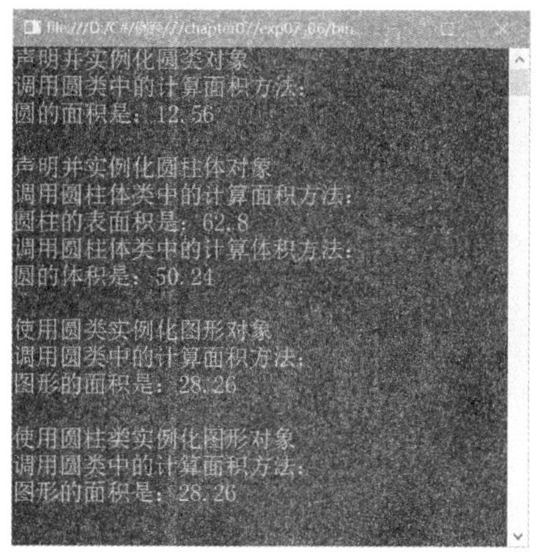

图 7 - 8　运行结果

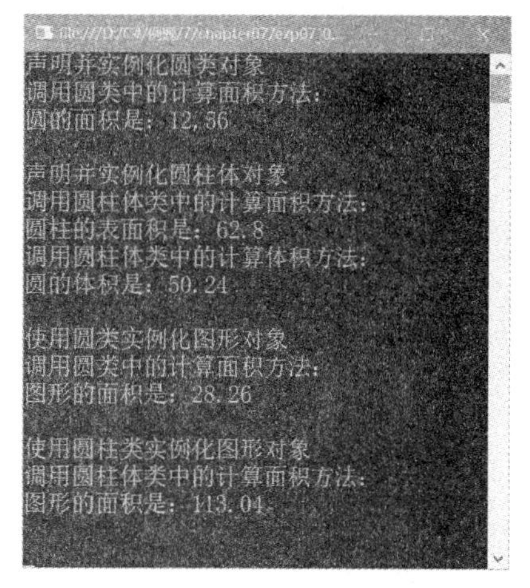

图 7 - 9　正确的运行结果

可以看出，结果不是我们想要的结果，为什么出现这种情况呢？g2. Area( ) 调用的计算面积的方法是圆类中的计算面积的方法，这是因为圆类中的面积方法实现了接口中的方法，如果想得到正确结果，需要修改圆类中面积方法是虚方法，可以被重写，修改圆类中的面积方法声明如下：

```
public virtual double Area( )//实现接口中的面积方法,并定义为虚方法,
{
    Console. WriteLine("调用圆类中的计算面积方法:");
    return 3.14 * R * R;
}
```

修改圆柱体类中的面积方法如下：

```
public override double Area( )
{
    Console. WriteLine("调用圆柱体类中的计算面积方法:");
    return 2 * 3.14 * this. R + 2 * 3.14 * this. R * h;
}
```

然后运行程序，即可得到正确的运行结果，如图 7 - 9 所示。

7.4.4　显式接口成员

实现接口的类可以显式实现该接口的成员。当显式实现某成员时，不能通过类实例访问该成员，而只能通过该接口的实例访问该成员。显式接口实现还允许程序员继承共享相同成员名的两个接口，并为每个接口成员提供一个单独的实现或者两个接口成员使用共同的方法。

【例 7 - 7】定义接口 A、B，分别含有一个方法 show，定义类 C 继承接口 A、B，编写代码观察显式调用的情况。

程序实现步骤如下。

1）在解决方案 chapter07 中新建控制台应用程序，项目命名为“exp07_ 07”。

2）在项目中添加接口 A、B，添加类 C 实现接口 A、B，类代码如下：

```
public interface A
{
    void show();
}
public interface B
{
    void show();
}
class C:A,B
{
    int x;
void A.show()
    {
        Console.WriteLine("调用 A 接口中的 show 方法");
    }
    void B.show()
    {
        Console.WriteLine("调用 B 接口中的 show 方法");
    }
}
```

3）编写 Main() 方法，代码如下：

```
static void Main(string[] args)
{
    C c = new C();
    A a = c as A;
    a.show();
    A aa = new C();
    aa.show();
    B b = c as B;//as
    if (b is B)
    {
        b.show();
    }
    else
        Console.WriteLine("b 不是接口 B 类型的变量!");
    Console.Read();
}
```

4）将该项目设为启动项目，运行程序，程序的运行结果如图 7－10 所示。

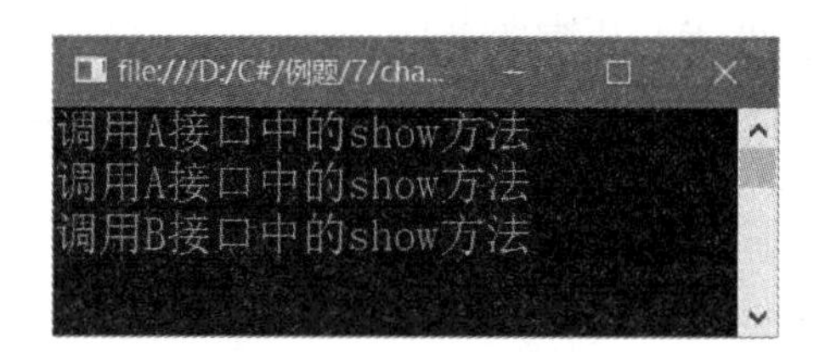

图 7－10　运行结果

例中用到了 is 与 as 运算符，is 运算符检查对象是否与给定类型兼容，as 用于在兼容的引用类型之间执行转换，as 运算符类似于强制转换操作，但是，如果转换不可行，as 会返回 null，而不是引发异常。

任务 7.5　泛型

7.5.1　泛型定义

泛型类和泛型方法同时具备可重用性、类型安全和效率，这是非泛型类和非泛型方法无法具备的。泛型通常用于集合以及作用于集合的方法一起使用。泛型的定义代码语法为：

［访问修饰符］［返回类型］泛型支持类型 泛型名称 <类型参数列表>

泛型名称要符合标识符的定义。尖括号表示类型参数列表，尖括号紧跟在泛型类型或成员的名称后面。同样，在类型参数列表中有一个或多个类型参数，形式如 <T，U，…>。当编译器遇到一个由尖括号分开的类型参数列表时，它可识别出在定义泛型类型或方法。类型参数列表指出要在泛型代码定义中保持未指定状态的一个或多个类型。类型参数的名称可以是 C#中任何有效的标识符，它们可用逗号隔开。下列代码定义一个泛型类：

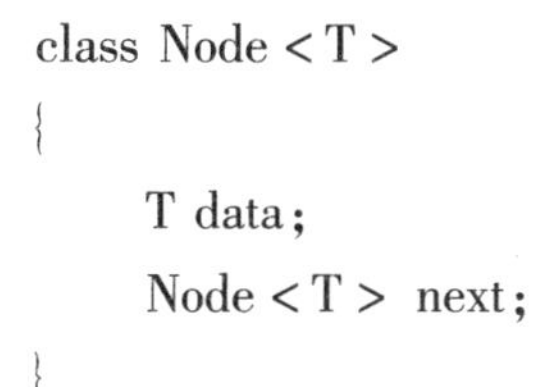

```
class Node<T>
{
    T data;
    Node<T> next;
}
```

7.5.2　泛型在数组中的使用

C# 2.0 以及更高版本中，下限为零的一维数组自动实现 IList<T>。这使您可以创建能够使用相同代码循环访问数组和其他集合类型的泛型方法。此技术主要对读取集合中的数据很有用。

【例 7－8】定义学生类，包括学号、姓名、年龄信息，并重写 Object 类的 ToString 方法。使用泛型 List 数组定义学生数组，模拟实现学生信息的增加、查找、删除的操作，使用 Windows 窗体应用程序实现。

程序实现步骤如下。

1）在解决方案 chapter07 中新建 Windows 窗体应用程序，项目命名为“exp07_ 08”。

2）在项目中添加 Student 类，代码如下：

```
class Student
{
    string stuno;
    string stuname;
    int age;
    public string Stuno
    {
        get
        {
            return stuno;
        }
        set
        {
            stuno = value;
        }
    }
    public string Stuname
    {
        get
        {
            return stuname;
        }
        set
        {
            stuname = value;
        }
    }
    public int Age
    {
        get
        {
            return age;
        }
        set
        {
            age = value;
```

```
            }
        }
        public Student(string stuno, string stuname, int age)
        {
            this.Stuno = stuno;
            this.Stuname = stuname;
            this.Age = age;
        }
        public new string ToString()
        {
            return " 学号:" + Stuno + " 姓名:" + Stuname + " 年龄:" + Age;
        }
    }
```

3）窗体设计。设计默认窗体 Form1 的 Text 属性为“泛型在数组中的应用”，在窗体的上半部分添加选项卡控件 tabControl1，并添加三个子项，在每个子项内放置用于显示信息的标签、文本框以及按钮，在窗体的下半部分添加 ListBox 控件 listBox1，窗体设计如图 7－11 所示。

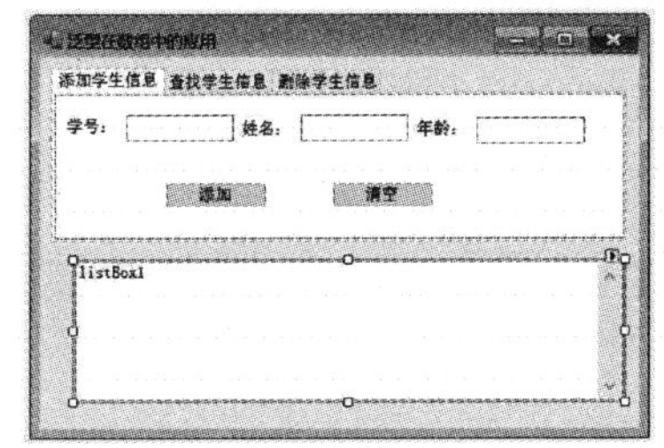

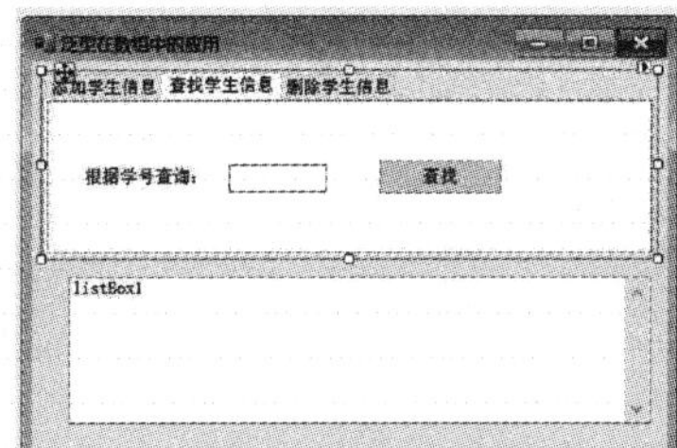

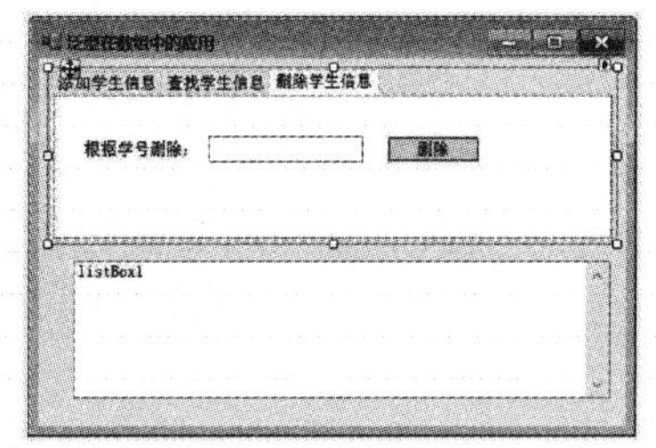

图 7－11 窗体设计

4）在窗体中添加数组成员，即切换到窗体设计器的代码视图，在类 Form1 中添加数组 list1，使用泛型 List 数组实现，代码如下：

```
List<Student> list1 = new List<Student>();
```

为了提升代码的重用率，将数组中的信息显示在 listBox1 中的代码封装为方法，添加在类 Form1 中，代码如下：

```
    public void show()
        {
            listBox1.Items.Clear();//清空列表框
            foreach (Student student in list1)
            {
                listBox1.Items.Add(student.ToString());
            }
        }
```

5）“添加”方法实现将输入的学生信息封装为对象，添加到数组 list1 中，并遍历数组，将数组中的元素信息通过调用 Stduent 中的 ToString 方法获取并显示在 listBox1 中。编写“添加”按钮的事件代码如下：

```
private void button1_Click(object sender, EventArgs e)
{
    string stuno = textBox1.Text.Trim();
    string stuname = textBox2.Text.Trim();
    int age = Int32.Parse(textBox3.Text.Trim());
    Student stu = new Student(stuno, stuname, age);
    list1.Add(stu);
    show();
}
```

“清空”按钮实现了文本框中的信息清除，事件代码如下：

```
private void button2_Click(object sender, EventArgs e)
{
    textBox1.Text = "";
    textBox2.Text = "";
    textBox3.Text = "";
}
```

“查找”功能根据输入的学号在数组中查询，如果查询成功，将信息显示在 listBox1 中。“查找”按钮的事件代码如下：

```
private void button3_Click(object sender, EventArgs e)
{
    listBox1.Items.Clear();
    string stuno = textBox4.Text.Trim();
    bool f = false;
    for (int k = 0; k < list1.LongCount(); k++)
    {
        Student student = list1[k];
        if (student.Stuno.Equals(stuno))
        {
            listBox1.Items.Add(student.ToString());
            f = true;
        }
    }
    if (!f)
    {
        MessageBox.Show("您查找的数据不存在", "查找失败", Message-
```

```
BoxButtons.OK);
                    show();
                }
            }
```

“删除”功能实现根据学号数组中查询，如果查询成功，通过List的Remove方法删除对象，并将list1中的信息显示在listBox1中。“删除”按钮的事件代码如下：

```
        private void button4_Click(object sender, EventArgs e)
        {
            show();
            string stuno = textBox5.Text.Trim();
            bool f = false;
            for (int k = 0; k < list1.LongCount(); k++)
            {
                Student student = list1[k];
                if (student.Stuno.Equals(stuno))
                {
                    list1.Remove(student);
                    f = true;
                }
            }
            if (!f)
                MessageBox.Show("您查找的数据不存在", "删除失败", Message-
BoxButtons.OK);
            else
            {
                show();
                MessageBox.Show("删除成功!", "提示信息", MessageBoxButtons.OK);
            }
        }
```

6）将本项目设为启动项目，运行程序，在“添加学生信息”选项卡上添加多个学生的信息，如图7-12所示。

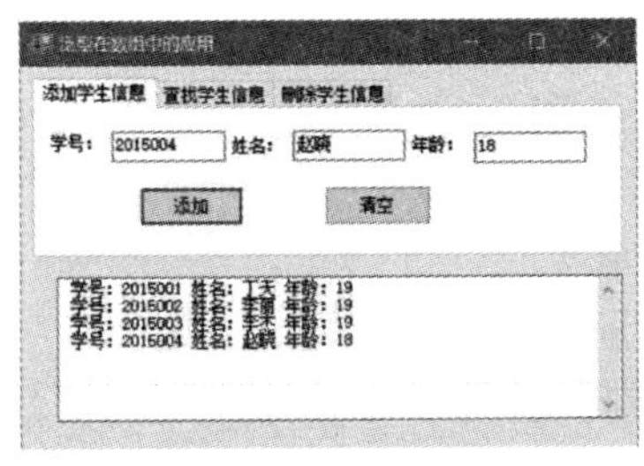

图7-12 运行结果

在“查找学生信息”选项卡，输入学生学号，单击“查找”按钮，运行结果如图 7－13所示。

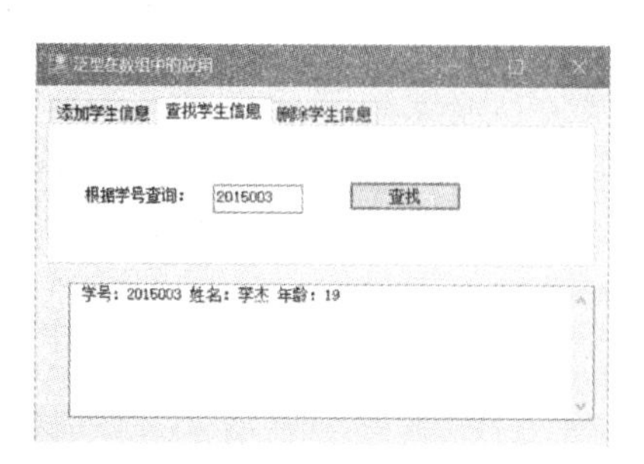

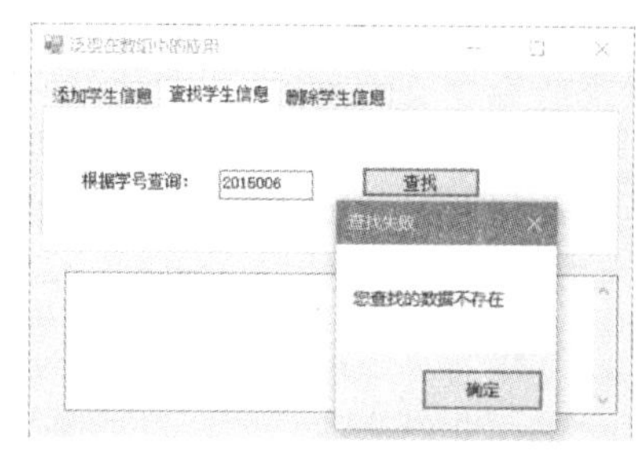

图 7－13　查找学生信息

在“删除学生信息”选项卡，输入学生学号，单击“删除”，运行结果如图 7－14 所示。

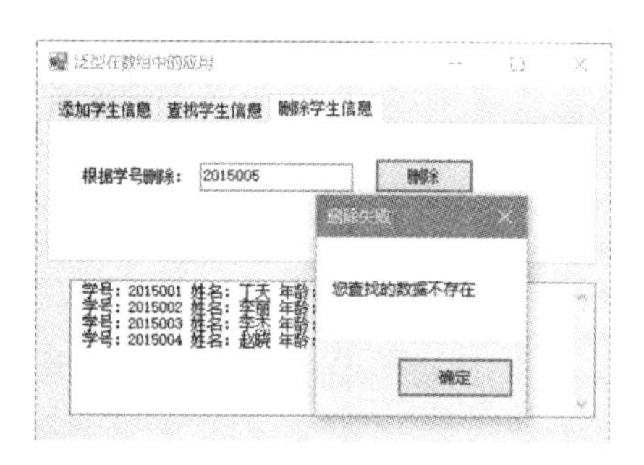

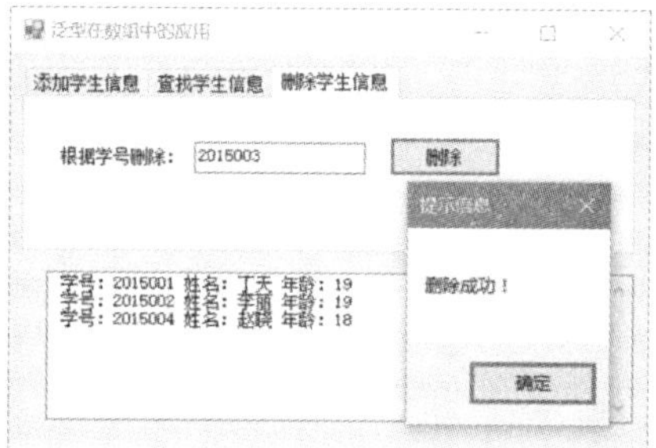

图 7－14　删除学生信息

思考与练习

1. 编写一个控制台应用程序，完成下列功能，并回答提出的问题。

（1）创建一个类 A，在构造函数中输出“A 的构造函数”；再创建一个类 B，在构造函数中输出“B 的构造函数”。

（2）从 A 继承一个名为 C 的新类，并在 C 内创建一个成员 B。不要为 C 创建构造函数。

（3）在 Main( ) 方法中创建类 C 的一个对象，写出运行程序后输出的结果。

（4）如果在 C 中也创建一个构造函数输出“C 的构造函数”，整个程序运行的结果又是什么？

2. 编写一个控制台应用程序，完成下列功能，并写出运行程序后输出的结果。

（1）创建一个类 A，在 A 中编写一个可以被重写的带 int 类型参数的方法 MyMethod，并在该方法中输出传递的整型值加 10 后的结果。

（2）再创建一个类 B，继承类 A，然后重写 A 中的 MyMethod 方法，调用 A 中 MyMethod 方法，然后加 50，并输出结果。

（3）在 Main( ) 方法中分别创建类 A 和类 B 的对象，并分别调用 MyMethod 方法。

3. 定义一个抽象的“Role”类，有姓名、年龄、性别等成员变量。

（1）要求尽可能隐藏所有变量（能够私有就私有，能够保护就不要公有），再通过属性对各变量进行读写。具有一个抽象的 play( ) 方法，该方法不返回任何值，同时至少定义两个构造方法。

（2）从 Role 类派生出一个“Employee”类，该类具有 Role 类的所有成员，并扩展 salary 成员变量，同时增加一个静态成员变量“职工编号（ID）”。要有至少两个构造方法；隐藏 play( ) 方法，并提供一个 sealed sing( ) 方法。

（3）定义汽车类“Vehicle”，包括品牌、颜色字段，并包括一个没有参数的构造函数、一个给两个字段赋值的构造函数。

（4）“Manager”类继承“Employee”类，有一个 final 成员变量“vehicle”。

（5）在 Main( ) 方法中制造 Manager 和 Employee 对象，并测试这些对象的方法。

4. 创建一个名称为 Vehicle 的接口，在接口中添加两个带有一个参数的方法 start( ) 和 stop( )。在两个名称分别为 Bike 和 Bus 的类中实现 Vehicle 接口。创建一个名称为 interfaceDemo 的类，在 interfaceDemo 的 main( ) 方法中创建 Bike 和 Bus 对象，并访问 start( ) 和 stop( ) 方法。

项目 8　常用控件

项目导读

在程序设计中，设计良好的用户交互界面是很重要的工作。C#提供了大量的控件，使用方便，避免了编写大量的代码进行界面设计。合理地利用这些控件，了解并掌握控件的常用属性和常用事件操作，以便使得 Windows 窗体应用程序设计变得更加轻松。

学习目标

（1）掌握菜单、工具栏控件的使用方法。

（2）掌握对话框的使用。

（3）掌握进度条、列表视图等控件的使用。

任务 8.1　菜单、工具栏

菜单与工具栏控件可以为较为复杂的 Windows 应用程序提供更加丰富的功能和更加简洁的户界面。

8.1.1　菜单 MenuStrip 控件

MenuStrip 控件主要用于生成所在窗体的主菜单，使用该控件可以轻松创建 Microsoft Office 中那样的菜单。MenuStrip 控件支持多文档界面（MDI）和菜单合并、工具提示和溢出。通过添加访问键、快捷键、选中标记、图像和分隔条，来增强菜单的可用性和可读性。

在窗体中添加该控件后，会在窗体的左上角出现菜单设计器，可以直接在此设计器上编辑各主菜单项及对应的子菜单项，也可以修改菜单项。

MenuStrip 控件常用的属性为 Items 属性：用于编辑菜单栏上显示的各菜单项。单击 Items 属性后的【…】按钮，弹出【项集合编辑器】，进行菜单项编辑。菜单项一般通过 Click 事件相应命令。双击菜单项，就可以编写 Click 事件。

MenuStrip 控件的 ContextMenuStrip 表示关联的上下文菜单。

MenuStrip 控件进行操作时，主要对菜单项 MenuStrip 控件的菜单项 ToolStripMenuItem 的 Click 事件进行操作，ToolStripMenuItem 的常用属性如下。

1）Checked 属性：指示当前的菜单项是否被选中。默认值为 false 时，表示未选中；为 true 时，为选中状态，会在菜单项前出现“✔”。

2）CheckOnClick 属性：决定单击菜单项时是否使其选中状态发生改变。默认值为 false，即单击菜单项不会改变 Checked 属性；当更改该属性值为 true 时，则每次单击菜单项都会影响其 Checked 属性，改变属性值，使其值在 false 和 true 之间切换。

3）CheckState 属性：指示菜单项的状态，指示 ToolStripMenuItem 处于选中、未选中还是不确定状态。共有三个属性值：Checked、Unchecked、Indeterminate，分别表示选中、未选中、不确定三种状态。

4）ShortcutKeys 属性：为菜单项指定的快捷键。单击该属性后的下拉按钮用于设置菜单项的快捷组合键。设置时，可以选择 Ctrl、Shift 和 Alt 三个功能键的任意组合（注意 Shift 键不能单独使用）作为修饰符。ShortcutKeys 属性所设置的快捷键无论菜单项是否可见都可以使用，使用快捷键调用菜单项的单击事件。

5）第三方 ShowShortcutKeys，获取或设置一个值，该值指示与菜单项关联的快捷键 ShortcutKeys 是否显示在菜单项旁边。

6）Visible 属性：指示是否隐藏菜单项。隐藏菜单项是控制应用程序的用户界面和限制用户命令的一种方法。通常地，当菜单上的所有菜单项都不可用时，需要隐藏整个菜单，这能减少对用户的干扰。此外，可能需要隐藏并禁用菜单或菜单项，因为仅通过隐藏不能防止用户使用快捷键访问菜单命令。

【例 8－1】使用 From 窗体的多文档界面（IsMdiContainer）属性及菜单完成窗体之间的切换，模拟实现学生信息管理系统实现以下操作（只设计窗体）：

（1）创建登录界面，实现学生根据学号与密码登录。

（2）添加用户注册的界面，用于模拟实现用户注册功能。若没有添加过学生信息，则添加学生信息；若学生信息已经存在，则注册用户。

（3）添加用户修改密码的功能，由于模拟实现用户密码修改。

（4）添加学生信息添加功能的界面。

（5）添加学生信息查询的功能。

（6）添加学生就业意向的界面，用于描述学生就业选择。

（7）添加主窗体，添加菜单项，把上述窗体关联起来，并设定菜单项的隐藏功能，学生没有登录成功时，除了“注册”功能可用，其他菜单项不可用，并设定多文档界面属性 IsMdiContainer 为 true，其余界面显示在窗体中。

程序实现步骤如下。

1）新建 Windows 窗体应用程序，设置项目名称为“exp08_ 01”，并设置解决方案的名称为“chapter08”，用于存放本项目的例题。

2）建立存放窗体的文件夹“Forms”，用于存放本例中的窗体。创建方法是选中项目，单击鼠标右键，在菜单项中选择“添加”→“新建文件夹”。

3）依次在文件夹中添加 Windows 窗体。添加登录窗体、学生信息添加窗体、注册窗体、修改密码窗体、学生信息查询窗体、就业意向调研窗体，并设置各窗体的控件显示。这里部分窗体的设置如图 8－1 所示。

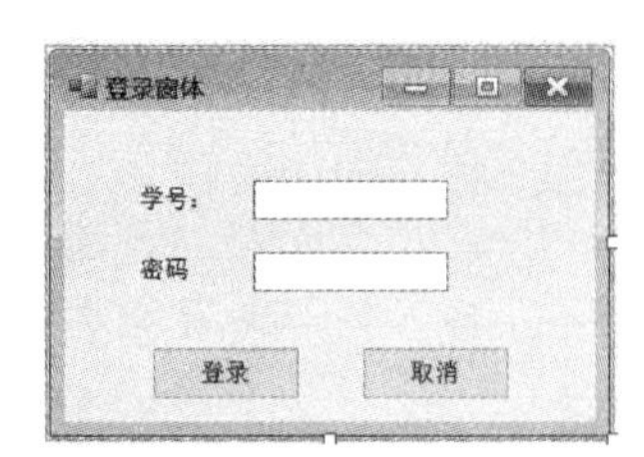

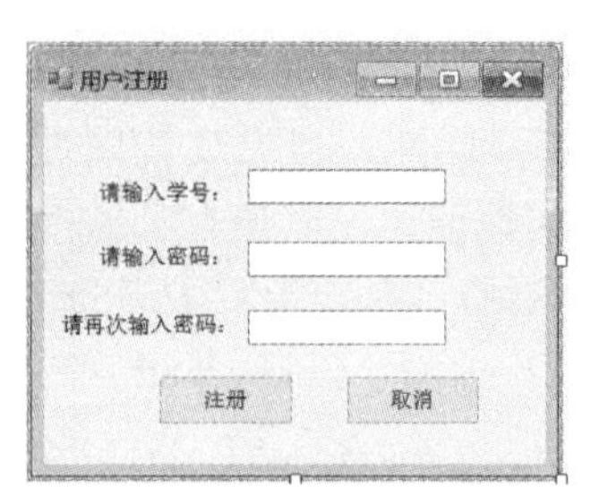

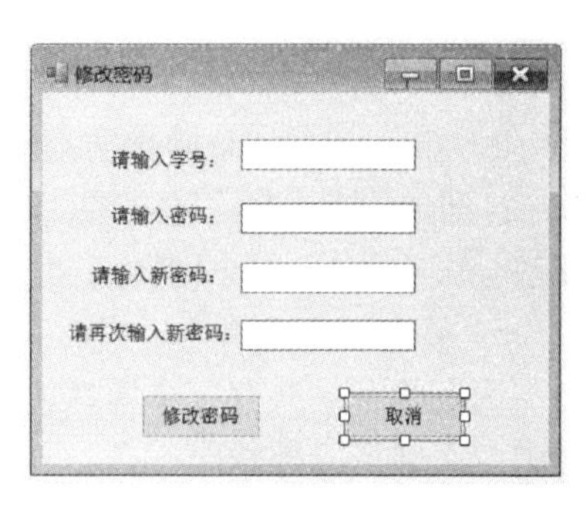

图 8－1　部分窗体设计

4）设置主窗体。在“Forms”文件夹中新建主窗体 MainFrm，用于放置菜单项，实现窗体之间的交互。设置窗体“WindowState”的属性值为“Maximized”，即运行时以最大化方式显示；设置窗体“IsMdiContainer”的属性值为“true”，表示该窗体关联其他子窗体。

5）添加菜单。在“工具箱”中选择“菜单和工具栏”选项卡，在 MainFrm 窗体上添加“MenuStrip”菜单“menuStrip1”，并依次添加菜单项，修改菜单项的 Text 属性。添加分割符只需要设置菜单项的 Text 属性“－”即可。设置菜单项“ShortcutKeys”快捷键属性，并设置“ShowShortcutKeys”为“true”。菜单设置完成后的主窗体如图 8－2 所示。

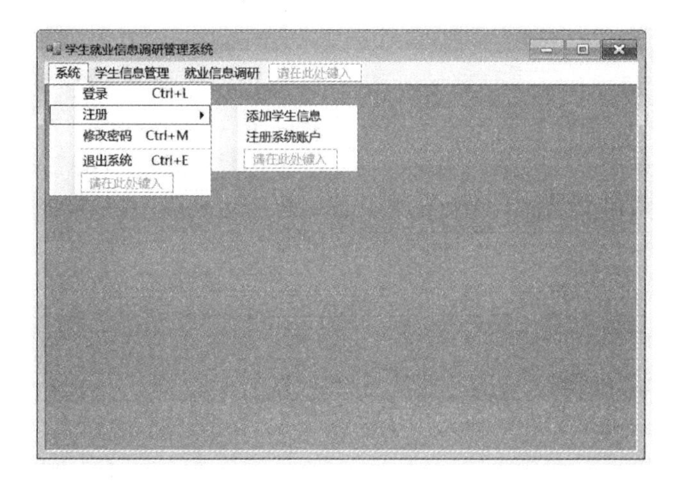

图 8－2　带有菜单的主窗体设计

6）编写菜单项的单击事件。每个菜单项用于一个子窗体的显示。双击菜单项或者在菜单项的事件选项卡上选择“Click”事件并双击，完成单击事件。这里介绍登录菜单项的实现，其余菜单项事件设计类似。登录菜单项的单击事件代码如下：

```
private void ToolStripMenuItemLogin_Click(object sender, EventArgs e)
{
    LoginFrm f = new LoginFrm();//实例化登录窗体
    f.MdiParent = this;//设定父窗体为 MainForm
    f.Show();//显示登录
}
```

“退出系统” 菜单项的事件代码如下：

```
private void ToolStripMenuItem5_Click(object sender, EventArgs e)
{
    Application.Exit();
}
```

7）修改 Program 中的 Main() 方法，设定程序从 MainFrm 运行，在窗体中添加 MainFrm 所在的命名空间，代码如下：

```
using exp08_01.Forms;
```

修改 Main()方法的代码如下：

```
static void Main()
{
    Application.EnableVisualStyles();
    Application.SetCompatibleTextRenderingDefault(false);
    Application.Run(new MainForm());//设定 MainFrm 为启动窗体,该窗体关闭时,系统退出
}
```

8）运行程序，系统运行界面将占满整个显示屏幕，单击菜单项或者使用快捷键，窗体将显示在主窗体内，如图 8－3 所示。

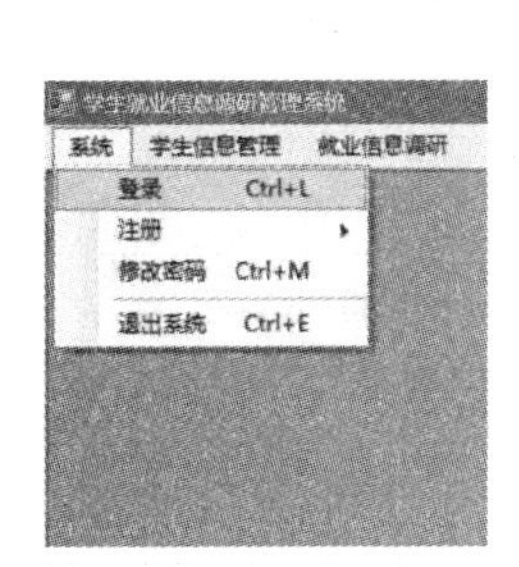

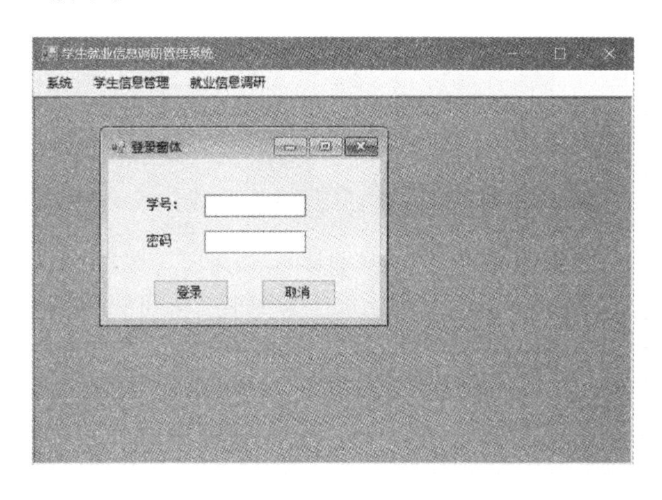

图 8－3　运行结果

通过本例可以看出，设置主窗体的多文档界面属性以及在窗体上设置菜单项可以实现多个窗体的交互，更好地完成复杂的功能。

当项目中有多个类或者多个窗体时，建议使用文件夹将它们分类，可以使得程序的框架更加清晰，不过要注意命名空间的应用及 Main() 方法的修改。

8.1.2　上下文菜单 ContextMenuStrip 控件

ContextMenuStrip 控件称为快捷菜单，也称为弹出式菜单、右键菜单或上下文菜单。

它具有下拉菜单的功能，但比下拉菜单使用起来更灵活、更方便，可以跟踪用户的操作。根据用户单击鼠标右键的位置，动态地调整菜单项的显示位置。

要在某个控件上显示 ContextMenuStrip 控件，需要设置该控件的 ContextMenuStrip 属性值为 ContextMenuStrip 对象。

ContextMenuStrip 控件常用的事件是 Click 事件，常用的属性是 Items 属性，用于编辑快捷菜单上的各菜单项。其编辑方式与 MenuStrip 控件的菜单项编辑相似，都是调用【项集合编辑器】来生成菜单项。

【例 8-2】在【例 8-1】的基础上，在 MainFrm 窗体上添加上下文菜单，用于显示登录及注册、退出系统的功能。

程序实现步骤如下。

1）在 MainFrm 中添加 ContextMenuStrip 控件 contextMenuStrip1，设置菜单项，如图 8-4所示。

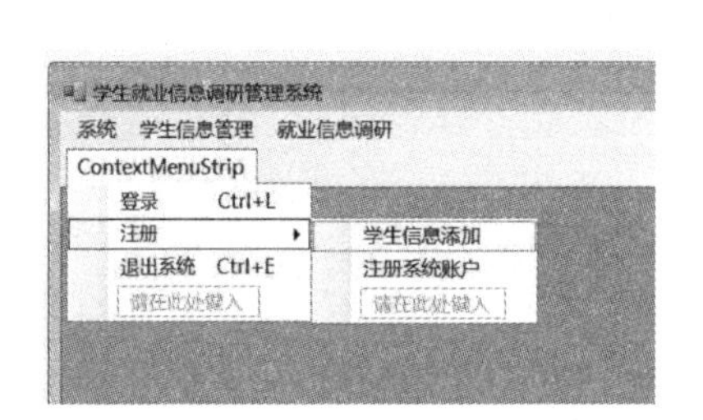

图 8-4　上下文菜单设计

图 8-5　菜单项 Click 事件选择

2）实现菜单事件。一般情况下，上下文菜单实现的功能与菜单项功能相同，可以在上下文菜单项的事件选项卡中选择 Click 事件为已经存在的事件，如图 8-5 所示。也可以编写事件代码，编写代码的方法与主菜单的菜单项相同。这里“登录”等选择与主菜单对应的菜单项的单击事件作为自身的事件调用。

3）设计上下文菜单的显示容器。这里将上下文菜单显示在 MainFrm 内，所以设计 MainFrm 的“contextMenuStrip”属性为“contextMenuStrip1”。

4）运行程序，在窗体 MainFrm 中单击鼠标右键，显示上下文菜单，单击菜单项或者使用快捷键，窗体将显示在主窗体内，如图 8-6 所示。

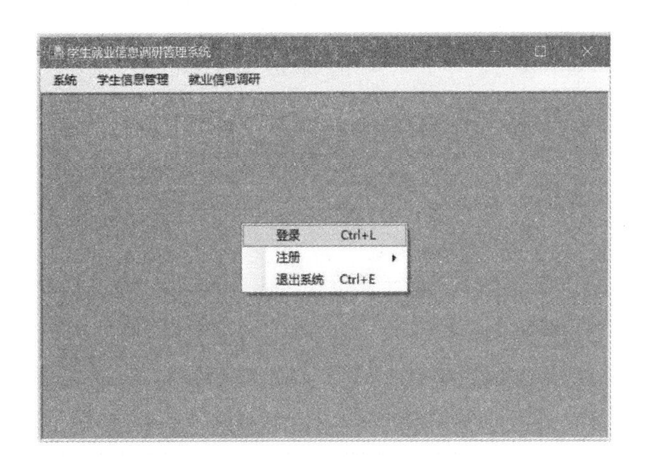

图8－6　上下文菜单设计运行结果

8.1.3　工具栏容器 ToolStripContainer 控件

当窗体除了菜单还有工具栏、状态栏等显示的元素，需要使用 ToolStripContainer 控件进行窗体的设计，该控件在“工具箱”的“菜单和工具栏”中，显示图标为“ToolStripContainer”。该控件放置在窗体上，会在 ToolStripContainer 控件的左侧、右侧、顶部和底部都有用来放置和漂浮 ToolStrip、MenuStrip 和 StatusStrip 控件的面板。

8.1.4　工具栏 ToolStrip 控件

工具栏控件 ToolStrip 在工具箱中显示为 ToolStrip图标，双击该图标可将控件添加到窗体上，工具栏缺省地出现在窗体的上方，也可以放在 ToolStripContainer 控件中。常用的属性 Items，保存着工具栏中的所有按钮对象，通过 Items 属性可以设置工具栏中的...按钮。Items 属性右侧的按钮，打开的“项集合编辑器”窗口可以编辑工具栏中的按钮。也可以在界面上选择需要添加的工具栏组件，如图8－7所示。可以添加的工具栏项有 Button、Label、SplitButton、DropDownButton、Separater、ComboBox、TextBox、ProgressBar 控件对象。每个工具栏的按钮常用的属性如下。

1）DisplayStyle 属性按钮标题的显示方式，值为 None 时，文本与图标都不显示；值为 Text 时，在按钮上显示文本；值为 Image 时，显示图片；值为 ImageAndText 时，文本与图标都显示。

2）Image 属性设置工具按钮上的显示图标。

3）Text 属性指定显示在按钮上的文本内容。

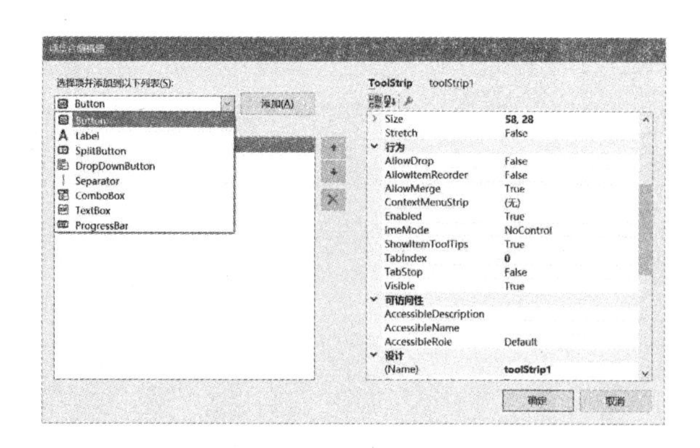

图 8－7　工具栏项

8.1.5　状态栏 StatusStrip 控件

StatusStrip 控件一般用于描述当前处理的状态，在状态栏中可以添加不同的显示方式，状态栏缺省地出现在窗体的下方，也可以放在 ToolStripContainer 控件中。常用的属性 Items，保存着状态栏中的所有对象，通过 Items 属性可以设置工具栏中的按钮。Items 属性右侧的...按钮，打开的“项集合编辑器”窗口可以编辑工具栏中的按钮。也可以在界面上选择需要添加的工具栏组件，如图 8－8 所示。项常用的属性与工具栏类似。

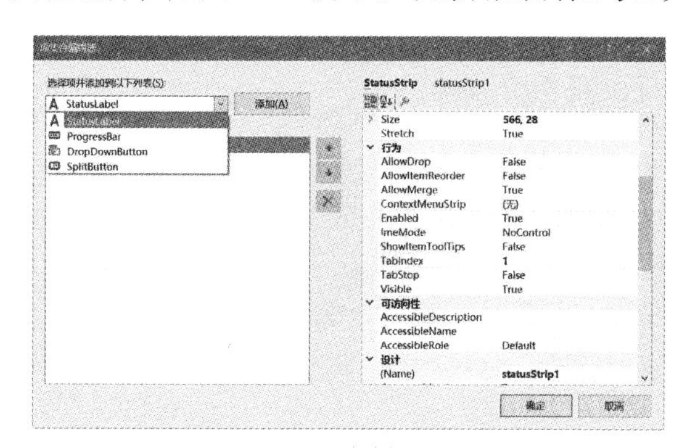

图 8－8　状态栏项

【例 8－3】使用工具栏容器、菜单、上下文菜单、工具栏、状态栏建立一个窗体，实现窗体大小、颜色、背景图片、透明度改变的功能。

程序实现步骤如下。

1）在项目解决方案“chapter08”中，新建 Windows 窗体应用程序，设置项目名称为“exp08_ 03”。

2）窗体设置。设置窗体 Form1 的 Text 属性为“菜单、工具栏、状态栏的应用”。

3）添加控件，编写代码。

① 在窗体上添加 ToolStripContainer 控件 toolStripContainer1，并且选择“在窗体中停靠”，添加后的窗体如图 8－9 所示。

图 8-9　添加 toolStripContainer1 后的窗体

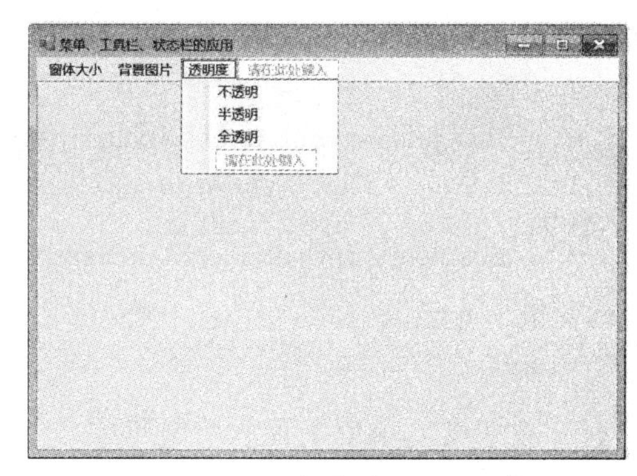

图 8-10　添加菜单项后的窗体

② 在 toolStripContainer1 上方添加菜单控件 menuStrip1，并依次添加菜单项“窗体大小”“背景图片”“透明度”，如图 8-10 所示。

在“窗体大小”菜单下有三个菜单“满屏显示”“中”“小”，分别双击菜单项，编写单击事件代码如下：

```
Yprivate void 满屏显示 ToolStripMenuItem_Click(object sender, EventArgs e)
{
    this. WindowState = System. Windows. Forms. FormWindowState. Maxi-
mized;
}
private void 中 ToolStripMenuItem_Click(object sender, EventArgs e)
{
    this. WindowState = System. Windows. Forms. FormWindowState. Normal;
}
private void 小 ToolStripMenuItem_Click(object sender, EventArgs e)
{
    this. Size = new System. Drawing. Size(300, 200);
}
```

在“背景图片”菜单下有三个菜单项“背景 1”“背景 2”“背景 3”，这里使用了工具栏容器，设置的背景图片为工具栏容器 toolStripContainer1 中内容面板 toolStripContainer1. ContentPanel 的背景图片，分别双击菜单项，编写单击事件代码如下：

```
private void 背景 1ToolStripMenuItem_Click(object sender, EventArgs e)
{
this. toolStripContainer1. ContentPanel. BackgroundImage = Image. FromFile("d:\
image\背景 1. jpg");
}
private void 背景 2ToolStripMenuItem_Click(object sender, EventArgs e)
{
this. toolStripContainer1. ContentPanel. BackgroundImage = Image. FromFile("d:\
```

```
image\背景 2. jpg");
            }
            private void 背景 3ToolStripMenuItem_Click(object sender, EventArgs e)
            {
        this. toolStripContainer1. ContentPanel. BackgroundImage = Image. FromFile("d:\
image\背景 3. jpg");
            }
```

在“透明度”菜单下有三个菜单项“不透明”“半透明”“全透明”，通过设置窗体的透明度属性 Opacity 的值改变窗体的透明度，分别双击菜单项，编写单击事件代码如下：

```
           private void 不透明 ToolStripMenuItem_Click(object sender, EventArgs e)
            {
              this. Opacity = 1.0;
            }
            private void 半透明 ToolStripMenuItem_Click(object sender, EventArgs e)
            {
              this. Opacity = 0.5;
            }
              private void 全透明 ToolStripMenuItem_Click(object sender, EventArgs e)
            {
              this. Opacity = 0;
            }
```

③ 添加工具栏。单击 toolStripContainer1 上方的“ ”折叠按钮，展开上方区域，放置工具栏控件 toolStrip1，窗体大小使用按钮描述，并设定按钮的“DisplayStyle”为“Text”，添加 toolStripButton1、toolStripButton2、toolStripButton3，设置文本属性为“大”“中”“小”；添加用于描述背景色的工具按钮 SplitButton 为 toolStripSplitButton1 选择一个图标显示，在该按钮下有三个选择按钮，背景 1ToolStripMenuItem1、背景 2ToolStripMenuItem1、背景 3ToolStripMenuItem1，设置“Text”属性分别为“背景 1”“背景 2”“背景 3”；添加用于描述透明度的工具栏控件 ComboBox 的 toolStripComboBox1，并在“Items”属性中添加数据“不透明”“半透明”“全透明”。

为描述窗体大小的工具栏按钮、描述背景图片的 SplitButton 按钮选择与相关菜单项的单击事件，如图 8-11 所示。

图 8－11　事件选择

为透明度的 ComboBox 工具栏控件 toolStripComboBox1 添加 SelectedIndexChanged 事件，即在 toolStripComboBox1 控件属性选项卡中单击“⚡”图标，在事件列表中选择 SelectedIndexChanged，然后在其后面的可编辑区域双击，为 SelectedIndexChanged 事件添加代码，代码如下：

```
private void toolStripComboBox1_SelectedIndexChanged(object sender, EventArgs e)
{
    if (toolStripComboBox1.SelectedIndex == 0)
    {
        this.Opacity = 1.0;
    }
    else if (toolStripComboBox1.SelectedIndex == 1)
    {
        this.Opacity = 0.5;
    }
    else if(toolStripComboBox1.SelectedIndex == 2)
    {
        this.Opacity = 0;
    }
}
```

④ 添加状态栏。单击 toolStripContainer1 下方的“▲”折叠按钮，展开下方区域，放置工具栏控件 statusStrip1，添加三个用于显示窗体大小、背景图片、透明度的 toolStripStatusLabel1 组件、toolStripStatusLabel2 组件、toolStripStatusLabel3 组件，并且在表示窗体菜单项事件中分别按照“大”“中”“小”的顺序添加以下代码：

```
toolStripStatusLabel1.Text = "窗体大小为满屏";
toolStripStatusLabel1.Text = "窗体大小为中";
toolStripStatusLabel1.Text = "窗体大小为小";
```

在表示窗体背景的菜单项事件按照“背景 1”“背景 2”“背景 3”的顺序添加以下

代码：

```
toolStripStatusLabel2. Text = "窗体背景为背景 1";
toolStripStatusLabel2. Text = "窗体背景为背景 2";
toolStripStatusLabel2. Text = "窗体背景为背景 3";
```

在表示透明度的菜单事件中按照“不透明”“半透明”“全透明”分别添加以下代码：

```
toolStripStatusLabel3. Text = "窗体不透明";
toolStripStatusLabel3. Text = "窗体半透明";
toolStripStatusLabel3. Text = "窗体全透明";
```

在表示 toolStripComboBox1 控件的 SelectedIndexChanged 事件中添加如下代码：

```
toolStripStatusLabe - l3. Text = "窗体" + toolStripComboBox1. SelectedItem. ToString( );
```

设置完毕的窗体如图 8 - 12 所示。

4）将该项目设为启动项目，运行程序，可以通过菜单栏与工具栏对窗体进行操作，并且在状态栏中显示当前窗体的状态。运行结果如图 8 - 13 所示。

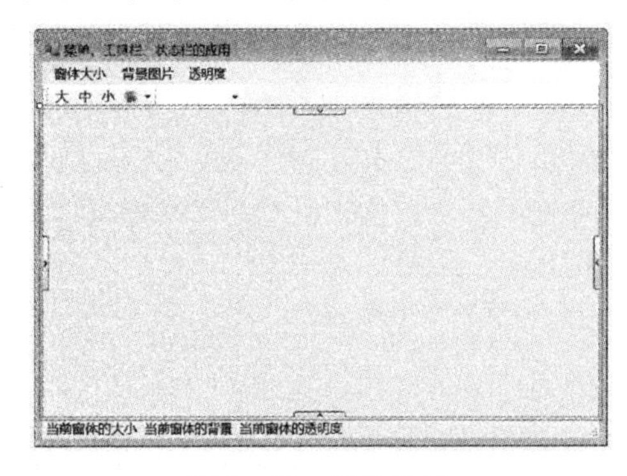

图 8 - 12　窗体设计

图 8 - 13　程序运行结果

任务 8. 2　通用对话框

对话框是一个窗口，它不但可以接受消息，而且可以被移动和关闭，还可以在它的客户区中进行绘图操作。在. NET 中提供了一些类描述 Windows 应用程序中各种对话框的实现，通过使用对话框，使程序提供给的用户界面更友好。

8. 2. 1　模式对话框与非模式对话框

显示 Windows 窗体有两种方法，一种是打开窗体后，只能在当前窗体上进行操作，不能切换到其他窗体，这种显示方式称为模式对话框显示。OpenFileDialog 对话框、SaveFile-Dialog 对话框、MessageBox 对话框，以及 FontDialog 对话框、ColorDialog 对话框的显示都是模式对话框显示。若要显示的窗体类为 Form1，则下面的代码实现窗体的模式显示：

```
Form1 f = new Form1( );
f. ShowDialog( );
```

另一种显示方法是，当窗体运行时，用户可以把焦点从当前窗体上移开，切换到其他窗体，这种显示方式称为非模式对话框显示。若要显示的窗体类为 Form1，则下面的代码

实现窗体的非模式显示：

```
Form1 f = new Form1();
f.Show();
```

8.2.2　MessageBox 对话框

MessageBox 类提供静态方法 Show 显示消息框。消息框一般用于程序运行过程中显示提示或信息，可以有不同格式的消息框。C#中通过 MessageBox 类定义 21 个静态方法 Show 显示不同种类的消息框，常用的消息框如下。

1. 显示指定文本的消息框

格式如下：

public static DialogResult Show(string);

string 参数用于描述要显示的文本。该方法默认情况下，没有标题，只显示文本信息。消息框显示一个“确定”按钮。消息框的标题栏中无标题。在程序中编写代码如下：

```
MessageBox.Show("请正确输入密码!");
```

运行结果如图 8-14 所示。

图 8-14　简单消息框

图 8-15　有标题的消息框

2. 显示指定文本和标题的消息框

格式如下：

public static DialogResult Show(string, string);

其中第一个 string 参数用于显示文本信息，第二个 string 参数用于显示消息框的标题。在程序中编写代码如下：

```
MessageBox.Show("请正确输入密码!","提示");
```

运行结果如图 8-15 所示。

3. 显示具有指定文本、标题和按钮的消息框

格式如下：

public static DialogResult Show(string, string, MessageBoxButtons);

其中第一个 string 参数用于显示文本信息，第二个 string 参数用于显示消息框的标题，MessageBoxButtons 用于描述显示的按钮，值必须是 MessageBox 类中按钮的枚举类型中的一个，枚举类型的按钮如表 8-1 所示。

表 8 –1　按钮枚举类型

成员名称	说明
AbortRetryIgnore	消息框包含“中止”、“重试”和“忽略”三个按钮
OK	消息框仅包含“确定”按钮
OKCancel	消息框包含“确定”和“取消”两个按钮
RetryCancel	消息框包含“重试”和“取消”两个按钮
YesNo	消息框包含“是”和“否”两个按钮
YesNoCancel	消息框包含“是”、“否”和“取消”三个按钮

在这种格式的消息框中，需要使用 DialogResult 类型的变量，从 MessageBox. show( ) 方法接受消息对话框的返回值。至于 MessageBox. Show( ) 的返回值是 Yes、No、Ok 还是 Cancel，那需要自己在 Show( ) 方法中对它可以显示的选择按钮进行设置。在程序中编写代码如下：

```
MessageBox. Show( "请正确输入密码!" , "提示" , MessageBoxButtons. YesNoCancel) ;
```

运行结果如图 8 –16 所示。

图 8 –16　含有选择按钮的消息框

通常情况下，这类对话框需要用于判断操作的按钮，类似代码如下：

```
if( MessageBox. Show( "请正确输入密码!" , "提示" , MessageBoxButtons.
YesNoCancel) = = DialogResult. OK)
{
……
}
```

4. 添加图标的消息框。

添加图标的消息框格式如下：显示具有指定文本、标题、按钮和图标的消息框。

```
public static DialogResult Show( string, string, MessageBoxButtons, MessageBoxIcon) ;
```

添加图标的消息框根据 MessageBoxIcon 枚举类型确定的，枚举类型中的成员描述如表 8 –2 所示。

表 8－2　MessageBoxIcon 枚举类型

图标	图标	说明
Asterisk		该消息框包含一个符号，该符号是由一个圆圈及其中的小写字母 i 组成的
Error		该消息框包含一个符号，该符号是由一个红色背景的圆圈及其中的白色 X 组成的
Exclamation		该消息框包含一个符号，该符号是由一个黄色背景的三角形及其中的一个感叹号组成的
Hand		该消息框包含一个符号，该符号是由一个红色背景的圆圈及其中的白色 X 组成的
Information		该消息框包含一个符号，该符号是由一个圆圈及其中的小写字母 i 组成的
None		消息框未包含符号
Question		该消息框包含一个符号，该符号是由一个圆圈和其中的一个问号组成的
Stop		该消息框包含一个符号，该符号是由一个红色背景的圆圈及其中的白色 X 组成的
Warning		该消息框包含一个符号，该符号是由一个黄色背景的三角形及其中的一个感叹号组成的

此类消息框的用法不变，同样需要使用 DialogResult 类型的变量，从 MessageBox. Show( ) 方法接受消息对话框的返回值。如以下代码运行结果如图 8－17 所示。

```
MessageBox. Show( "请正确输入密码!"," 提示",
MessageBoxButt－ons. YesNoCancel,MessageBoxIcon. Warning);
```

图 8－17　带图标的消息框

8. 2. 3　FontDialog 字体对话框

字体对话框用于设置字体以及各种效果，可以通过 FontDialog 选择字体的相关属性。Font 属性用于获取字体属性信息，当属性 ShowColor 为 true 时，Color 属性是与字体先关联的字体颜色，即可以设置字体的颜色。

调用该对话框的 ShowDialog 方法，若用户在对话框中单击【确定】，则返回结果为 DialogResult. OK，否则为 DialogResult. Cancel。如以下代码可以改变 textBox1 中字体及字体颜色。运行结果如图 8－18 所示。

```
FontDialog fontDialog1 = new FontDialog( );
fontDialog1. ShowColor = true;
fontDialog1. Font = textBox1. Font;
fontDialog1. Color = textBox1. ForeColor;
if (fontDialog1. ShowDialog( ) ! = DialogResult. Cancel)
{
    textBox1. Font = fontDialog1. Font;
    textBox1. ForeColor = fontDialog1. Color;
}
```

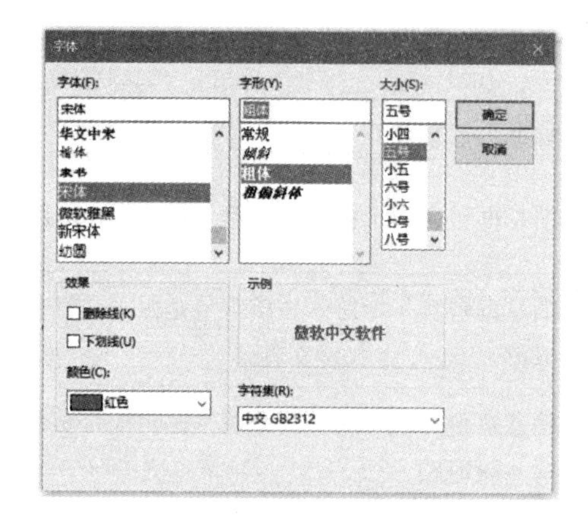

图 8－18　带图标的消息框

8. 2. 4　ColorDialog 颜色对话框

颜色对话框最重要的属性为 Color，用于获取对应的颜色。调用该对话框的 ShowDialog 方法，若用户在对话框中单击【确定】，则返回结果为 DialogResult. OK，否则为 DialogResult. Cancel。

【例 8－4】使用字体对话框改变字体与字体的颜色，使用颜色对话框改变窗体的背景色。

程序实现步骤如下。

1）在项目解决方案“chapter08”中，新建 Windows 窗体应用程序，设置项目名称为“exp08_ 04”。

2）窗体设置。设置窗体 Form1 的 Text 属性为“对话框的使用”。添加 richTextBox1 控件用于编辑文字；在“工具箱”中的“对话框”控件中，添加 ColorDialog 颜色对话框 colorDialog1；添加 ontDialog1 字体对话框控件 fontDialog1；添加两个按钮“改变字体”“改变背景颜色”实现信息交互。

3）代码设计。

“改变字体”单击事件的代码如下：

```
private void button1_Click(object sender, EventArgs e)
{
    fontDialog1.ShowColor = true;
    fontDialog1.Font = this.richTextBox1.Font;
    fontDialog1.Color = this.richTextBox1.ForeColor;
    if (fontDialog1.ShowDialog() != DialogResult.Cancel)
    {
        this.richTextBox1.Font = fontDialog1.Font;
        this.richTextBox1.ForeColor = fontDialog1.Color;
    }
}
```

“改变背景颜色”的单击事件代码如下：

```
private void button2_Click(object sender, EventArgs e)
{
    if (colorDialog1.ShowDialog() == DialogResult.OK)
    {
        this.BackColor = colorDialog1.Color;
    }
    else
    {
        MessageBox.Show("您没有选择窗体的背景颜色!", "提示");
    }
}
}
```

4）运行程序。在窗体中粘贴文字到 richTextBox1 中，如图 8－19 所示。然后单击“改变字体及字体颜色”，弹出字体对话框，进行设计，如图 8－20 所示，单击“确定”，窗体界面如图 8－21 所示；然后单击“改变窗体背景颜色”，弹出颜色对话框，选择紫色，如图 8－22 所示，单击“确定”，窗体的运行结果如图 8－23 所示。

图 8－19　粘贴文字的窗体

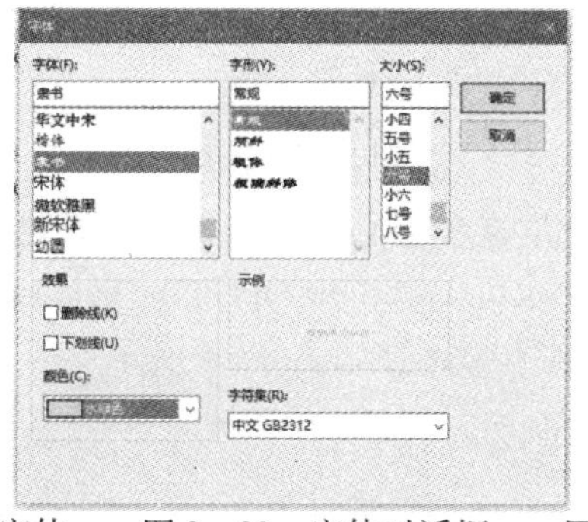

图 8－20　字体对话框

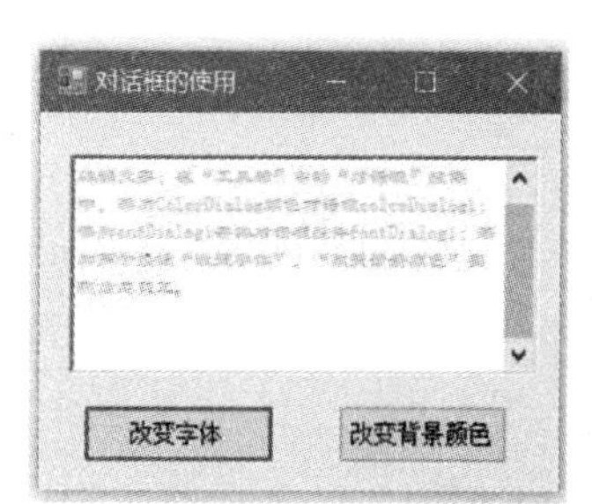

图 8－21　改变字体及字体颜色结果

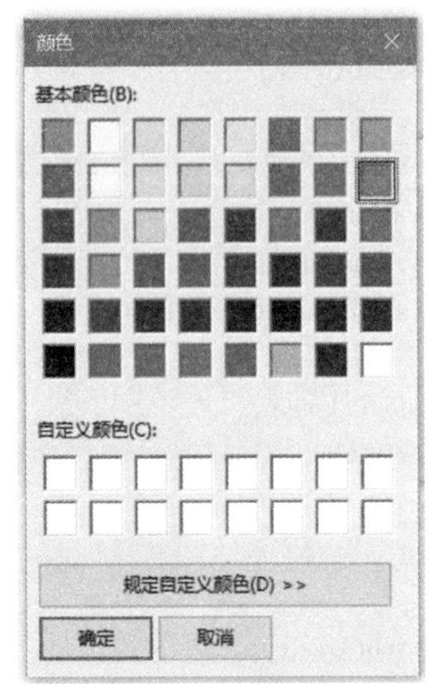

图 8－22　颜色对话框

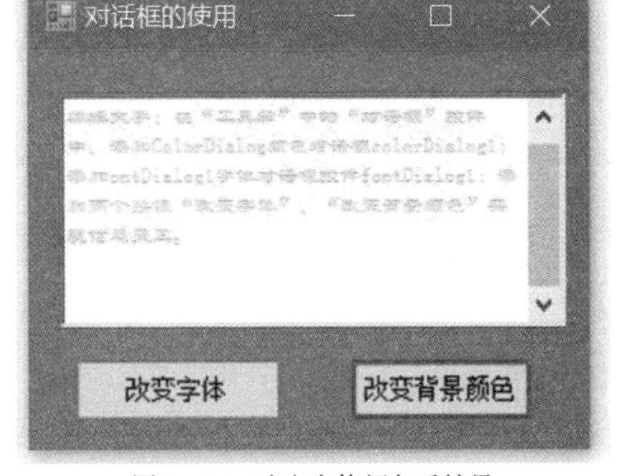

图 8－23　改变窗体颜色后结果

8.2.5　FolderBrowserDialog 选择文件夹控件

FolderBrowserDialog 控件用于显示用户选择文件夹的对话框。该类为密封类，提供唯一的构造方法，实例化对象代码如下：

```
FolderBrowserDialog folderBrowserDialog1 = new FolderBrowserDialog();
```

FolderBrowserDialog 控件常用的属性为“RootFolder”，用获取或设置从其开始浏览的根文件夹；“SelectedPath”属性，用于获取或设置用户选定的路径；“Description”属性，用于获取或设置对话框中在树视图控件上显示的说明文本。通常在创建新的 FolderBrowserDialog 后，将 RootFolder 设置为开始浏览的位置，或者将 SelectedPath 设置为最初选定的 RootFolder 子文件夹的绝对路径。也可以选择设置 Description 属性为用户提供附加说明。

FolderBrowserDialog 类常用的方法为 ShowDialog，显示文件选择对话框，提示用户浏览、创建并最终选择一个文件夹。只能选择文件系统中的文件夹，不能选择虚拟文件夹。只允许用户选择文件夹而非文件。文件夹的浏览通过树控件完成。若用户在对话框中单击【确定】按钮，则对话框返回结果为 DialogResult.OK，否则为 DialogResult.Cancel。

8.2.6　OpenFileDialog 选择文件对话框

OpenFileDialog 用于显示用户选择文件的对话框，使用此类可检查某个文件是否存在并打开该文件。该类只含有一个没有参数的构造函数，实例化对象代码如下：

```
OpenFileDialog openFileDialog1 = new OpenFileDialog ( ) ;
```

OpenFileDialog 对话框常用的属性如表 8－3 所示。

表 8－3　选择文件对话框常用的属性

属性名称	作用
InitialDirectory	设置在对话框中显示的初始化目录
Filter	设定对话框中过滤文件字符串
FilterIndex	设定显示的过滤字符串的索引
RestoreDirectory	布尔型，设定是否重新回到关闭此对话框时候的当前目录
FileName	设定在对话框中选择的文件名称
ShowHelp	设定在对话框中是否显示“帮助”按钮
Title	设定对话框的标题
ShowReadOnly	确定是否在对话框中显示只读复选
ReadOnlyChecked	指示是否选中只读复选框

OpenFileDialog. Filter 属性，获取或设置指定要在 OpenFileDialog 中显示的文件类型和说明的筛选器字符串。如示例将 Image Files(＊. bmp，＊. jpg)添加到下拉列表中，并在选择时显示. bmp 和. jpg 文件，则

openFileDialog1. Filter = “Image Files(＊. bmp，＊. jpg) | ＊. bmp; ＊. jpg”

如果是多个筛选选项用竖线分隔。例如：

openFileDialog1. Filter =“Text Files(＊. txt) | ＊. txt| All Files（＊. ＊）| ＊. ＊”

调用 OpenFileDialog 类的 ShowDialog 方法，可以打开对话框，提示用户打开文件。若用户在对话框中单击【打开】，则返回结果为 DialogResult. OK，否则为 DialogResult. Cancel。

8. 2. 7　SaveFileDialog 保存文件对话框

SaveFileDialog 控件用于显示用户保存文件的对话框，提示用户选择文件的保存位置。使用此类可以打开和改写现有文件，也可以创建新文件。该对话框的 Filter 属性与 OpenFileDialog 对话框一致。常用的属性如表 8－4 所示。保存文件对话框只有一个没有参数的构造函数，下列代码是创建一个此类的对象：

SaveFileDialog saveFileDialog1 = new SaveFileDialog( ) ;

表 8－4　保存文件对话框常用的属性

属性名称	作用
InitialDirectory	设置在对话框中显示的初始化目录
Filter	设定对话框中过滤文件字符串
FilterIndex	设定显示的过滤字符串的索引
RestoreDirectory	布尔型，设定是否重新回到关闭此对话框时候的当前目录
FileName	设定在对话框中选择的文件名称
ShowHelp	设定在对话框中是否显示“帮助”按钮
Title	设定对话框的标题

任务8.3 其他常用控件

8.3.1 TrackBar 滑块控件

TrackBar 控件，也称为滑块控件，由一个滑块栏和一组刻度组成，用户可用鼠标或者方向键滑动滑块，从而改变对应的刻度值。常用的属性如表 8-5 所示。

表 8-5 TrackBar 控件常用的属性

属性名称	作用
Value	获取当前滑块对应的刻度值，int 类型
Minimum	表示滑块滑动的最小刻度值，默认为 0
Maximum	表示滑块滑动的最大刻度值，默认为 10
SmallChange	表示滑块滑动的最小步长，默认为 1
LargeChange	表示滑块滑动的最大步长，默认为 5
Orientation	表示控件的方向。值为 Horizontal，表示水平方向；值为 Vertical，表示垂直方向
TickStyle	表示刻度线显示的位置。值为 None，不显示刻度线；值为 TopLeft，刻度线位于顶部或左边；值为 BottomRight，刻度线位于底部或右边；值为 Both，刻度线位于滑块的两侧

8.3.2 ProgressBar 进度条控件

ProgressBar 控件称为进度条控件，通过显示一系列水平排列的实心矩形来指示进度。操作完成，进度条被填满。常用的属性如表 8-6 所示。

表 8-6 ProgressBar 控件常用的属性

属性名称	作用
Value	表示当前的进度，int 类型
Step	表示进度条的步长，默认值为 10
Minimum	表示 Value 最小值，默认为 0
Maximum	用于表示 Value 最大值，默认为 100

8.3.3 滚动条控件

滚动条有两个控件：水平滚动条 HScrollBar 和垂直滚动条 VScrollBar，常用的属性如表 8-7 所示。

表 8 -7　滚动条常用的属性

属性名称	作用
Value	表示滚动条的位置，int 类型
Minimum	表示滚动条滚动范围的下限，默认为 0
Maximum	表示滚动条滚动范围的上限，默认为 100
SmallChange	表示滚动条的最小步长，默认为 1
LargeChange	表示滚动条的最大步长，默认为 10

【例 8 -5】计算 1！ +2！ +…+n！，其中 n≤10。在窗体中显示滑块控件实现 n 值的选择、水平滚动条控件描述里层循环的运行情况，每次根据情况改变滚动条的最大值、进度条控件描述完成循环的运行进度情况，进度条的最大值为 n * 10。

程序是实现步骤如下。

1）在项目解决方案“chapter08”中，新建 Windows 窗体应用程序，设置项目名称为“exp08_ 05”。

2）窗体设置。在窗体上添加滑块控件 trackBar1，最大值为 10，SmallChange 为 1；水平滚动条控件 hScrollBar1，进度条控件 progressBar1、hScrollBar1；progressBar1 与 - hScrollBar1 的 Value 值可变，通过代码编写赋值；添加标签控件、按钮控件，窗体设计如图 8 -24所示。

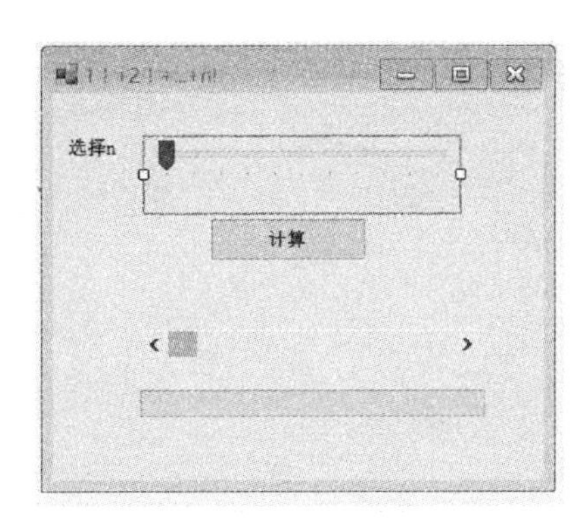

图 8 -24　窗体设计

3）代码编写。滑块控件 trackBar1 用于选择 n，hScrollBar1 用于显示里层循环的执行情况，progressBar1 用于显示外层循环的执行情况。并且为了观察程序的运行情况，在里层计算阶乘时添加 Thread. Sleep(100)，让程序睡眠 0. 1 秒。按钮的单击事件代码如下：

```
private void button1_Click_1(object sender, EventArgs e)
{
    this.progressBar1.Value = 0;
    this.hScrollBar1.Value = 0;
```

```
int n = this.trackBar1.Value;
this.progressBar1.Maximum = n * 10;
int sum = 0, sum1 = 1;
for(int k =1;k < =n;k + +)
{
    sum1 = 1;
    this.hScrollBar1.Maximum = k * 10;
    for (int m =1;m < =k;m + +)
    {
        Thread.Sleep(100);//为了等待时间,休眠0.1秒,方便观察控件变化
        sum1 = sum1 * m;
        hScrollBar1.Value = m * 10;
    }
    hScrollBar1.Value = 0;
    this.progressBar1.Value + = 10;
    sum = sum + sum1;
}
```

4）将该项目设为启动项目，运行程序，改变滚动条的位置，单击“计算”，观察窗体运行的变化。运行结果如图 8 – 25 所示。

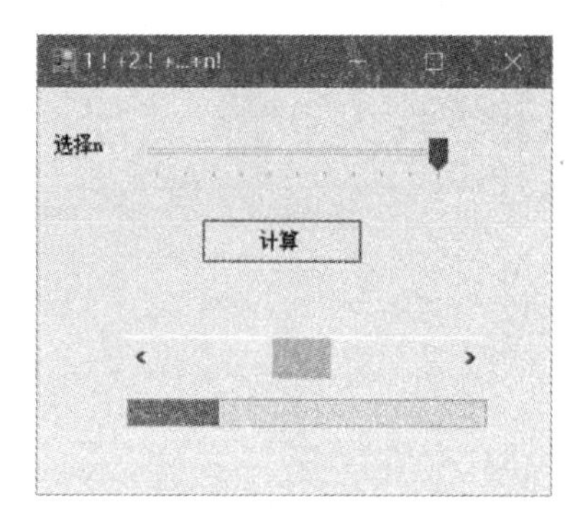

图 8 – 25　程序运行结果

8.3.4　ListView 控件

ListView 控件，也称为列表视图控件，用列表的形式显示一组数据，每项数据都是一个 ListItem 类型的对象，称之为项，同时每个项还可能会有多个描述的子项。一般使用 ListView来显示对数据库的查询结果，常用的属性如表 8 – 8 所示。

表8-8　ListView控件常用的属性

属性名称	作用
Activation	指定用户激活列表中某一项的动作。该属性共有 Standard、OneClick 和 TwoClick 三个选项，分别表示以默认、单击和双击的方式激活某一项，触发 ItemActivate 事件
Alignment	获取或设置控件中项的对齐方式
LabelEdit	该值指示用户是否可以编辑控件中项的标签
CheckBoxes	获取或设置一个值，该值指示控件中各项的旁边是否显示复选框
DataBindings	为该控件获取数据绑定
Items	获取包含控件中所有项的集合
MultiSelect	获取或设置一个值，该值指示是否可以选择多个项
SelectedItems	获取在控件中选定的项
Sorting	获取或设置控件中项的排序顺序。该属性共有三个选项：None、Ascending 和 Descending，分别表示不排序、按升序排序和按降序排序
View	获取或设置项在控件中的显示方式。Large Icons（大图标）、Small Icons（小图标）、List（列表）、Details（详细列表）

常用的基本事件如下。

1）AfterLabelEdit 事件：当用户编辑项的标签时发生。

2）BeforeLabelEdit 事件：当用户开始编辑项的标签时发生。

3）Click 事件：在单击控件时发生。

4）ColumnClick 事件：当用户在列表视图控件中单击列标题时发生。

5）ItemActivate 事件：当列表中某项被激活时发生。

6）ItemChecked 事件：当某项的选中状态更改时发生。

8.3.5　ChickListBox 控件

CheckedListBox 控件，称为复选框列表控件，它提供一个复选框列表。如果需要的复选框选项较多时，使用此控件比较方便。常用的属性如表8-9所示。

表8-9　CheckedListBox 常用属性

属性名称	作用
Items	字符串集合编辑器，用于设计控件对象中的选项
MutiColumn	是否可以以多列的形式显示各项
ColumnWidth	当控件 MutiColumn 属性为 true 时，指定各列所占的宽度
CheckOnClick	决定是否在第一次单击某复选框时即改变其状态
SelectionMode	指示复选框列表控件的可选择性。None 值表示复选框列表中的所有选项都处于不可选状态，One 值则表示复选框列表中的所有选项均可选
Sorted	表示控件对象中的各项是否按字母的顺序排序显示

8.3.6 TreeView 控件

TreeView 控件，称为树形视图控件，主要用于显示具有树形层次结构的数据，类似于 Windows 操作系统的树形文件目录。常用的属性如表 8－10 所示。

表 8－10 TreeView 控件的常用属性

属性名称	作用
Nodes	用于编辑 TreeView 控件中的各级节点
CheckBoxes	决定是否在每个节点旁显示复选框，值为 true 显示复选框
ImageList	指定各节点可以使用的图标集合
ImageIndex	TreeView 控件中各节点的默认图标在指定 ImageList 中的索引

【例 8－6】通过班级选择了解 CheckedListBox 与 TreeView 控件的使用。

程序实现步骤如下。

1）在项目解决方案“chapter08”中，新建 Windows 窗体应用程序，设置项目名称为“exp08_ 06”。

2）窗体设置。在窗体中添加 checkedListBox1 控件与 treeView1 控件，添加 imageList1 控件，并为单击 ImageList1 属性中 images 属性添加已经存在的图标图片。

设定 checkedListBox1 的 CheckOnClick 属性为 true，Items 属性设计如图 8－26 所示。

图 8－26 checkedListBox1 的 Items 设计

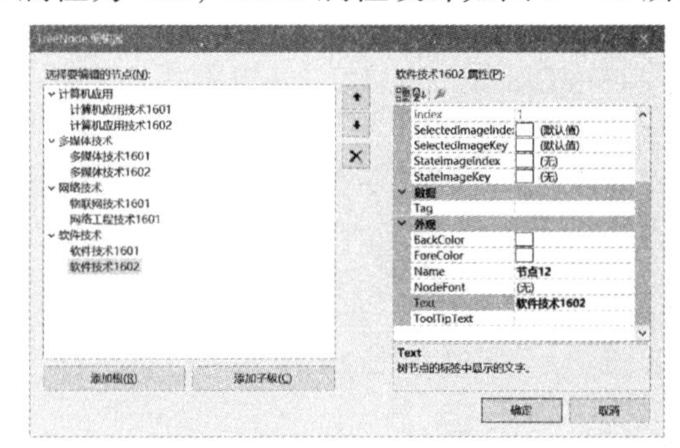

图 8－27 treeView1 的 Nodes 设计

设定 treeView1 控件的 CheckBoxes 为 true，单击属性进行设计，如图 8－27 所示。

添加 Button 控件 button1、button2。窗体设计如图 8－28 所示。

图 8－28 窗体设计

3）代码设计。选择 checkedListBox1 中的课程实现按钮 button1 “选择班级” 的单击事件如下：

```
private void button1_Click(object sender, EventArgs e)
{
    string s = null;
    foreach (object itemChecked in checkedListBox1.CheckedItems)
    {
        s += itemChecked.ToString() + " ";
    }
    MessageBox.Show(s, "已经选择班级");
}
```

选择 treeView1 中的课程，button2 的单击事件代码如下：

```
private void button2_Click(object sender, EventArgs e)
{
    string s = null;
    for (int k = 0; k < treeView1.Nodes.Count; k++)
    {
        if (treeView1.Nodes[k].Checked)
        {
            for (int i = 0; i < treeView1.Nodes[k].Nodes.Count; i++)
            {
                if (treeView1.Nodes[k].Nodes[i].Checked)
                {
                    s = s + treeView1.Nodes[k].Nodes[i].Text + " ";
                }
            }
        }
    }
    MessageBox.Show(s, "已经选择的班级");
}
```

4）将该项目设为启动项目，运行程序，选择 checkedListBox1 中的班级名称，单击 button1 的运行结果如图 8－29 所示；选择 treeView1 中的课程，单击 button2 的结果如图 8－30所示。

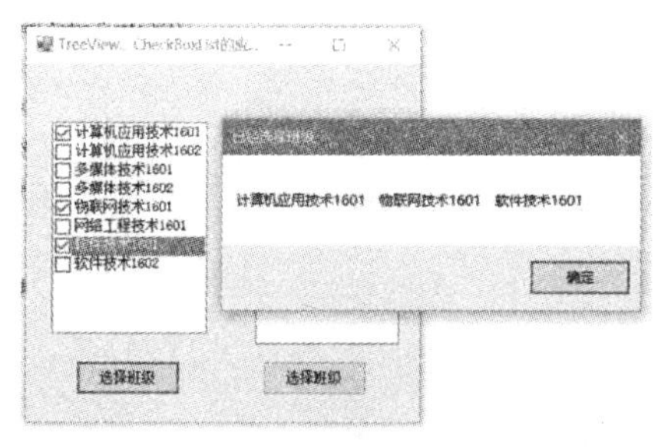

图 8－29　选择 checkedListBox1 班级

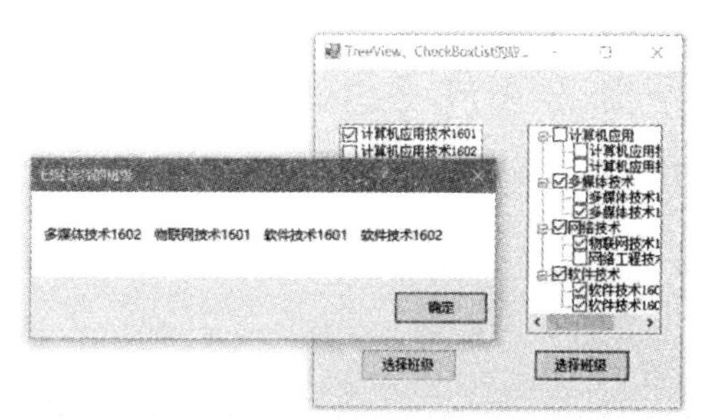

图 8－30　选择 treeView1 专业

思考与练习

1. Windows 应用程序的菜单通常由哪些部分组成?

2. 简述工具栏的创建步骤。

3. 怎样将一个快捷菜单绑定到一个文本框控件 TextBox1 上?

4. 创建一个窗体。添加菜单项与 RichTextBox 控件，模拟记事本界面。

5. 设计【例 8－1】学生信息添加界面，如图 8－31 所示。

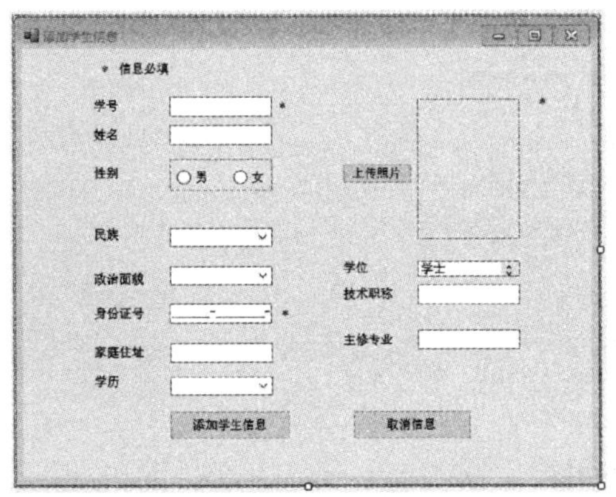

图 8－31　添加学生信息

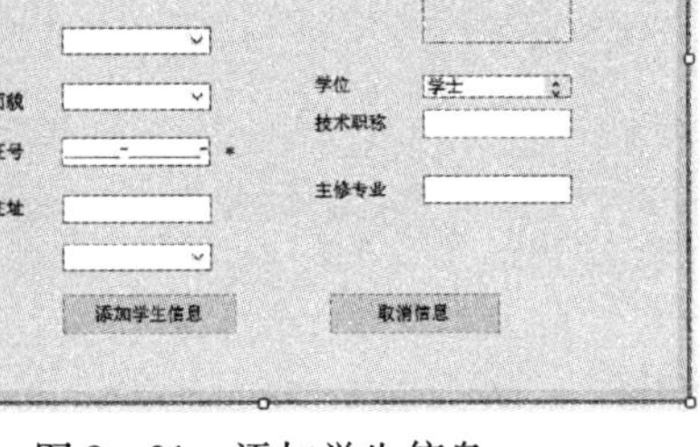

图 8－32　就业意向调研

6. 设计【例 8－1】中就业信息调研界面，如图 8－32 所示。

7. 试利用 TreeView、ListView 等控件实现一个类似“资源管理器”的文档管理程序，用于查看 C：\ Documents and Settings 目录下的文件。

项目9　文件操作

项目导读

程序设计往往需要处理大量的数据信息，数据信息的存储是非常重要的问题。文件系统是操作系统的重要组成部分。在C#中，可以使用NET框架提供的操作类方便地对文件进行存储和读写等。文件中的数据有不同的组织形式，最根本的两种是文本文件和二进制文件。文本文件在存放时使用ASCII码存放，即它的每个字节存放一个字符的ASCII值，存放在磁盘上。二进制文件则是存放二进制数据在磁盘上。

学习目标

（1）了解文件的基本概念。
（2）掌握实现文本文件的写入与读取。
（3）掌握二进制文件的写入与读取。

任务9.1　文件操作概述

9.1.1　文件流

.NET中的系统命名空间System.IO提供了对文件与流的访问支持的类,利用它提供的功能,可以在程序中访问数据文件与数据流。

有两种类型的流：

1）输出流：当向某些外部目标写入数据时，要用输出流。例如，要写数据到一个文件或者打印文件时，就要用到输出流。

2）输入流：用于将数据读到内存或变量中。例如，我们要打开磁盘上的一个文件，就要用到输入流来打开并显示。

C#中System.IO命名空间基本包含了与所有I/O操作有关的30个类,其中常用的类包括以下几种。

1. File类

File类是对文件的典型操作，提供用于创建、复制、删除、移动和打开单一文件的静态方法，并提供多种静态方法创建FileStream对象，也可以用于获取文件和设置文件的基本信息。

2. FileInfo 类

FileInfo 类是对文件的典型操作，提供文本创建、打开、复制、删除、移动等实例方法，并提供多种实例方法创建 FileStream 对象。当文件需要多次重用时，使用 FileInfo 类提供的实例方法，不能使用 File 提供的静态方法。

3. Directory 类

Directory 类实现对文件目录的典型操作，如对文件目录的创建、重命名、删除、移动等静态方法；也可以设置和获取文件的基本信息，如目录的创建时间、最近访问时间等。

4. DirectoryInfo 类

DirectoryInfo 类实现对文件目录的典型操作，如对文件目录的创建、重命名、删除、移动等实例方法。

5. FileStream 类

该类实现对文件进行读取、写入、打开、关闭操作，支持随机访问文件，可以使用同步方式打开文件进行读写，也可以使用异步方式打开文件进行读写。

6. StreamReader 类

该类可以读取标准文本文件的内容，使其以一种特定的编码从字节流中读取字符，默认编码格式为 UTF－8。

7. StreamWriter 类

该类可以往标准文本文件中写入内容，使其以一种特定的编码向流中写入字符，默认编码格式为 UTF－8。

8. BinaryWriter 类

写入二进制文件，以二进制形式将数据写入流，并支持用特定的编码写入字符串。

9. BinaryReader 类

读取二进制文件，用特定的编码将数据类型读作二进制值。

9.1.2 文本文件与二进制文件

文本文件中字节单元的内容为字符的代码，在二进制文件中文件内容是数据的内部表示，是从内存中直接复制得到的。对于字符信息无差别，对于数值信息，数据的内部表示和字符代码截然不同。二进制文件中的数据不需要进行转换，文本文件中的数据需要进行转换。例如：向文本文件输出 12345 时，由于 12345 是一个整数，在内存中以四个字节的二进制补码格式存放，输出到文本文件时要将每一位数字转换成 ASCII 码，即 31 32 33 34 35。

9.1.3 常用的枚举类型

文件操作中，常常使用一些枚举类型。常用的枚举类型如下。

1. FileAccess 文件访问方式

1）Read：可从文件中读取数据。

2）ReadWrite：数据可以写入和读取文件。

3）Write：可将数据写入文件。

2. FileMode 文件模式

1）Append：如果它存在，查找到文件尾打开文件；如果它不存在，创建一个新文件。

2）Create：指定操作系统应该创建一个新文件。如果文件已经存在，它将被覆盖。

3）CreateNew：指定操作系统应该创建一个新文件。如果文件已经存在，产生一个 IO-Exception 异常。

4）Open：指定操作系统打开一个已存在的文件。如果该文件不存在，产生一个 FileNotFoundException 异常。

5）OpenOrCreate：如果存在，打开文件；否则，创建一个新的文件。

6）Truncate：指定操作系统打开一个已存在的文件。当打开文件时，它就将被截断为零字节大小。

3. SeekOrigin 字节偏移量

1）Begin：指定文件流的开头开始。

2）Current：指定当前位置为文件流的位置。

3）End：指定文件流的末尾位置。

4. FileShare 访问类型

控制其他 FileStream 对象对同一文件可以具有的访问类型的常数。

1）Delete：允许随后删除文件。

2）Inheritable：使文件句柄可由子进程继承。Win32 不直接支持此功能。

3）None：谢绝共享当前文件。文件关闭前，打开该文件的任何请求（由此进程或另一进程发出的请求）都将失败。

4）Read：允许随后打开文件读取。若未指定此标志，则文件关闭前，任何打开该文件以进行读取的请求（由此进程或另一进程发出的请求）都将失败。但是，即使指定了此标志，仍可能需要附加权限才能够访问该文件。

5）ReadWrite：允许随后打开文件读取或写入。若未指定此标志，则文件关闭前，任何打开该文件以进行读取或写入的请求（由此进程或另一进程发出的请求）都将失败。但是，即使指定了此标志，仍可能需要附加权限才能够访问该文件。

6）Write：允许随后打开文件写入。若未指定此标志，则文件关闭前，任何打开该文件以进行写入的请求（由此进程或另一进程发出的请求）都将失败。但是，即使指定了此标志，仍可能需要附加权限才能够访问该文件。

5. SeekOrigin 文件流的位置

1）Begin：指定流的开头。

2）Current：指定流内的当前位置。

3）End：指定流的结尾。

任务9.2 目录管理

Windows 操作系统对文件采用目录管理方式，.NET 中提供了 Directory 类与 File 类对文件和目录进行了封装。这两个类都是密封类，只是提供了静态方法供程序员调用。

Directory 类与 DirectoryInfo 类提供了目录管理功能。Directory 用于创建、移动和枚举通过目录和子目录的静态方法。使用此类可以创建、移动和删除目录，还可以获取和设置目录的相关信息。DirectoryInfo 类与 Directory 不同的是，前者提供的是非静态方法，而 DirectoryInfo 类提供实例方法，需要实例化对象后使用；Directory 提供了大量的目录管理的静态方法。表 9 – 1 是 Directory 类的主要方法和说明。

表 9 – 1　Directory 类的主要静态方法

名称	说明
CreateDirectory(String path, DirectorySecurity)	创建指定路径中的所有目录，并应用指定的 Windows 安全性
Delete(String path)	从指定路径删除空目录
GetCurrentDirectory()	返回应用程序当前的工作目录
Exists( )	确定给定路径是否引用磁盘上的现有目录
GetDirectories(string path)	返回当前目录中的子目录列表
GetFiles(string path)	返回指定目录中文件的名称（包括其路径）
GetParent(string path)	检索指定路径的父目录，包括绝对路径和相对路径
SetCurrentDirectory(string path)	将应用程序的当前工作目录设置为指定的目录
SetLastWriteTime(string path)	设置上次访问目录的日期和时间
Move(string sourceDirName, string destDirName)	将文件或目录及其内容移到新位置

【例 9 – 1】使用 Windows 窗体应用程序接受文件目录，实现判定指定的目录是否存在，若存在，显示文件目录中文件个数；若不存在，则创建该目录；实现判定文件目录是否存在，若存在，则删除目录。

程序实现步骤如下。

1）创建 Windows 窗体应用程序“exp09_ 01”，解决方案名字为“chapter09”，本项目例题将建立在该解决方案下。

2）窗体设计。设置窗体的 Text 属性为“Directory 类应用”，添加标签 label1、文本框 textBox1，以及按钮 button1、button2，设置“Text”属性分别为“判断是否存在”“删除目录”，窗体设计如图 9 – 1 所示。

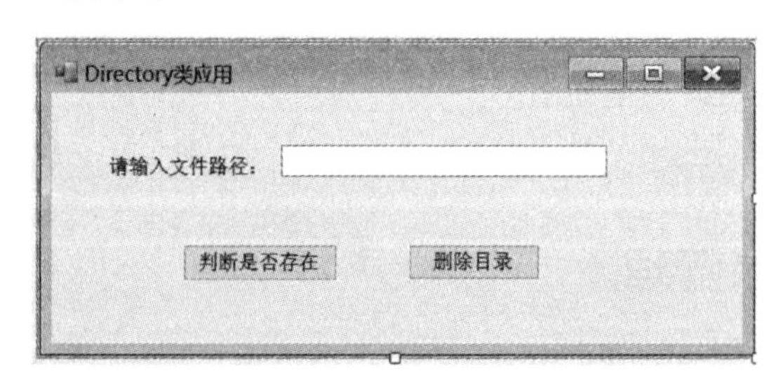

图 9 – 1　窗体设计

3）编写代码。编写“判断是否存在”的单击事件如下：

```
private void button1_Click(object sender, EventArgs e)
{
    String s = textBox1.Text.Trim();
    string path = @s;
    if (! Directory.Exists(path))
    {
        // 若不存在,则创建目录
        MessageBox.Show("文件目录不存在！创建该目录!", "提示", MessageBoxButtons.OK);
        Directory.CreateDirectory(path);
    }
    else
    {
        int count = Directory.GetFiles(path).Length;
        MessageBox.Show("文件目录存在！文件目录中文件个数为" + count + "个", "提示", MessageBoxButtons.OK);
    }
}
```

编写“删除目录”的单击事件如下：

```
private void button2_Click(object sender, EventArgs e)
{
    String s = textBox1.Text.Trim();
    string path = @s;
    if (! Directory.Exists(path))
    {
        // 若不存在,则创建目录
        MessageBox.Show("文件目录不存在!", "提示", MessageBoxButtons.OK);
    }
    else
    {
        MessageBox.Show("文件目录存在！删除目录成功!", "提示", MessageBoxButtons.OK);
        Directory.Delete(path);
    }
}
```

4）运行程序。在目录中输入已经存在的目录，单击“判断是否存在”显示存在信息及文件个数，若不存在，则创建该目录，如图 9 -2 所示。“删除目录”实现删除已经存在的目录，若目录不存在，则显示提示信息，如图 9 -3 所示。

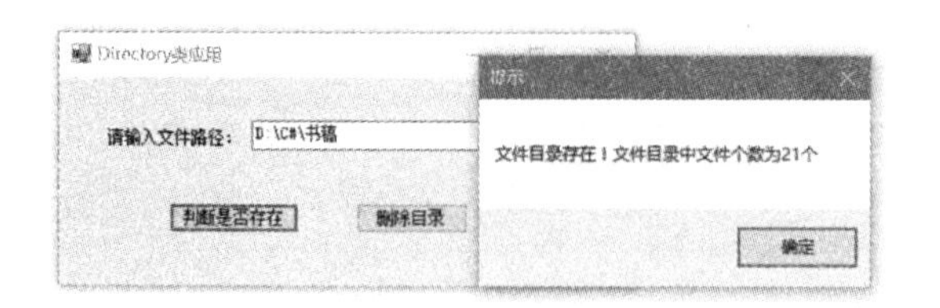

图 9 -2　判断文件是否存在

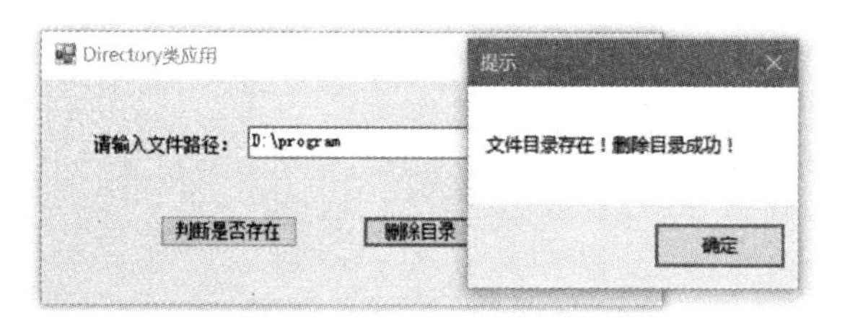

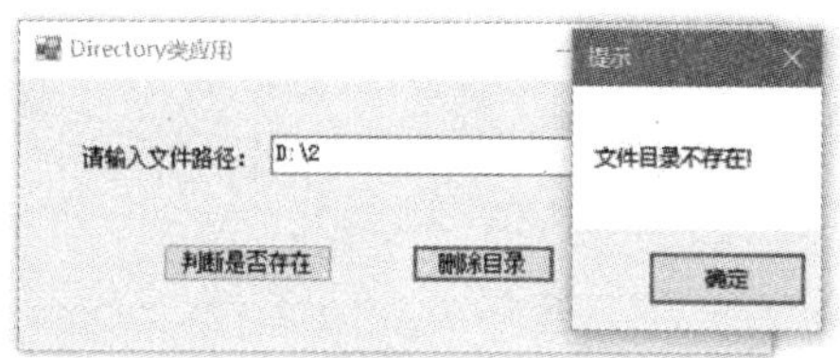

图 9 -3　删除目录

任务 9.3　文件管理

9.3.1　File 类

File 类通常和 FileStream 类合作完成对文件的操作，如检查文件是否存在，建立文件、拷贝或移动文件、删除文件、获取文件信息等。并且使用 File 类的属性进行相关操作，属性有绝对路径名 DirectoryName、文件创建时间 CreationTime、上次访问时间 LastAccess-Time、上次修改时间 LastWriteTime、文件长度 Length 等。

1. 检查文件是否存在

检查文件存在与否是对文件进行操作之前必须进行的工作，可以使用 File 类的 Exists 方法实现。该方法的格式如下：

File. Exists(path) ;

其中参数 path 用于描述文件的路径，可以使用绝对路径，也可使用相对路径，建议使用绝对路径。若 path 包含现有文件的名称，则为 true；否则为 false。若 path 为空引用或零长度字符串，则此方法也返回 false。若调用方不具有读取指定文件所需的足够权限，则引发异常并且该方法返回 false，这与 path 是否存在无关。

【例 9 -2】输入文件的绝对路径及文件名，判断文件是否存在。

程序实现步骤如下。

1）在解决方案“chapter09”中创建 Windows 窗体应用程序“exp09_ 02”。

2）窗体设计。设置窗体的 Text 属性为“判断文件是否存在”，添加标签 label1、文本框 textBox1，以及按钮 button1，设置“Text”属性“判断是否存在”。窗体设计如图 9 -4

所示。

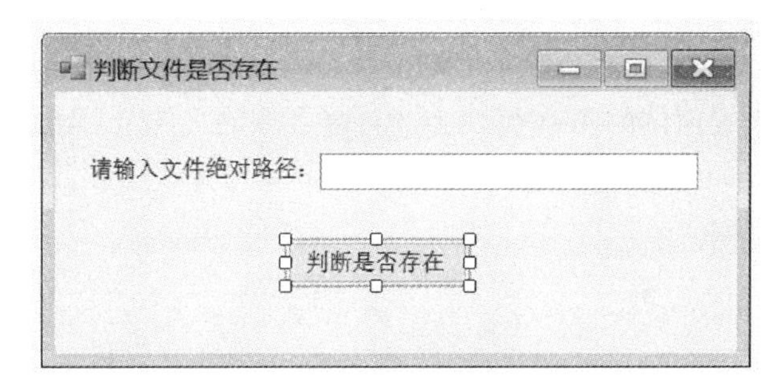

图 9-4　窗体设计

3）编写代码。编写“判断是否存在”的代码如下：

```
private void button1_Click(object sender, EventArgs e)
{
    String s = textBox1.Text.Trim();
    string path = @s;
    if (File.Exists(s))
    {
        MessageBox.Show("文件存在!", "提示", MessageBoxButtons.OK);
    }
    else
    {
        MessageBox.Show("文件不存在!", "提示", MessageBoxButtons.OK);
    }
}
```

4）将该项目设定为启动项目，运行程序，程序运行结果如图 9-5 所示。

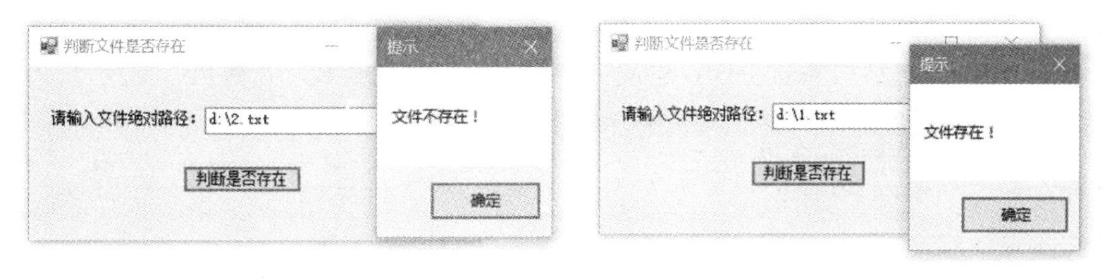

图 9-5　文件是否存在运行结果

2. 建立、读取、删除文件

使用 File 类的 Create 方法可以在指定路径中创建一个文件，使用 Delete 方法可以删除一个文件。这两种方法都只含有一个参数。使用 Create 方法创建的文件是一个空文件，创建成功后返回的结果是一个 FileStream 对象，可以使用该对象对文件进行读写操作。

【例 9-3】建立 Windows 窗体应用程序，实现文件判断，若该文件不存在，则创建；

实现文件删除，若文件存在，则删除。

程序实现步骤如下。

1）在解决方案“chapter09”中创建 Windows 窗体应用程序“exp09_ 03”。

2）窗体设计。设置窗体的 Text 属性为“创建、删除文件”，添加标签 label1、文本框 textBox1，以及按钮 button1、button2，分别设置“Text”属性“创建文件”“删除文件”。窗体设计如图 9-6 所示。

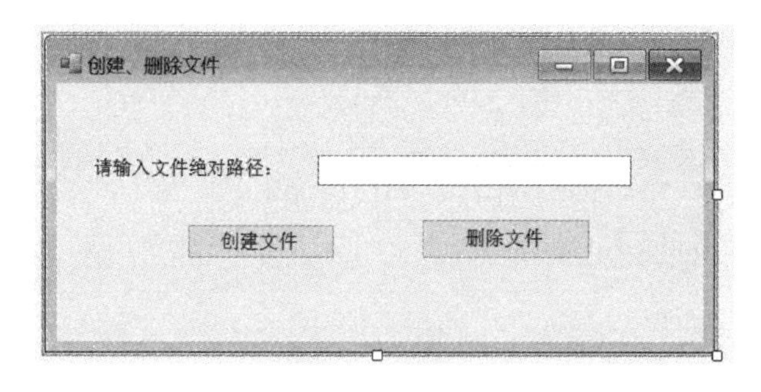

图 9-6　窗体设计

3）编写“创建文件”单击事件代码，实现创建文件功能，代码如下：

```
private void button1_Click(object sender, EventArgs e)
{
    if (File.Exists(textBox1.Text)) // 判断文件是否存在
    {
        MessageBox.Show("该文件存在","提示",MessageBoxButtons.OK,MessageBoxIcon.Information);
    }
    else
    {
        File.Create(textBox1.Text);
        MessageBox.Show("该文件不存在,已经成功创建!", "提示", MessageBoxButtons.OK, MessageBoxIcon.Warning);
    }
}
```

编写“删除文件”单击事件代码，实现删除文件功能，代码如下：

```
private void button2_Click(object sender, EventArgs e)
{
    if (File.Exists(textBox1.Text)) // 判断文件是否存在,如果存在,执行下面的语句
    {
        File.Delete(textBox1.Text);
        MessageBox.Show("该文件存在,已经删除!", "提示", Message-
```

```
BoxButtons.OK, MessageBoxIcon.Warning);
                    }
                    else
                    {
                        MessageBox.Show("该文件不存在!", "提示", MessageBoxButtons.OK, MessageBoxIcon.Information);
                    }
                }
```

4）将该项目设为启动项目，运行程序，输入文件路径，判断文件是否存在，运行结果如图9-7所示；输入文件路径，删除文件，运行结果如图9-8所示。

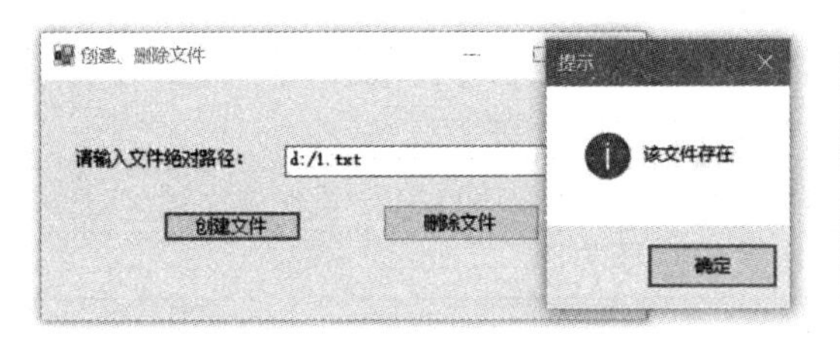

图9-7　创建文件

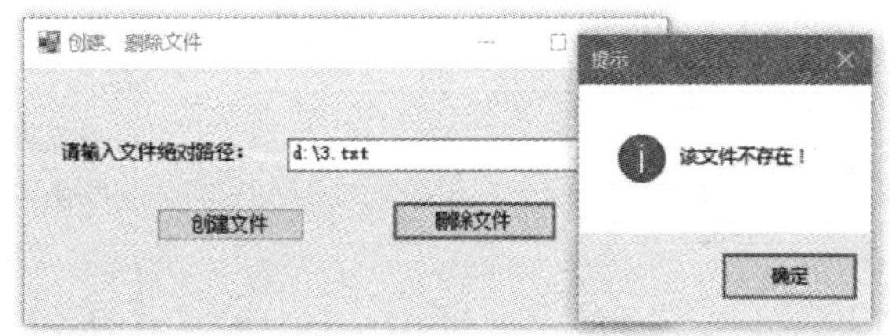

图9-8　删除文件

9.3.2　FileInfo 类

获取文件的基本信息使用 FileInfo 对象进行获取，可以获取文件的绝对路径名 DirectoryName、文件创建时间 CreationTime、上次访问时间 LastAccessTime、上次修改时间 LastWriteTime、文件长度 Length 等，也可以使用实例方法实现创建、复制、删除、移动和打开文件等操作。

任务9.4　文件的读写

9.4.1　FileStream 类文件读写

使用 FileStream 类对文件系统上的文件进行读取、写入、打开和关闭操作，并对其他与文件相关的操作系统句柄进行操作，如管道、标准输入和标准输出。可以指定读写操作是同步还是异步。

FileStream 对象支持使用 Seek 方法对文件进行随机访问。Seek 允许将读取/写入位置移动到文件中的任意位置。这是通过字节偏移参考点参数完成的。字节偏移量是相对于查找参考点而言的，该参考点可以是基础文件的开始、当前位置或结尾，分别由 SeekOrigin 类的三个属性表示。FileStream 类常用的构造函数有以下三种。

（1） public FileStream(string path, FileMode mode)

根据指定的文件路径及文件模式创建 FileStream 实例。枚举类型见 9. 1. 3。

（2） public FileStream(string path, FileMode mode, FileAccess access)

使用指定的路径、创建模式和读/写权限初始化 FileStream 类的新实例。枚举类型见 9. 1. 3。

（3） public FileStream(string path, FileMode mode, FileAccess access, FileShare share)

初始化 FileStream 类的新实例与指定的路径，创建模式，读写权限和共享权限。枚举类型见 9. 1. 3。

FileStream 类中包含多种操作方法，FileStream 类的主要方法如表 9 -2 所示。

表 9 -2　FileStream 类的主要方法

名称	说明
Close( )	关闭当前流并释放与之关联的所有资源
CopyTo(Stream destination, int bufferSize)	从当前流中读取所有字节并将其写入到目标流中
Flush( )	清除此流的缓冲区，使得所有缓冲的数据都写入到文件中
Read(byte[ ] array, int offset, int count)	从流中读取字节块并将该数据写入给定缓冲区中
ReadByte( )	从文件中读取一个字节，并将读取位置提升一个字节
Seek(long offset, SeekOrigin origin)	将该流的当前位置设置为给定值
Unlock(long position, long length)	允许其他进程访问以前锁定的某个文件的全部或部分
Write(byte[ ] array, int offset, int count)	使用从缓冲区读取的数据将字节块写入该流
WriteByte(byte value)	将一个字节写入文件流的当前位置

【例 9 -4】创建 Windows 窗体应用程序，使用打开文件对话框打开一个已经存在的 txt 文件，实现在文本框中输入文本，添加到文件中；实现读取文件内容信息显示在文本框中。

程序实现步骤如下。

1） 在解决方案 “chapter09” 中创建 Windows 窗体应用程序 “exp09_ 04”。

2） 窗体设计。设置窗体的 Text 属性为“FileStream 的读写文件”，添加标签 label1；添加打开文件对话框 openFileDialog1，设置 Filter 属性为“(* . txt) | * . txt”；添加文本框 textBox1，

并设置属性 ReadOnly 值为“true”；添加按钮 button1、button2、button3、button4，分别设置“Text”属性“选择文件”“写文件”“读文件”“清空文本框”；添加多行文本框 richTextBox1。窗体设计如图9－9所示。

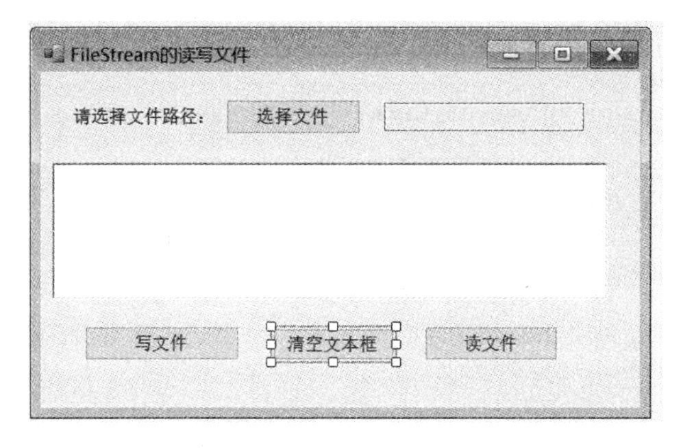

图9－9　窗体设计

3）编写代码。按钮“选择文件”通过打开文件对话框选定文件，单击事件代码如下：

```
private void button1_Click(object sender, EventArgs e)
{
    //选择文件,并将文件路径显示在文本框中
    if( openFileDialog1.ShowDialog( ) = = DialogResult.OK)
    {
        string path = openFileDialog1.FileName;
        textBox1.Text = path;
    }
}
```

按钮“写文件”实现将 richTextBox1 中的文本写入选择的文件末尾，需要注意写入的文本需要转换为字节数组类型。单击事件代码如下：

```
private void button2_Click(object sender, EventArgs e)
{
    byte[ ] wlist = System.Text.Encoding.UTF8.GetBytes(this.richTextBox1.Text);
    //在已经存在的文件中写数据
    String path = textBox1.Text;
    FileStream fsWrite = new FileStream(@path, FileMode.Append, FileAccess.Write);
    fsWrite.Write(wlist, 0, wlist.Length);
    fsWrite.Close( );
    MessageBox.Show("文件写入完毕!","提示",MessageBoxButtons.
```

```
OK,MessageBoxIcon.Information);
            }
```

按钮“读文件”实现将文件中所有的信息读出，需要注意读取的数据写入到字节数组中，然后将字节数组转换为字符串显示在 richTextBox1 中，注意与写入转换采用同样的编码方式。单击事件代码如下：

```
private void button3_Click(object sender, EventArgs e)
{
    this.richTextBox1.Text = "";
    //读取数据信息,需要注意数据格式与存储时相同
    String path = textBox1.Text;
    FileStream fsRead = new FileStream(@path, FileMode.Open,FileAccess.Read);
    int fsLen = (int)fsRead.Length;
    byte[] rlist = new byte[fsLen];
    int r = fsRead.Read(rlist, 0, rlist.Length);
    string myStr = System.Text.Encoding.UTF8.GetString(rlist);
    fsRead.Close();
    this.richTextBox1.Text = myStr;

}
```

按钮“清空文本框”实现将 richTextBox1 数据清空，代码如下：

```
private void button4_Click(object sender, EventArgs e)
{
    this.richTextBox1.Text = "";
}
```

4）将项目设为启动项目，运行程序，单击“选择文件”，选择已经存在的文件，如图 9-10 所示；选择文件后文件路径显示在文本框中，单击“读文件”，在 richTextBox1 中显示原有的文件信息，可以看到有乱码，如图 9-11 所示，因为读取的格式问题，所以要保证写入文件与读取文件格式相同；在 richTextBox1 中输入文本信息，单击“写入文件”，将 richTextBox1 中的文本信息写入到文件尾，包含显示的原来的内容，如图 9-12 所示；单击“清空文本框”，然后单击“读文件”，文件信息将显示在 richTextBox1 中，如图 9-13 所示。

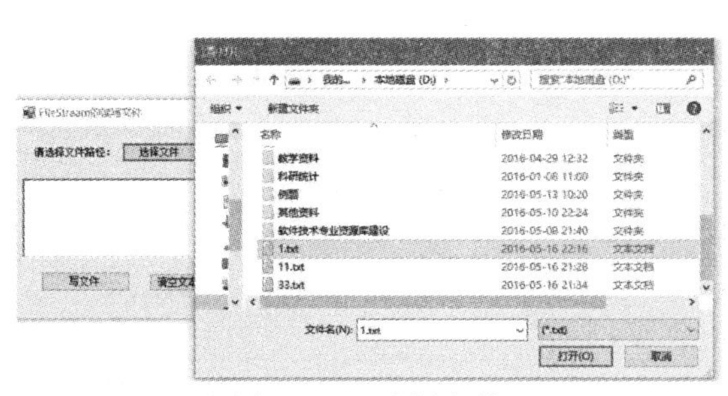

图 9 – 10　选择文件

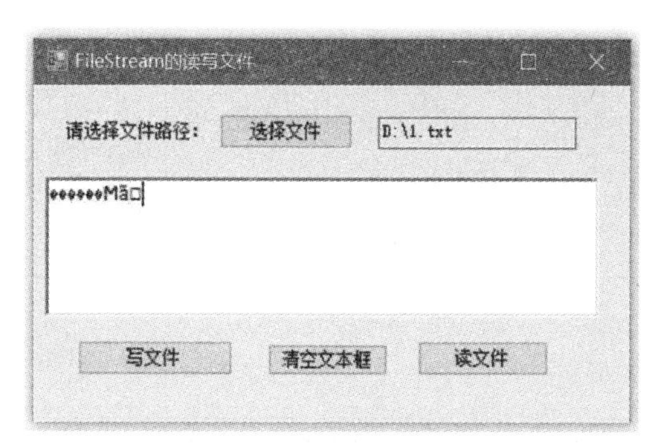

图 9 – 11　读取原有文件

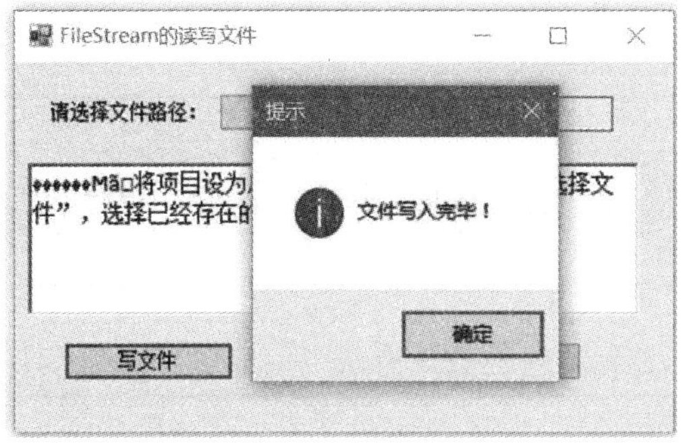

图 9 – 12　写入文件

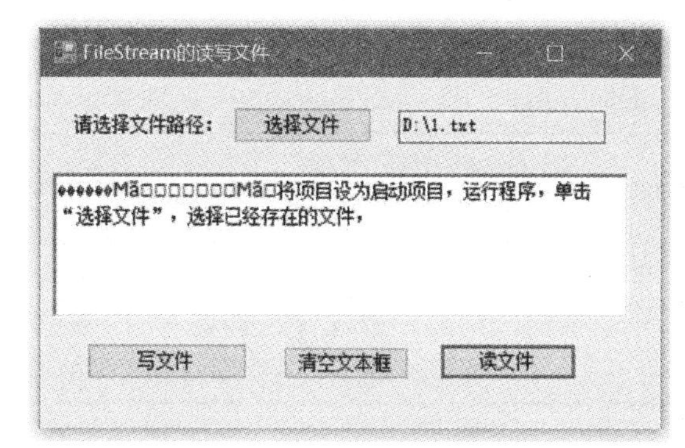

图 9 – 13　读取写入后的文件

9.4.2　文本文件读写

1. StreamReader 类

StreamReader 类实现文本文件的读取，常常与 StreamWriter 一起使用。除非另外指定，StreamReader 的默认编码为 UTF – 8，而不是当前系统的 ANSI 代码。表 9 – 3 是 StreamReader 类的主要构造函数及方法。

表 9 – 3　StreamReader 类的主要构造函数及方法

名称	说明
public StreamReader(Stream stream)	为指定的流初始化 StreamReader 类的新实例
public override void Close( )	关闭 StreamReader 对象和基础流，并释放与读取器关联的所有系统资源
public override int Read( )	读取输入流中的下一个字符并使该字符的位置提升一个字符
public override int Read(char[ ] buffer, int index, int count)	从指定的索引位置开始将来自当前流的指定的最多字符读到缓冲区

续表

public override int ReadBlock (char[ ] buffer, int index, int count)	从当前流中读取最大 count 的字符，并从 index 开始将该数据写入 buffer
public override string ReadLine ( )	从当前流中读取一行字符并将数据作为字符串返回
public override string Read-ToEnd( )	从流的当前位置到末尾读取所有字符
public virtual string ToString( )	返回表示当前对象的字符串

2. StreamWriter 类

StreamWriter 类实现文本文件的写入，常常与 StreamReader 一起使用，使其以一种特定的编码向流中写入字符。StreamWriter 默认使用 UTF8Encoding 的实例，除非指定了其他编码。常用的构造函数及方法如表 9 -4 所示。

表 9 -4　StreamWrite 类的主要构造函数及方法

名称	说明
StreamWriter(Stream)	为指定的流初始化 StreamWriter 类的一个新实例
Close	关闭当前的 StreamWriter 对象和基础流
Flush( )	清理当前编写器的所有缓冲区，并使所有缓冲数据写入基础流
Write(Boolean)	将 Boolean 值的文本表示形式写入文本流
Write(Double)	将 8 字节浮点值的文本表示形式写入文本流
Write(String)	将字符串写入流
WriteLine( )	将行结束符写入文本流
WriteLine(Char[ ])	将后跟行结束符的字符数组写入文本流
WriteLine(Decimal)	将后面带有行结束符的十进制值的文本表示形式写入文本流
WriteLine(Double)	将后跟行结束符的 8 字节浮点值的文本表示形式写入文本流
WriteLine(String, Object)	使用与 Format 相同的语义写出格式化的字符串和一个新行
WriteLine(String, Object, Ob-ject, Object)	使用与 Format 相同的语义写出格式化的字符串和一个新行

【例 9 -5】创建 Windows 应用程序，使用 StreamReader、StreamWriter 读写文件。

程序实现步骤如下。

1）在解决方案“chapter09”中创建 Windows 窗体应用程序“exp09_ 05”。

2）窗体设计。设置窗体的 Text 属性为“文本文件读写”，添加标签 label1、label2；添加文本框 textBox1，输入文件路径；添加按钮 button1、button2、button3，分别设置

“Text” 属性 “写文件” “读文件” “清空文件显示”；添加多行文本框 richTextBox1。窗体设计如图 9－14 所示。

图 9－14　窗体设计

3）编写代码。“读文件” 实现文件的读取操作，如果存在，文件内容显示在 richTextBox1 中；如果不存在，显示提示信息。代码如下：

```
private void button2_Click(object sender, EventArgs e)
{
    if (! File.Exists(textBox1.Text))
    { label2.Text = "";
        MessageBox.Show("文件不存在!", "提示", MessageBoxButtons.OK, MessageBoxIcon.Warning);
    }
    else
    {
        label2.Text = "该文件内容如下:";
        FileStream fs = new FileStream(textBox1.Text, FileMode.Open, FileAccess.Read);
        StreamReader reader = new StreamReader(fs);
        reader.BaseStream.Seek(0, SeekOrigin.Begin);
        this.richTextBox1.Text = "";
        string strLine = reader.ReadLine();
        while (strLine ! = null)
        {
            this.richTextBox1.Text + = strLine + "\n";
            strLine = reader.ReadLine();
        }
        //关闭此 StreamReader 对象
        reader.Close();
```

```
        }
    }
```

“写文件”实现文件的写入操作，如果存在，显示在 richTextBox1 的文本内容写入文件；如果不存在，显示提示信息。代码如下：

```
private void button1_Click(object sender, EventArgs e)
{
    if (! File.Exists(textBox1.Text))
    { label2.Text = "";
        MessageBox.Show("文件不存在!", "提示", MessageBoxButtons.OK, MessageBoxIcon.Warning); }
    else
    {
        label2.Text = "写文件成功!";
        FileStream fs = new FileStream(textBox1.Text, FileMode.OpenOrCreate, FileAccess.Write);
        StreamWriter writer = new StreamWriter(fs);
        writer.Flush();
        writer.BaseStream.Seek(0, SeekOrigin.Begin);
        // 把 richTextBox1 中的内容写入文件
        writer.Write(richTextBox1.Text);
        writer.Flush();
        writer.Close();
    }
}
```

“清空文件显示”实现 richTextBox1 文本内容清空。代码如下：

```
private void button3_Click(object sender, EventArgs e)
{
    richTextBox1.Text = "";
}
```

4）将项目设为启动项目，运行程序，在文本框中输入不存在的文件，单击“读文件”，运行结果如图 9－15 所示；输入已经存在的文件，单击“读文件”，运行结果如图 9－16所示；单击“清空文件显示”，在 richTextBox1 中输入文本，单击“写文件”，运行结果如图 9－17 所示；再次单击“清空文件显示”，单击“读文件”，文件信息如图 9－18 所示。

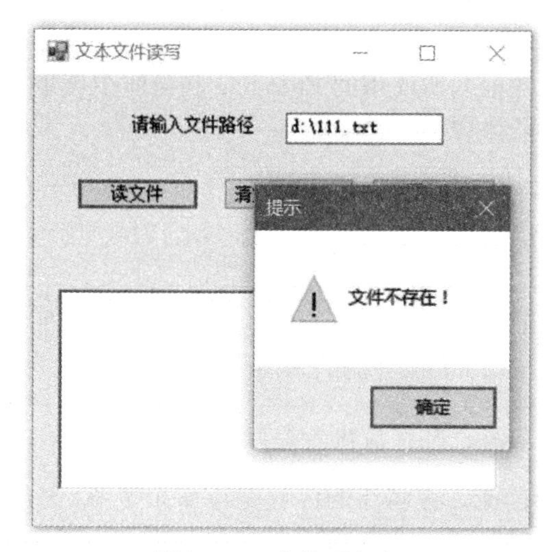

图 9－15　文件不存在

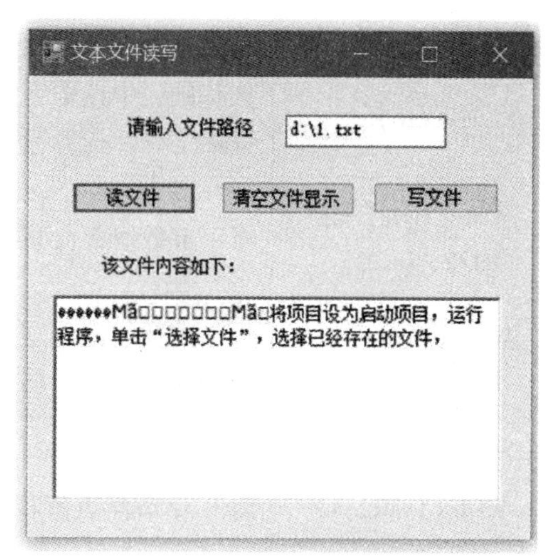

图 9－16　读取文件中的信息

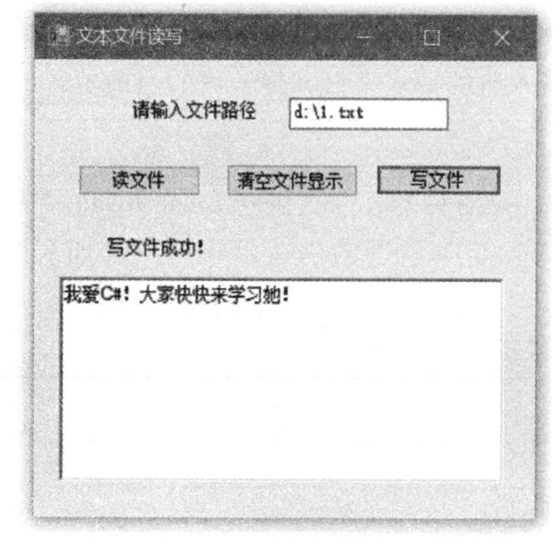

图 9－17　文件信息写入

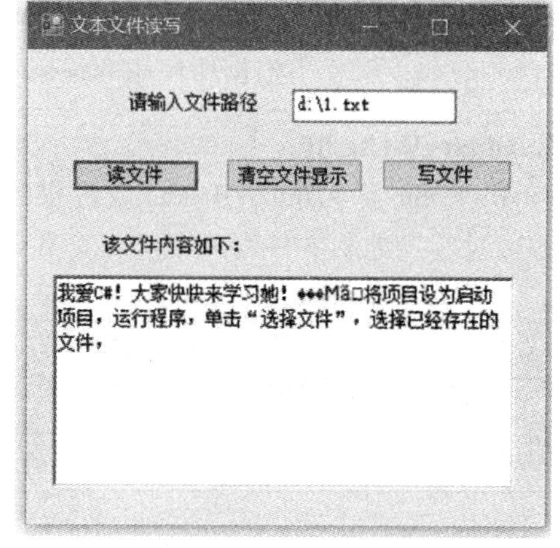

图 9－18　读取写入后的文件信息

9.4.3　二进制文件读写

1. BinaryReader 类

BinaryReader 类常常与 BinaryWriter 一起使用，一起完成二进制文件的读写操作。BinaryReader 类常用的构造函数与方法如表 9－5 所示。

表 9－5　BinaryReader 类常用的构造函数与方法

名称	说明
BinaryReader(Stream)	基于所指定的流和特定的 UTF－8 编码，初始化 BinaryReader 类的新实例
Close( )	关闭当前阅读器及基础流

续表

Read( )	从基础流中读取字符，并根据所使用的 Encoding 和从流中读取的特定字符，提升流的当前位置
Write(Byte[ ], Int32, Int32)	将字节数组部分写入当前流
Write(Char[ ], Int32, Int32)	将字符数组部分写入当前流，并根据所使用的 Encoding（可能还根据向流中写入的特定字符），提升流的当前位置
Write(Decimal)	将一个十进制值写入当前流，并将流位置提升 16 个字节
Write(Double)	将 8 字节浮点值写入当前流，并将流的位置提升 8 个字节
Write(Int32)	将 4 字节有符号整数写入当前流，并将流的位置提升 4 个字节
Write(String)	将有长度前缀的字符串按 BinaryWriter 的当前编码写入此流，并根据所使用的编码和写入流的特定字符，提升流的当前位置

2. BinaryWrite 类

BinaryWriter 类与 BinaryReader 类提供的方法是对称的，即提供与 BinaryReader 提供的读取方法对应二进制文件写入的方法。BinaryWriter 类常用的构造函数与方法如表 9 - 6 所示。

表 9 -6　BinaryWriter 类的构造函数与方法

名称	说明
BinaryWriter(Stream)	基于所指定的流和特定的 UTF - 8 编码，初始化 BinaryWriter 类的新实例
Close( )	关闭当前的 BinaryWriter 和基础流
Seek	设置当前流中的位置
Read(Byte[ ], Int32, Int32)	从字节数组中的指定点开始，从流中读取指定的字节数
Read(Char[ ], Int32, Int32)	从字符数组中的指定点开始，从流中读取指定的字符数
ReadDecimal( )	从当前流中读取十进制数值，并将该流的当前位置提升 16 个字节
ReadDouble( )	从当前流中读取 8 字节浮点值，并使流的当前位置提升 8 个字节
ReadInt32( )	从当前流中读取 4 字节有符号整数，并使流的当前位置提升 4 个字节
ReadString( )	从当前流中读取一个字符串。

【例 9 - 6】创建 Windows 窗体应用程序，使用打开文件对话框及保存文件对话框实现文件打开与保存，创建一个实现学生信息读取的程序，实现以下功能。

（1）学生信息中包含学号、姓名、年龄及学生照片信息，学生照片信息描述为文件路

径，保存文件方法及读取文件方法。

(2) 实现学生信息二进制文件存储操作，将学生照片信息转变大小显示在 PictureBox 中。

(3) 实现二进制学生文件信息的读取操作，并将信息显示在窗体上。

程序实现步骤如下。

1) 在解决方案“chapter09”中创建 Windows 窗体应用程序“exp09_ 06”。

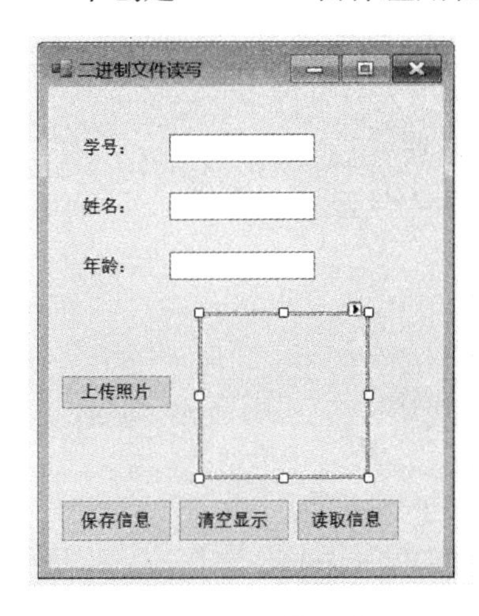

图 9－19　窗体设计

2) 窗体设计。设置窗体的 Text 属性为“二进制文件读写”，添加标签 label1、label2、label3；添加文本框 textBox1、textBox2、textBox3；添加按钮 button1、button2、button3、button4，分别设置“Text”属性“上传照片”“保存信息”“读取信息”“清空显示”；添加用于选择照片的文件打开对话框 openFileDialog1、用于保存信息的文件保存对话框 saveFileDialog1、用于读取信息的文件打开对话框 openFileDialog2。窗体设计如图 9－19 所示。

3) 在项目中添加学生类，在类中实现保存文件、读取文件的静态方法，代码如下：

```
class Student
{
    string stuno;

    public string Stuno
    {
        get { return stuno; }
        set { stuno = value; }
    }

    string stuname;

    public string Stuname
```

```
{
    get { return stuname; }
    set { stuname = value; }
}
int age;

public int Age
{
    get { return age; }
    set { age = value; }
}
string photopath;

public string Photopath
{
    get { return photopath; }
    set { photopath = value; }
}
//保存学生信息
public static void SaveFile(Student stu, string path)
{
    FileStream fs = new FileStream(path, FileMode.OpenOrCreate, FileAccess.Write);
    BinaryWriter bw = new BinaryWriter(fs);
    bw.BaseStream.Seek(0, SeekOrigin.End);//写入文件结尾
    bw.Write(stu.stuno);
    bw.Write(stu.stuname);
    bw.Write(stu.age);
    bw.Write(stu.photopath);
    bw.Close();
    fs.Close();
}

//读取学生信息
public static Student OpenFile(string path)
{
    Student stu = new Student();
    FileStream fs = new FileStream(path, FileMode.Open, FileAccess.Read);
```

```
        BinaryReader br = new BinaryReader(fs);
        br.BaseStream.Seek(0, SeekOrigin.Begin);//读取第一个学生信息
        stu.stuno = br.ReadString();
        stu.stuname = br.ReadString();
        stu.age = br.ReadInt32();
        stu.photopath = br.ReadString();
        br.Close();
        fs.Close();
        return stu;
    }
}
```

4）窗体代码编写。

① 在窗体 Form1 中添加根据图片路径转换图片调整大小后显示在图片框控件中的方法 ImageShow，代码如下：

```
void ImageShow(string path)
{
    FileStream fs = new FileStream( path, FileMode.Open, FileAccess.Read);
    byte[] imagebytes = new byte[fs.Length];//fs.Length 文件流的长度,用字节表示
    BinaryReader read = new BinaryReader(fs);
    imagebytes = read.ReadBytes(Convert.ToInt32(fs.Length));//从当前流中将字节读入字节数组中
    // 修改文件的大小,适应图片显示
    Image img = new Bitmap(Image.FromStream(new MemoryStream((byte[])imagebytes)), 80, 100);
    pictureBox1.Image = img;
}
```

② 按钮“选择照片”的单击事件代码如下：

```
private void button1_Click(object sender, EventArgs e)
{
    openFileDialog1.Filter = "Text Files( *.jpg)|*.jpg";
    if (openFileDialog1.ShowDialog() == DialogResult.OK)
    {
        stu.Photopath = openFileDialog1.FileName;
        ImageShow(openFileDialog1.FileName);
    }
}
```

③“保存信息”实现学生信息的保存，调用 Student 类中的静态方法 SaveFile 实现，单击事件代码如下：

```
private void button2_Click(object sender, EventArgs e)
{
    stu.Stuno = textBox1.Text;
    stu.Stuname = textBox2.Text;
    stu.Age = int.Parse(textBox3.Text);
    saveFileDialog1.Filter = "(*.rtf)|*.rtf|(*.txt)|*.txt";
    DialogResult dialogResult = saveFileDialog1.ShowDialog();
    string FileName = saveFileDialog1.FileName;
    if (dialogResult == DialogResult.OK && FileName.Trim() != "")
    {
        Student.SaveFile(stu, FileName);
    }
}
```

④“读取信息”实现学生信息读取并显示在窗体上，调用 Student 类中的静态方法 OpenFile 获取学生对象，单击事件代码如下：

```
private void button3_Click(object sender, EventArgs e)
{
    openFileDialog2.Filter = "(*.rtf)|*.rtf|(*.txt)|*.txt";;
    DialogResult dialogResult = openFileDialog2.ShowDialog();
    string FileName = openFileDialog2.FileName;
    if (dialogResult == DialogResult.OK && FileName.Trim() != "")
    {
        stu = Student.OpenFile(FileName);
        textBox1.Text = stu.Stuno;
        textBox2.Text = stu.Stuname;
        textBox3.Text = stu.Age.ToString();
        ImageShow(stu.Photopath);//显示照片
    }
}
```

⑤“清空显示”单击事件代码如下：

```
private void button4_Click(object sender, EventArgs e)
{
    textBox1.Text = "";
    textBox1.Text = "";
    textBox1.Text = "";
    pictureBox1.Image = null;
```

```
        }
```

5）运行程序。在编辑框中填写学生信息，并单击“上传照片”选择图片，图片显示在图片框中，如图9－20所示；单击“保存信息”，弹出保存文件对话框，如图9－21所示，选择文件路径，填写文件名即可保存。单击“清空信息”后或者运行程序后单击“读取信息”，选择读取学生信息文件，学生信息即可显示在窗体上。

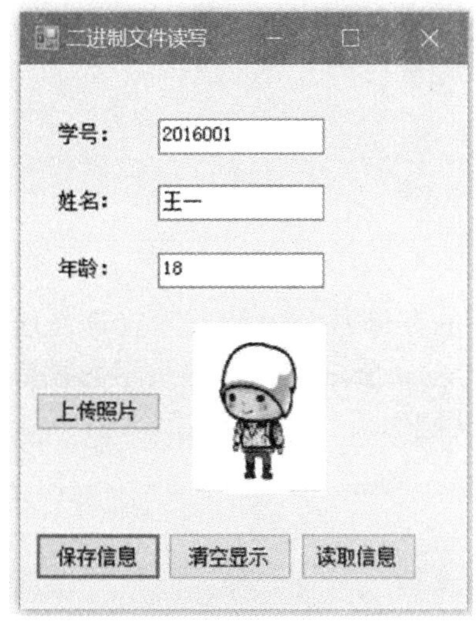

图9－20　学生信息

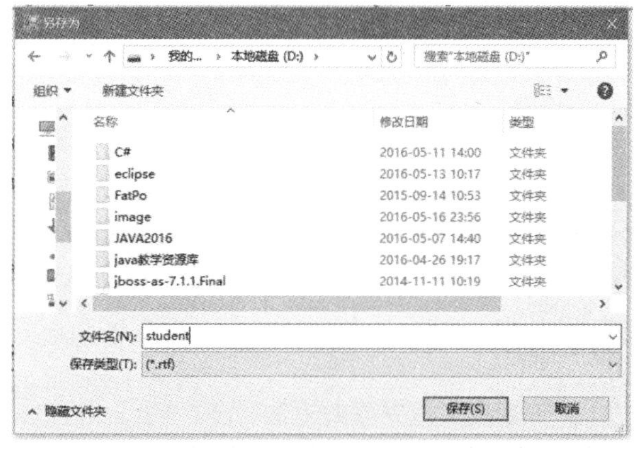

图9－21　文件保存选择

思考与练习

1．描述二进制文件与文本文件的区别。

2．描述检查文件是否存在的步骤。

3．描述文本文件的打开、读写操作的步骤。

4．参考记事本程序，编写Windows应用程序，实现文本文件的打开、编辑和保存的功能。文本内容的编辑使用RichTextBox控件实现。

5．建立一个通讯录程序，实现通讯录的保存与读取功能。分别使用FileStream读写文件、StreamReader、StreamWriter读写文件、inaryReader、BinaryWriter读写文件实现该程序。

项目 10　数据库技术应用

项目导读

在程序开发中，需要处理各种数据信息，数据信息的存储常常由数据库管理系统完成，但是对数据的操作需要编写程序关联数据库实现。Visual Studio 2015 提供了数据库相关操作的类，我们可以借助这些类完成数据库处理的相关操作。

学习目标

（1）掌握连接数据库的方法。
（2）掌握 ADO. NET 类的使用方法。
（3）掌握数据绑定的方法。
（4）掌握使用 ADO. NET 类进行数据处理的方法。

任务 10. 1　ADO. NET 介绍

ADO. NET 是微软公司. NET 数据库的访问模型,它提供一组向 . NET Framework 程序员公开数据访问服务的类,数据库程序设计人员用来开发基于. NET 的数据库应用程序的主要接口。ADO. NET 为创建分布式数据共享应用程序提供了一组丰富的组件。它提供了对关系数据、XML 和应用程序数据的访问,因此是 . NET Framework 中不可缺少的一部分。ADO. NET 支持多种开发需求,包括创建由应用程序、工具、语言或 Internet 浏览器使用的前端数据库客户端和中间层业务对象。

在 Visual Studio 中,ADO. NET 利用. NET Data Provider(数据提供程序)进行数据库的连接和访问,通过 ADO. NET 数据库程序能够使用各种对象来访问符合条件的数据库内容,让提供数据库管理系统的各个厂商可以根据此标准开放对应的. NET Data Provider,这样设计数据库应用程序人员不必了解各类数据库底层运作的细节,只要掌握 ADO. NET 所提供对象的模型,便可访问所有支持. NET Data Provider 的数据库。

10. 1. 1　ADO. NET 组件

ADO. NET 包含用于连接到数据库、执行命令和检索结果的 . NET Framework 数据提供程序,主要包括五种核心类,用于实现对数据库的数据处理。

1. Connection 类

数据应用程序和数据库进行交互要在建立数据库连接的基础上，Connection 对象成为连接对象，提供了对数据存储中正在运行的事务（Transanction）的访问技术。对于不同的数据源需要使用不同的类建立连接。如果使用 OLE DB 编程接口，如使用 Access 创建的数据源，就需使用 OleDbConnection 对象；如果使用 Microsoft SQL Server 编程接口，就需使用 SqlConnection 对象；如果使用 ODBC 驱动程序创建的数据源，就需使用 OdbcConnection 对象；如果使用 Oracle 数据库，就需使用 OracleConnection 对象。

2. Command 类

Command 对象用于执行数据库的命令操作，命令操作包括检索、插入、删除以及更新操作。不同的数据源使用不同的 Command 对象，如果使用 OLE DB 编程接口，就需使用 OleDbCommand 对象；如果使用 Microsoft SQL Server 编程接口，就需使用 SqlCommand 对象；如果使用 ODBC 编程接口，就需使用 OdbcCommand 对象；如果使用 Oracle 数据库，就需使用 OracleCommand 对象。

3. DataAdapter 类

DataAdapter（数据适配器）对象在 DataSet 对象和数据源之间架起了一座“桥梁”，通过该对象可以实现数据库的离线访问。DataAdapter 可以通过隐式使用 Connection、Command、DataReader 对象填充 DataSet 对象，并可以使用 Fill 方法填充 DataSet 对象，并将对于 DataSet 对象的更改更新相应的数据库。在使用 Microsoft SQL Server 数据库时，使用 SqlDataAdapter对象；使用 OLE DB 数据库时，则使用 OleDbAdapter 对象；使用 ODBC 编程接口，需使用 OdbcCommand 对象；使用 Oracle 数据库，则需要使用 OracleCommand 对象。

4. DataReader 类

DataReader 对象用于从数据库中读取由 SELECT 命令返回的只读、只进的数据流，在这个过程中一直保持与数据库的连接。使用 OLE DB 数据库编程时，使用 OleDbDataReader 对象；使用 Microsoft SQL Server 数据库编程时，则应使用 SqlDataReader 对象。使用 ODBC 编程接口，需使用 OdbcCommand 对象；使用 Oracle 数据库，则需要使用 OracleCommand 对象。

需要说明的是，该对象不提供非连接的数据访问，并且在使用该对象前应创建一个命令对象，利用该 Command 对象执行 SQL 语句或存储过程，返回一个 DataReader 对象。

5. DataSet 类

ADO. NET 的一个比较突出的特点是支持离线访问，即在非连接环境下对数据进行处理，DataSet 是支持离线访问的关键对象，它将数据存储在缓存中。DataSet 对象不关心数据源的类型，它将信息以表的形式存放。DataSet 对象是非连接存储和处理关系的基础。从数据库中读取数据填充该对象，并在从数据库断开连接之后使用该对象；再次连接数据库时，可根据需要将更改结果传送到数据库中。

10. 1. 2　已连接环境与非连接环境

1. 已连接环境

应用程序和数据库之间保持连续的通信，称为已连接环境。这种方法能及时刷新数据库，安全性较高，但是，因为需要保持持续的连接，所以需要固定的数据库连接。如果使用在 Internet 上，对网络的要求较高，并且不宜多个用户共同使用同一个数据库，所以扩展性差。

一般情况下，数据库应用程序使用该类型的数据连接。

2. 非连接环境

这种环境中，应用程序可以随时连接到数据库获取相应的信息，但是，由于与数据库的连接是间断的，可能获得的数据不是最新的，并且对数据更改时可能引发冲突，因为在某一时刻可能有多个用户同时对同一数据操作。

10.1.3 项目案例设计

1. 项目案例简介

本项目借助【例 8－1】Windows 应用程序实现，实现对学生就业调研信息的处理，实现【例 8－1】中数据的存取操作。实现功能如下。

（1）登录界面，实现学生根据学号与密码登录。

（2）用户注册的界面，用于模拟实现用户注册功能。如果没有添加过学生信息，添加学生信息；如果学生信息已经存在，注册用户。

（3）用户修改密码的功能，由于模拟实现用户密码修改。

（4）学生信息添加功能的实现。

（5）学生信息查询、修改的功能的实现。

（6）学生就业意向添加、修改的功能。

2. 数据库设计

数据库采用 SQL Server 2012 数据库，数据库名称为“stundentdb”，数据服务器为本地服务器，名字为“KF”，包括用于描述学生信息的 student 表，表结构如图 10－1 所示；用于描述学生就业意向的表 jobintention，表结构如图 10－2 所示；用于描述学生登录信息的 users 表，表结构如图 10－3 所示。为了数据的完整性，users 表中 stuid 为外键，jobintention 中的 stuid 为外键。

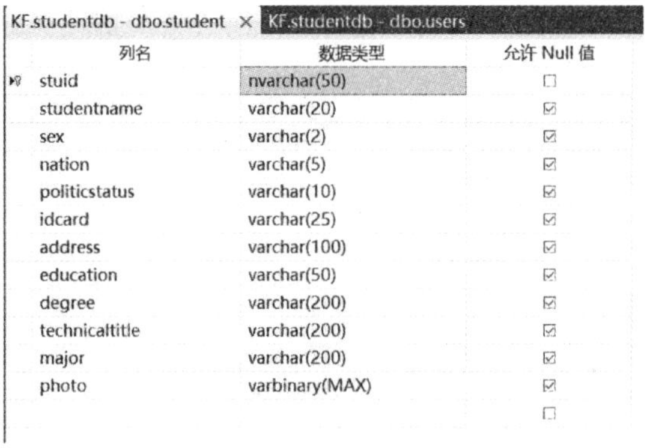

KF.studentdb - dbo.student × KF.studentdb - dbo.users

列名	数据类型	允许 Null 值
stuid	nvarchar(50)	☐
studentname	varchar(20)	☑
sex	varchar(2)	☑
nation	varchar(5)	☑
politicstatus	varchar(10)	☑
idcard	varchar(25)	☑
address	varchar(100)	☑
education	varchar(50)	☑
degree	varchar(200)	☑
technicaltitle	varchar(200)	☑
major	varchar(200)	☑
photo	varbinary(MAX)	☑
		☐

图 10－1　student 表结构

KF.studentdb - dbo.jobintention × KF.studentdb - dbo.stud

列名	数据类型	允许 Null 值
stuid	nvarchar(50)	☐
workIndustry	varchar(100)	☑
workpost	varchar(100)	☑
workaddress	varchar(100)	☑
salary	int	☑
others	varchar(200)	☐
		☐

图 10－2　jobintention 表结构

KF.studentdb - dbo.users × KF.studentdb - dbo.jobintention

列名	数据类型	允许 Null 值
stuid	nvarchar(50)	☐
password	nchar(50)	☑
		☐

图 10－3　users 表结构

任务 10.2　NET Framework 数据提供程序

ADO. NET 数据访问类的命名空间为 System. Data，该命名空间用于访问和管理多种不同来源的数据。顶层命名空间和许多子命名空间一起形成 ADO. NET 体系结构和 ADO. NET 数据提供程序。提供程序可用于 SQL Server、Oracle、ODBC 和 OleDB，分别用于不同类型的数据访问。ADO. NET 中提供了以下六种数据库提供程序。

1. SQL Server . NET Framework 数据提供程序

System. Data. SqlClient 命名空间为 SQL 服务器. NET Framework 数据提供程序。该数据提供程序描述了用于在托管空间中访问 SQL Server 数据库的类集合，常用的数据类有 SqlConnection 类、SqlCommand 类、SqlDataReader 类、SqlDataAdapter 类，可以使用 SQL Server . NET Framework数据提供程序访问 Microsoft SQL Server 2000 或更高版本。

2. OLE DB . NET Framework 数据提供程序

System. Data. OleDb 命名空间为 OLE DB . NET Framework 数据提供程序，用于访问托管空间中的 OLE DB 数据源的类集合，常用的数据类有 OleDbDataAdapter、OleDbDataReader、OleDbCommand 和 OleDbConnection 类。该数据库提供程序可以访问 SQL Server 数据库、Access 数据库，不用于 ODBC 数据库访问。OLE DB . NET Framework 数据提供程序支持本地事务和分布式事务。

3. ODBC . NET Framework 数据提供程序

System. Data. Odbc 命名空间为 ODBC . NET Framework 数据提供程序，用来访问托管空间中的 ODBC 数据源的类集合。该数据集可用于查询和更新数据源，常用的有 OdbcDataReader、OdbcCommand、OdbcConnection、OdbcDataAdapter 类。ODBC. NET Framework 数据提供程序使用本机 ODBC 驱动程序管理器（DM）启用数据访问。ODBC 数据提供程序支持本地事务和分布式事务。

4. Oracle . NET Framework 数据提供程序

System. Data. OracleClient 命名空间是用于 Oracle 的. NET Framework 数据提供程序。System. Data. OracleClient 中的这些类型已弃用，并将从. NET Framework 的未来版本中移除。Microsoft 建议您使用第三方 Oracle 提供程序。适用于 Oracle 的. NET Framework 数据提供程序允许使用 Oracle 客户端提供的 Oracle 调用接口（OCI）来访问 Oracle 数据库。该数据提供程序设计的功能与用于 SQL Server、OLE DB 和 ODBC 的. NET Framework 数据提供程序的功能类似。

5. EntityClient 提供程序

EntityClient 提供程序是一种数据提供程序，提供对实体数据模型（EDM）应用程序的数据访问。使用 System. Data. EntityClient 命名空间。实体框架应用程序使用该提供程序访问在概念模型中描述的数据。EntityClient 使用其他. NET Framework 数据提供程序访问数据源。例如，EntityClient 在访问 SQL Server 数据库时使用 SQL Server . NET Framework 数据提供程序（SqlClient）。

6. 用于. NET Framework Compact 4. 0 的 SQL Server 数据提供程序。

提供 SQL Server Compact 4. 0 的数据访问。使用 System. Data. SqlServerCe 命名空间。

本项目使用 SQL Server . NET Framework 数据提供程序实现数据库的相关操作。

任务 10. 3　数据库访问类

在软件设计中，SQL Server 数据库适用于中小型系统开发。使用 SQL Server 数据库处理问题主要用到 SQL Server . NET Framework 数据提供程序中数据核心类，包括 SqlConnection 类、SqlCommand 类、SqlDataReader 类、SqlDataAdapter 类。另外，除了这些用于数据处理的类，还要用到 C#用于存放数据的 Datatable 类和 Dataset 类。

10. 3. 1　SqlConnection 类

SqlConnection 类用于表示到 SQL Server 数据库的打开的连接。该类有三个构造函数：

```
public SqlConnection( )
public SqlConnection( string connectionString)
public SqlConnection( string connectionString,SqlCredential credential)
```

三个构造函数实现三种不同的数据连接方式。

1. 第一种数据连接方式

当使用第一个不带参数的构造函数时，要通过对 SqlConnection 对象的“ConnectionString”属性设置数据库的连接字符串。如下面的代码：

```
SqlConnection conn = new SqlConnection( ) ;
conn. ConnectionString = "Integrated Security = SSPI;Database = resume; Server = (local)" ;
```

2. 第二种数据连接方式

当使用第二个带有连接字符串的构造函数时，直接在声明数据连接对象时初始化，如下面的代码：

```
SqlConnection conn = new SqlConnection( "Integrated Security = SSPI;Database = resume; Server = (local);" ) ;
```

3. 第三种数据连接方式

此种连接方式使用 SqlCredential 类实现 Windows 身份验证（Integrated Security = true）下登录到 SQL Server 数据库的最安全的方式。

SqlCredential 提供了更安全的方式来指定使用 SQL Server 身份验证的登录尝试密码。

SqlCredential 类包括 UserId 属性和用于 SQL Server 身份验证的密码 Password 属性构成，SqlCredential 对象中的密码是 SecureString 类型。该类的构造函数如下：

public SqlCredential(string userId,SecureString password)

4. 连接字符串属性 ConnectiongString

Sqlconnection 类主要提供与 SqlServer 数据库连接的功能，主要方法为连接的打开和关闭，即 open( ) 方法和 close( ) 方法、生成 SqlComand 对象的 CreateComand( )；主要的属性为 ConnectiongString 属性，用于描述数据库的连接情况，主要包括下面一些关键字。

1）Data Source、Server、Address、Addr、Network Address：表示要连接的数据库服务器或网络地址。

2）Initial Catalog 或 Database：要连接的数据库的名字。

3）AttachDBFilename：主数据库文件的名称，包括可连接数据库的完整路径名。只有具有 .mdf 扩展名的主数据文件才支持 AttachDBFilename。

4）Integrated Security（集成安全）或 Trusted_ Connection（信任连接）：用于指定是否使用 Windows 的集成安全认证，当为 false 时，需要在连接中指定数据库的用户名和密码；当为 true 时，使用当前的 Windows 集成安全认证。有效值为 true、false、yes、no and sspi（strongly recommended），sspi 相当于 true。

5）User ID 或 UID：数据库 SQL Server 登录需要的账户。建议不使用，而使用 Windows 集成安全认证，即使用关键字 Integrated Security（集成安全）或 Trusted_ Connection（信任连接）为 true。

6）Password 或 Pwd：数据库 SQL Server 登录需要的密码。建议不使用，而使用 Windows 集成安全认证，即使用关键字 Integrated Security（集成安全）或 Trusted_ Connection（信任连接）为 true。其中 Connect Timeout 或 Connection Timeout 表示指定连接超时时间，单位为秒，在终止尝试与服务器连接的时间，默认为 15。在 Visual Studio 2008 中，如果使用自带的 SQL Server Express 时，由于第一次附加数据库到 SQL Server 中需要的时间比较长，因此此值最好大一些，比如 100 秒。

7）User Instance：指定是否创建实例，默认值为 false。如果是 SQL Server Express，必须选择 True，否则就没有对数据库操作的权限。

8）Workstation：连接到 SQL Server 工作站的名称，默认值为本地计算机的名称。

根据以上内容，已知数据连接对象 conn，我们可以得到下面几种连接数据的方式。使用每种连接方式可以在项目中连接到对应的应用程序。

1）使用数据库文件所在位置进行数据库配置，适用于数据库服务器没开启和开启的情况。

conn. ConnectionString = @"Data Source = (local); AttachDbFilename = D:\数据库 resume. mdf;Integrated Security = True; Connect Timeout = 60; User Instance = True";

也可以为：

conn. ConnectionString = "Data Source = (local); AttachDbFilename = D:\数据库\ resume. mdf;Integrated Security = True; Connect Timeout = 60; User Instance = True";

2）在项目中使用添加现有项的方法添加数据库文件得到的连接字符串，适用于数据库服务器没开启和开启的情况。得到的连接字符串为：

conn. ConnectionString = "DataSource = . \SQLEXPRESS;AttachDbFilename = |DataDirectory|\ resume. mdf;Integrated Security = True;User Instance = True"

需要说明的是，如果使用这种方法，程序运行时会在项目中的 Debug 目录下产生数据库的备份，这样，项目中将存在两个数据库，容易造成数据库操作的不一致性，建议修改数据的相对路径为绝对路径，不会出现操作不一致的问题，即上面的连接字符串修改为：

onn. ConnectionString = @ " Data Source = . \SQLEXPRESS; AttachDbFilename = D: \数据库 resume. mdf;Integrated Security = True; ";

3）在数据库服务器开启的情况下，可以采用以下方式连接。一种是使用 Windows 集成安全身份验证。例如：

conn. ConnectionString = " Integrated Security = SSPI; Database = resume; Server = localhost;"

或者：

conn. ConnectionString = " Trusted _ connection = true; Database = resume; Server = localhost;";

或者：

conn. ConnectionString = "Initial Catalog = resume;Data Source = localhost;Integrated Security = SSPI;");

另一种是在连接字符串中指定服务器名、用户 id、用户口令、数据库名等信息。例如：

conn. ConnectionString = " server = localhost; uid = sa; pwd = 123; database = resume";

5. 常用属性 State

该属性描述表示 SqlConnection 的状态，值为枚举类型 ConnectionState 枚举，常用值及表示含义如下。

1）Closed：连接处于关闭状态。

2）Connecting：连接对象正在与数据源连接。

3）Open：连接处于打开状态。

6. 常用方法

1）Open( ) 方法，使用 ConnectionString 指定的属性设置打开一个数据库连接，在数据访问前应该完成此方法。方法格式如下：

```
public override void Open( )
```

2）BeginTransaction( ) 方法，开始数据库事务。方法格式如下：

```
public SqlTransaction BeginTransaction( )
```

3）Close( ) 方法，关闭与数据库之间的连接。此方法是关闭任何打开连接的首选方法。方法格式如下：

```
public override void Close( )
```

4）CreateCommand( ) 方法，创建并返回一个与 SqlConnection 关联的 SqlCommand 对象。方法格式如下：

public SqlCommand CreateCommand( )

7. 数据库操作实现

第一次使用工具箱中的连接 SQL Server 的控件对象时，工具箱中往往没有显示，需要添加。添加方法如下：

在工具箱的选项卡上单击鼠标右键，选择“选择项”，如图 10－4 左图所示；弹出“选择项”对话框，可以使用筛选器选择要添加到选项卡的控件，如图 10－4 右图所示，单击“确定”按钮，完成控件添加。

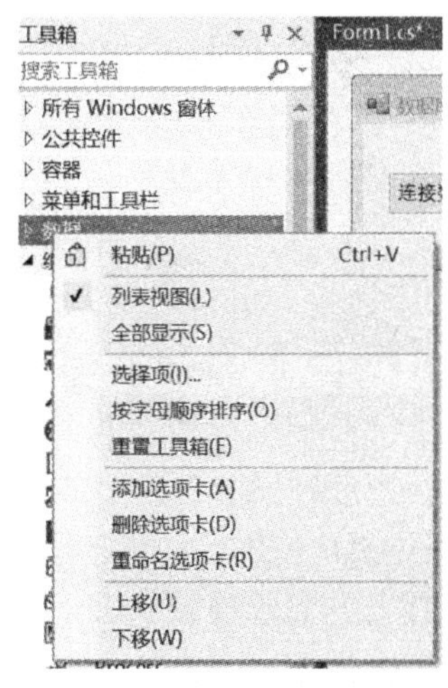

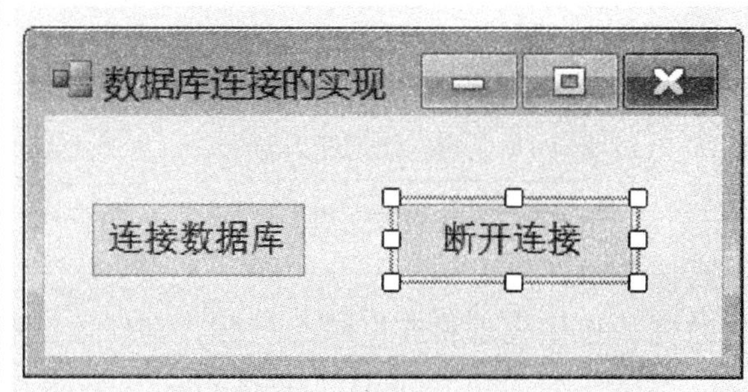

图 10－4　添加 SQL Server 控件

【例 10－1】编写 Windows 窗体应用程序，实现连接数据库 studentdb。

程序实现步骤如下。

1）新建 Windows 窗体应用程序，设置项目名称为“exp10_ 01”，并设置解决方案的名称为“chapter10”，用于存放本项目的例题。

2）窗体设计。设计窗体 Form1 的 Text 属性为“数据库连接的实现”。添加按钮 button1、button2，并分别设置 Text 属性为“连接数据库”、“断开连接”；添加 SqlConnection 控件 sqlConnection1，将在设计器下方显示图标。窗体设计如图 10－5 所示。

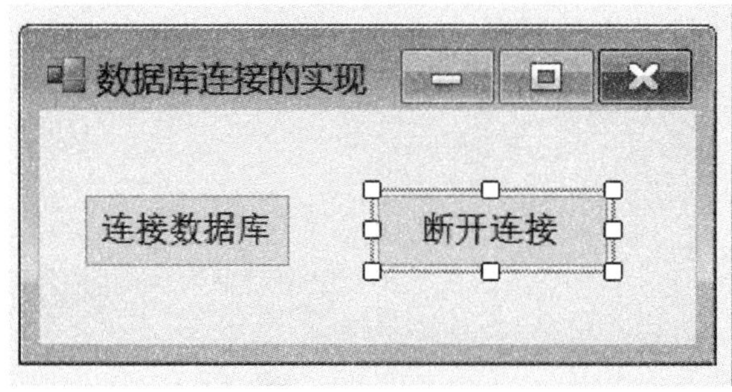

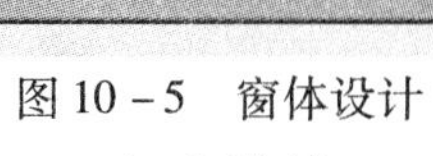

图 10－5　窗体设计

图 10－6　连接设置

3）设置 sqlConnection1 连接。

选中 sqlConnection1 控件，在属性选项卡选择“ConnectionString”属性，单击“新建连接”，如图 10－6 所示，弹出“添加连接”对话框，选择或填写数据服务器的名字；选择登陆方式，这里使用 Windows 登陆方式；选择数据库，如图 10－7 所示，然后单击“测试连接”，测试数据库是否成功关联，如图 10－8 所示。

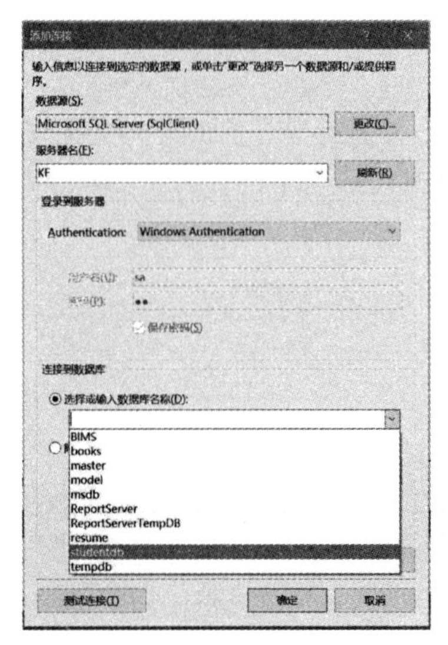

图 10－7　连接数据库设置

图 10－8　测试连接

4）编写按钮事件代码。

“连接数据”按钮实现将连接状态打开，实现数据连接，并显示连接状态。代码如下：

```
private void button1_Click(object sender, EventArgs e)
{
    this.sqlConnection1.Open();
    MessageBox.Show("数据库连接状态:" + this.sqlConnection1.State.
ToString(),"数据库连接信息",MessageBoxButtons.OK, MessageBoxIcon.Information);}
```

“断开数据”按钮实现将连接关闭，实现数据端口，并显示连接状态。代码如下：

```
private void button2_Click(object sender, EventArgs e)
{
    this.sqlConnection1.Close();
    MessageBox.Show("数据库连接状态:" + this.sqlConnection1.State.
ToString(),"数据库连接信息",MessageBoxButtons.OK, MessageBoxIcon.Information);
}
```

5）运行程序。运行结果如图 10－9 所示。

图 10－9　运行结果

【例 10－2】编写控制台应用程序，实现连接数据库 studentdb。

程序实现步骤如下。

1）在项目解决方案“chapter10”，新建控制台应用程序，设置项目名称为“exp10_02”。

2）在 Main( ) 方法内编写代码，并且在引入用到的命名空间，代码如下：

```
static void Main(string[ ] args)
{// 连接数据使用 SQL Server 安全认证,即使用用户名和密码登录
    string connstring  =  "server = (local);database = studentdb; uid = sa;
pwd = sa";
    SqlConnection conn  =  new SqlConnection(connstring);
    conn.Open();
    Console.WriteLine("数据库连接状态:" + conn.State.ToString());
    conn.Close();
    Console.WriteLine("数据库连接状态:"  +  conn.State.ToString());
    Console.Read();
}
```

3）将该项目设为启动项目，运行程序，程序运行结果如图 10－10 所示。

图 10－10　程序运行结果

10.3.2　SqlCommand 类

一般情况下，对数据的插入、删除、查询、更新等操作通过 SqlComand 类型的对象来实现，常用的 SQL 命令有 select、update、delete、insert 命令，也可以使用存储过程与触发器。

1. 常用的构造函数

SqlComand 类常用的构造函数有四个，介绍如下。

1）没有参数的构造函数，初始化 SqlCommand 类的新实例。格式如下：

```
public SqlCommand( )
```

这种方法适合已知 SqlConnetion 对象 conn，SqlCommand 对象的声明方法如下：

```
SqlCommand comd  =  new SqlCommand( );
comd.Connection  =  conn ;
```

2）没有参数的构造函数，使用查询的文本初始化 SqlCommand 类的新实例。格式如下：

public SqlCommand(string cmdText)

这种方法适合已知 SqlConnetion 对象 conn 与数据库操作语句，SqlCommand 对象的声明方法如下：

```
string sql = "select * from student ";
SqlCommand comd = new SqlCommand(sql);
comd.Connection = conn;
```

3）没有参数的构造函数，使用查询的文本和一个 SqlConnection 初始化 SqlCommand 类的新实例。格式如下：

public SqlCommand(string cmdText,SqlConnection connection)

这种方法适合已知 SqlConnetion 对象 conn 与数据库操作语句，SqlCommand 对象的声明方法如下：

```
string s = " select * from student ";
SqlCommand comd = new SqlCommand(s,conn);
```

4）使用查询文本、SqlConnection、SqlTransaction 初始化 SqlCommand 类的新实例。格式如下：

public SqlCommand(string cmdText,SqlConnection connection,SqlTransaction transaction)

这种方法适合已知 SqlConnetion 对象 conn 与数据库操作语句、事务 transaction，SqlCommand 对象的声明方法如下：

```
SqlCommand comd = new SqlCommand(s,conn,transaction);
```

2. 常用的属性

1）用于描述关联的数据库的 SqlConnection 对象的属性 Connection。

2）用于存放数据库操作命令 Transact－SQL 语句、表名或存储过程的 CommandText 属性。

3）用于描述数据库命令的属性 CommandType，该值指示解释 CommandText 属性的方式。值为枚举类型 System. Data. CommandType 值之一。该枚举类型的值如下。

① StoredProcedure。当 CommandType 属性设置为 StoredProcedure 时，CommandText 属性应设置为要访问的存储过程的名称。如果指定的任何表包含任何特殊字符，那么用户可能需要使用转义符语法或包括限定字符。当调用 Command 对象的 Execute 方法之一时，将返回命名表的所有行和列。下面的代码段中描述传递存储过程的处理。

```
comd.CommandText = "loginon";//loginon 为存储过程名
comd.CommandType = CommandType.StoredProcedure;
SqlParameter stuidp = new SqlParameter("@stuid", SqlDbType.BigInt, 8);// @stuid 为存储过程中参数
stuidp.Value = stuid; //为参数赋值
comd.Parameters.Add(stuidp); //将参数添加到 Command 对象参数列表中
SqlParameter password = new SqlParameter("@password", SqlDbType.NVarChar, 8);
password.Value = psd;
```

comd. Parameters. Add(password) ;

② TableDirect。只有用于 OLE DB 的 .NET Framework 数据提供程序才支持 TableDirect。当 CommandType 设置为 TableDirect 时,不支持对多个表的访问。CommandType 属性设置为 TableDirect 时,应将 CommandText 属性设置为要访问的表的名称。如果已命名的任何表包含任何特殊字符,那么用户可能需要使用转义符语法或包括限定字符。当您调用“执行”(Execute) 方法之一时,将返回命名表的所有行和列。

③ Text。该值为默认值，表示 CommandText 属性应设置的为 SQL 文本命令。如果 SQL 命令中含有参数，实现过程如下。

参数类型为 SqlParameter，调用 SqlParameter 构造函数声明相关的参数对象常用的格式如下：

SqlParameter 对象名 = new SqlParameter("相关联的参数名",参数的类型, 长度);

对象名. Value = 参数值; //实现对参数赋值

SqlCommand 实例对象. Parameters. Add(对象名) ; //将参数添加到 SqlCommand 实例的参数列表中

3. 常用方法

SqlCommand 类常用的操作数据库的方法有以下三个。

(1) ExecuteNonQuery( ) 方法

该方法执行 SQL 语句的结果，返回操作所影响数据表的行数。该方法一般用于 UPDATE、INSERT 或 DELETE 语句直接操作数据库中的表数据，并且不需要将数据取出来进行其他处理的情况。

(2) ExecuteReader( ) 方法

该方法提供了顺序读取数据库中数据的方法。根据提供的 SELECT 语句，返回一个类似于二维数据库表格的数据集 SqlDataReader 对象。

(3) ExecuteScaler( ) 方法

该方法用于执行 SELECT 查询，返回结果为一个值，多用于查询聚合值的情况等单个数据项查询的情况。

4. 数据操作实现

SqlCommand 类实现了对数据库的操作，在保持连接的方式访问并操作数据库的一般步骤为：

1）创建 SqlConnection 的实例。

2）创建 SqlCommand 的实例。

3）打开连接，将 SqlCommand 关联，并给 SqlCommand 的 ComandText 赋值为合法的 sql 语句。

4）执行命令。

5）关闭连接。

【例 10 - 3】在【例 10 - 1】的基础上实现学生信息的添加，学生信息添加界面设计见图 8 - 31。

程序实现步骤如下。

1）在项目解决方案“chapter10”中，新建 Windows 窗体应用程序，设置项目名称为“exp10_ 03”。

2）窗体设置。设置窗体 Form1 的 Text 属性为“学生信息添加”，添加 SqlConnection 控件 sqlConnection1，并设置连接属性；添加 SqlCommand 控件 sqlCommand1，设置 Connection 属性为“sqlConnection1”，如图 10 – 11 所示；添加打开文件对话框 openFileDialog1 用于实现照片的选择；其余控件见窗体设计如图 10 – 12 所示，控件的属性如表 10 – 1 所示。

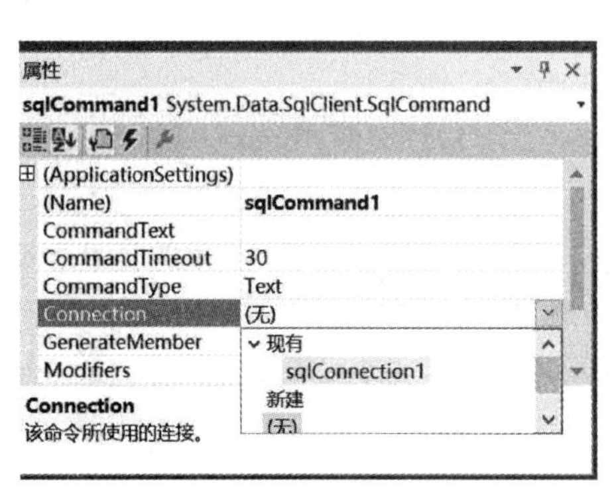

图 10 – 11　sqlCommand1 属性设置

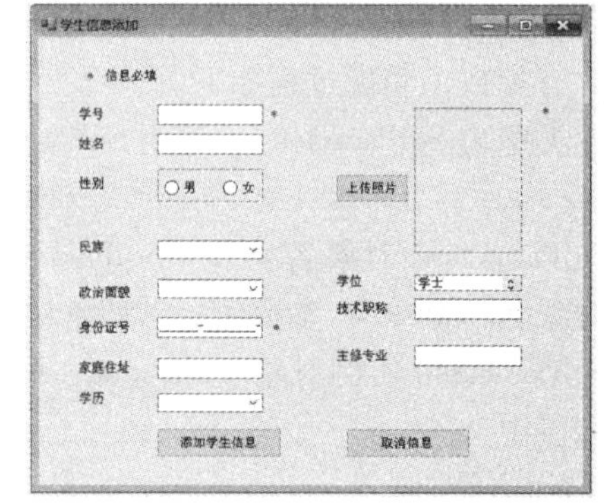

图 10 – 12　学生信息添加窗体设置

表 10 – 1　窗体中部分控件的属性设计

控件名称	属性	属性值	备注
textstuid	Name	textstuid	TextBox，接收 stuid
textname	Name	textname	TextBox 控件，接收姓名
panel2	Name	panel2	存放 radioButton1、radioButton2
radioButton1	Text	男	RadioButton
radioButton2	Text	女	RadioButton
combonation	Items	汉族　回族	ComboBox 控件
combozhengzhi	Items	共青团员　中共党员　群众	表示政治面貌的 ComboBox 控件
textidcard	Mask	000000 – 00000000 – 000A	MaskedTextBox 控件
textadress	Name	textadress	表示家庭住址的 TextBox 控件
comboxueli	Items	大学　高中　初中　小学	表示学历的 ComboBox 控件
pictureBox1	Name	pictureBox1	显示照片的 PictureBox 控件
listxuewen	Items	学士　硕士　博士　无	表示学位的 ListBox 控件
textteach	Name	textteach	技术职称 TextBox 控件
textmajor	Name	textmajor	主修专业的 TextBox
button1	Text	添加信息	Button 控件
button2	Text	上传照片	Button 控件
button3	Text	取消信息	Button 控件

3）添加 Student 类，引入需要的命名空间，实现学生信息封装与学生信息添加的方法。类代码如下：

```
class Student
{
    private int stuid;
    public int Stuid
    {
        get { return stuid; }
        set { stuid = value; }
    }
    private string studentname;
    public string Studentname
    {
        get { return studentname; }
        set { studentname = value; }
    }
    private string sex;
    public string Sex
    {
        get { return sex; }
        set { sex = value; }
    }
    private string nation;
    public string Nation
    {
        get { return nation; }
        set { nation = value; }
    }
    private string politicstatus;
    public string Politicstatus
    {
        get{ return politicstatus; }
        set { politicstatus = value; }
    }
    private string idcard;
    public string Idcard
    {
        get { return idcard; }
```

```
    set { idcard = value; }
}
private string address;
public string Address
{
    get { return address; }
    set { address = value; }
}
private string education;
public string Education
{
    get { return education; }
    set { education = value; }
}
private string degree;
public string Degree
{
    get { return degree; }
    set { degree = value; }
}
private string technicaltitle;
public string Technicaltitle
{
    get { return technicaltitle; }
    set { technicaltitle = value; }
}
private string major;
public string Major
{
    get { return major; }
    set { major = value; }
}
byte[ ] photo;
public byte[ ] Photo
{
    get { return photo; }
    set { photo = value; }
}
```

```
        public Student( ) { }
        public static bool AddStudent(Student stu,SqlCommand comd)
        {
            string sql = "insert into student(stuid,studentname,sex,nation,politic-
status," +
    " idcard,address,education," +
    "degree,technicaltitle,major,photo) values('" + stu.Stuid
                + "','" + stu.Studentname
                + "','" + stu.Sex
                + "','" + stu.Nation
                + "','" + stu.Politicstatus
                + "','" + stu.Idcard
                + "','" + stu.Address
                + "','" + stu.Education
                + "','" + stu.Degree
                + "','" + stu.Technicaltitle
                + "','" + stu.Major
                + "', @p)";
            Console.WriteLine(sql);
            comd.Parameters.Add("@p", SqlDbType.Image);
            comd.Parameters["@p"].Value = stu.Photo;
            comd.CommandText = sql;
            int k = comd.ExecuteNonQuery();
            if (k > 0)
                return true;
            else
                return false;
        }
        }
```

4）添加窗体事件代码。

① 程序运行时，需要数据连接的状态为 Open，双击窗体空白区域，编写窗体载入代码如下。并且在窗体中添加成员对象 stu，便于数据信息的封装。

```
    Student stu = new Student();
        private void Form1_Load(object sender, EventArgs e)
        {
            this.sqlConnection1.Open();
        }
```

② 添加“上传照片”的单击事件，代码如下：

```
private void button2_Click(object sender, EventArgs e)
{
    openFileDialog1.Filter = "Text Files(*.jpg)|*.jpg";
    if (openFileDialog1.ShowDialog() == DialogResult.OK)
    {
        FileStream fs = new FileStream(openFileDialog1.FileName, FileMode.Open, FileAccess.Read);
        byte[] imagebytes = new byte[fs.Length];//fs.Length 文件流的长度,用字节表示
        BinaryReader br = new BinaryReader(fs);//二进制文件读取器
        imagebytes = br.ReadBytes(Convert.ToInt32(fs.Length));
        // 修改文件的大小
         Image img = new Bitmap(Image.FromStream(new MemoryStream((byte[])imagebytes)), 80, 100);
        MemoryStream ms = new MemoryStream();
        img.Save(ms, System.Drawing.Imaging.ImageFormat.Jpeg);
        //封装照片信息
        byte[] arrbyte1 = ms.GetBuffer();
        stu.Photo = arrbyte1;
        MemoryStream oStream = new MemoryStream(stu.Photo);
        pictureBox1.Image = Image.FromStream(oStream);
    }
}
```

③ 为按钮“添加学生信息”添加单击事件代码，代码如下：

```
private void button1_Click(object sender, EventArgs e)
{ //封装信息
    stu.Stuid = int.Parse(textstuid.Text);
    stu.Studentname = textname.Text;
    if (radioButton1.Checked == true)
    {
        stu.Sex = radioButton1.Text;
    }
    if (radioButton2.Checked == true)
    {
        stu.Sex = radioButton2.Text;
    }
    stu.Nation = combonation.Text;
    stu.Politicstatus = combozhengzhi.Text;
```

```
            stu.Idcard = textidcard.Text;
            stu.Address = textadress.Text;
            stu.Education = comboxueli.Text;
            stu.Degree = listxuewen.Text;
            stu.Technicaltitle = textteach.Text;
            stu.Major = textmajor.Text;
            if (textname.Text.Trim() == "" || textidcard.Text == "" || (this.
pictureBox1.Image == null))
            {
                MessageBox.Show("带*号的是必须填的!");
                label16.Visible = true;
                label17.Visible = true;
                label18.Visible = true;
            }
            else
            {
                if (Student.AddStudent(stu,this.sqlCommand1))
                {
                    MessageBox.Show("完成注册!");
                }
                else
                {
                    MessageBox.Show("注册失败!");
                }
            }
        }
```

④“取消信息”实现删除控件的内容，这里不再描述，由读者自己完成。

5）将该项目设为启动项目，运行程序，选择照片，选择相关的信息，填写相关内容。单击“添加学生信息”完成学生信息的添加，如图 10－13 所示。这时数据库中成功添加了一条记录。

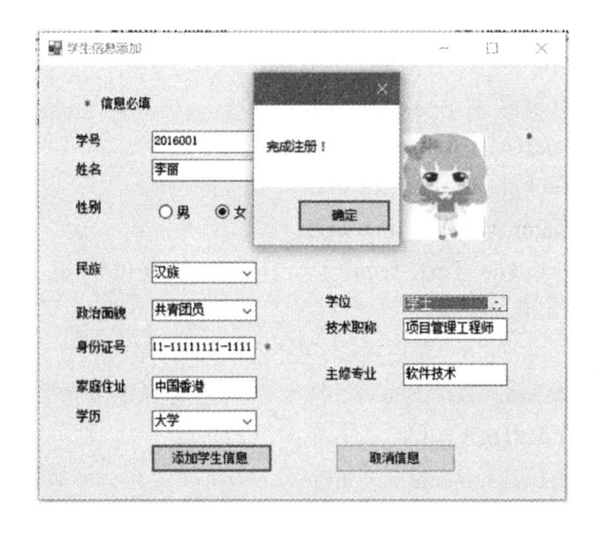

图 10－13　程序运行结果

需要说明的是，在程序运行中，有可能引发异常，如数据库中关键字不能相同，及不能添加学号相同的数据信息等。

【例 10－4】在【例 10－2】基础上创建 SqlComand 对象，实现数据处理功能。

分析：【例 10－3】通过添加控件的方式实现数据连接及数据操作命令对象的添加，在实际操作中使用不便，如果在窗体应用程序中需要重复操作。如果通过代码的方式生成数据连接及数据命令操作比较方便，便于多次调用。为了解决这样的问题，在【例 10－3】中添加用于数据连接及数据库操作的类 DBConn，封装数据连接、数据操作。

程序实现步骤如下。

1）在 exp10_ 03 中添加 DBConn 类，引入需要的命名空间，封装数据连接及数据命令更新数据库的方法，代码如下：

```
class DBConn
    {
        private string connstring = "server = (local);database = studentdb; uid = sa; pwd = sa";
        public SqlConnection GetConnection()
        {
            SqlConnection conn = new SqlConnection(connstring);
            return conn;
        }
        public bool Update(string sql)
        {
            SqlConnection conn = null;
            bool flag = false;
            conn = this.GetConnection();
```

```
            SqlCommand comd = conn. CreateCommand( );
            comd. CommandText = sql;
            conn. Open( );
            int s = comd. ExecuteNonQuery( );
            if (s < = 0)
                flag = false;
            else
                flag = true;
            return flag;
        }
    }
```

2）在 Student 类中添加一个重载的学生信息添加方法，因为要添加的照片是二进制数组类型，这里必须使用参数或者存储过程实现。这里使用参数。

```
        public static bool AddStudent(Student stu)
        {
            DBConn conn = new DBConn( );
            SqlConnection con = conn. GetConnection( );
            con. Open( );
            SqlCommand comd = con. CreateCommand( );
            string sql = "insert into student(stuid,studentname,sex,nation,poli-
ticstatus," +
        " idcard,address,education," +
        "degree,technicaltitle,major,photo) values('" + stu. Stuid
                + "','" + stu. Studentname
                + "','" + stu. Sex
                + "','" + stu. Nation
                + "','" + stu. Politicstatus
                + "','" + stu. Idcard
                + "','" + stu. Address
                + "','" + stu. Education
                + "','" + stu. Degree
                + "','" + stu. Technicaltitle
                + "','" + stu. Major
                + "', " +stu. photo + " )" ;
            Console. WriteLine(sql);
            comd. Parameters. Add( "@p" , SqlDbType. Image);
            comd. Parameters[ "@p" ]. Value = stu. Photo;
            comd. CommandText = sql;
```

```
        int k  =  comd.ExecuteNonQuery();
        if (k  > 0)
            return true;
        else
            return false;
    }
```

3）修改 Form1 中“添加学生信息”按钮事件的学生添加代码，不再需要创建的 sqlCommand1 对象和 sqlConnection1 对象，可以从程序中删除。将下面的调用代码进行修改。

```
    if (Student.AddStudent(stu,this.sqlCommand1))
    {
        MessageBox.Show("完成注册!");
    }
    else
    {
        MessageBox.Show("注册失败!");
    }
```

修改为：

```
    if(Student.AddStudent(stu))
    {
        MessageBox.Show("完成注册!");
    }
    else
    {
        MessageBox.Show("注册失败!");
    }
```

运行程序，同样能实现学生信息注册功能。

10.3.3 SqlDataReader 类

SqlDataReader 对象类似一张二维的数据库表格，一般用于存放 Command 对象检索得到的数据集。该类不能使用构造函数实例化对象，若要创建 SqlDataReader，必须调用 SqlCommand 对象的 ExecuteReader 方法生成。

1. 常用属性

FieldCount 属性：获取当前行中的列数。

HasRows 属性：获取一个值，该值指示 SqlDataReader 是否包含一行或多行。若 SqlDataReader包含一行或多行，则为 true，否则为 false。

2. 常用的方法

(1) Read() 方法

常用的方法是 Read() 方法，使 SqlDataReader 前进到下一条记录，返回值为 bool 类

型，值为 true 时，表示当前集合还有可以访问的记录；值为 false 时，则表示当前数据集为空或者当前记录为空。格式代码如下：

```
public override bool Read( )
```

（2）获取记录中某个数据的方法

如果当前记录不为空，可以使用记录数据项值的类型及索引顺序或者名字读取字段值。下面的格式代码获取从 0 描述的第 i 个 double 类型的数据项的值。

```
public override double GetDouble (int i) //i 从零开始的列序号
```

也可以使用另外两种方式获取数据项的值。可以通过数据记录中数据字段名或数据字段的索引获取对应字段的值，访问一条记录中某个字段的方法如下：

```
string stuid = reader[0]. ToString( ); // 通过 stuid 在一条记录中的索引值访问
stuid  = reader. GetString(0); // 通过 stuid 在一条记录中的索引值访问
stuid  = reader[ "stuid" ]. ToString( );// 通过 stuid 在一条记录中的字段名访问
```

3. 数据操作实现

【例 10－5】完成【例 8－1】登录功能实现。

分析：这里我们使用 Windows 应用程序来实现。在 DBConn 中添加根据 sql 语句检索数据库得到 SqlDataReader 对象，在项目中添加 Users 类，在 Users 类中添加登录方法，实现在 users 表中检索数据，若数据存在，则登录成功。

程序实现步骤如下。

1）在项目解决方案“chapter10”中，新建 Windows 窗体应用程序，设置项目名称为“exp10_ 05”。

2）设计窗体，修改默认窗体名称为 LoginFrm。窗体设计如图 10－14 所示，设计用于接收密码的 textBox2 的 PasswordChar 属性为“ * ”。

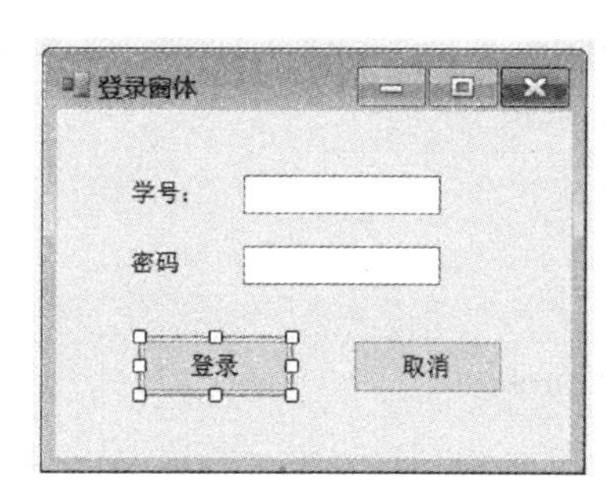

图 10－14　窗体设计

3）在 DBConn 中添加根据 sql 语句查询得到 SqlDataReader 对象的方法，代码如下：

```
public SqlDataReader SelectReader( string sql)
{
    SqlDataReader crs  =  null;
    SqlConnection conn  =  this. GetConnection( );
    conn. Open( );
    SqlCommand comd  =  conn. CreateCommand( );
    comd. CommandText  =  sql;
```

```
        crs = comd.ExecuteReader();
        return crs;
    }
```

4）在项目中添加 Users 类，在类中需要调用同一个解决方案下 exp10_ 03 的 DBConn 类，需要在命名空间添加 DBConn 的命名空间引用，在解决方案资源管理器中选择该项目，右键单击依次选择“添加”→“引用”，弹出如图 10－15 所示的选择框，单击“项目”，选中“exp10_ 03”，会在命名空间第一条显示引用“using exp10_ 03;”。

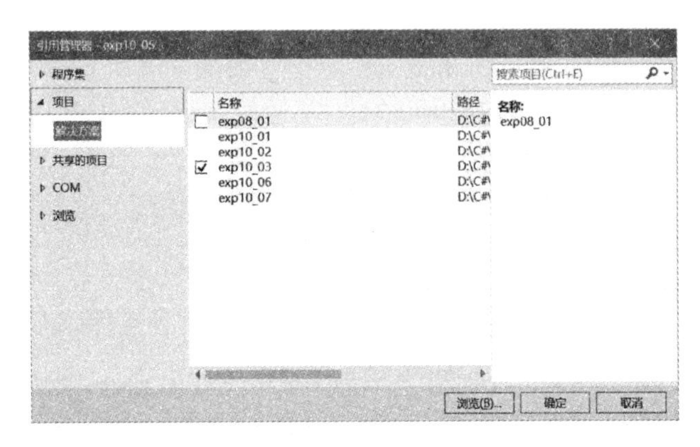

图 10－15　添加项目引用

添加登录方法，代码如下：

```
class Users
{
    String stuid;
    String password;
    public string Stuid
    {
        get
        {
            return stuid;
        }
        set
        {
            stuid = value;
        }
    }
    public string Password
    {
        get
        {
```

```
                return password;
            }
            set
            {
                password = value;
            }
        }
        public bool Login( )
        {
            DBConn db = new DBConn( );
        string sql = "select * from users where stuid ='" + stuid + "'and password
='" + password + "'";
            SqlDataReader dr = db.SelectReader(sql);
            if (dr.Read( ))
            {
                return true;
            }
            else
            {
                return false;
            }
        }
    }
```

5）双击“登录”按钮，将用户信息封装为 Users 对象，然后调用 Login 方法进行判断信息是否正确。代码如下：

```
        private void button1_Click(object sender, EventArgs e)
        {
            Users user = new Users( );
            user.Stuid = textBox1.Text.Trim( );
            user.Password = textBox2.Text.Trim( );
            if(user.Login( ))
            {
                MessageBox.Show("登录成功!");
            }
            else
            {
                MessageBox.Show("登录失败!");
            }
```

}

6）将该项目设为启动项目，运行程序。事先在数据库中 users 表中添加一条记录学号为 2016001 信息。使用记录信息登录窗体，登录成功；使用不存在的信息登录，登录失败，如图 10－16 所示。

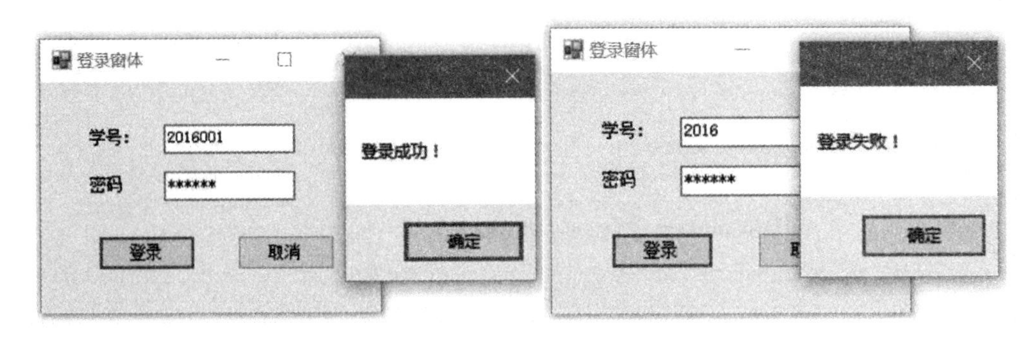

图 10－16　登录窗体的运行结果

10.3.4　SqlDataAdapter 类

SqlDataAdapter 对象表示用于填充 DataSet 和更新 SQL Server 数据库的一组数据命令和一个数据库连接。SqlDataAdapter（数据适配器）类型的对象在 DataSet 类型的对象和数据源之间架起了一座“桥梁”。SqlDataAdapter 可以通过隐式使用 SqlConnection、SqlCommand 类型的对象填充 DataSet 对象，填充完成后与数据库服务器的连接就自动断开，就可以在与数据库服务器不保持连接的情况下对 DataSet 中的数据表进行浏览、插入、修改、删除等操作，并将对于 DataSet 对象的更改更新相应的数据库。

1. 常用属性

常用属性 SelectCommand、InsertCommand、UpdateCommand 和 DelectCommand 四个属性，分别用于在数据源中选择记录、插入新记录、更新记录、删除记录。一般情况下，我们只需要向 SqlDataAdapter 对象提供 SELECT 语句和连接字符串参数，然后利用 SqlCommandBuilder 对象让其自动生成 InsertCommand、UpdateCommand 和 DeleteCommand。

2. 常用构造函数

1）初始化 SqlDataAdapter 类的新实例。

```
public SqlDataAdapter()
```

2）初始化 SqlDataAdapter 类的新实例，用指定的 SqlCommand 作为 SelectCommand 的属性。

```
public SqlDataAdapter(SqlCommand selectCommand)
```

3）使用 SelectCommand 和 SqlConnection 对象初始化 SqlDataAdapter 类的一个新实例。

```
public SqlDataAdapter(string selectCommandText,SqlConnection selectConnection)
```

3. 常用方法

（1）Fill(DataSet dataSet）方法

该方法用来执行 SelectCommand，用数据源的数据填充 DataSet 对象。在 DataSet 中添加或刷新行。方法格式如下：

public override int Fill(DataSet dataSet)

(2) Fill(DataTable dataTable) 方法

在 DataSet 的指定范围中添加或刷新行，以与使用 DataTable 名称的数据源中的行匹配。方法格式如下：

public int Fill(DataTable dataTable)

(3) Update(DataSet dataSet) 方法

该方法用来将 DataSet 对象中更改的内容更新到数据库中。方法格式如下：

public override int Update(DataSet dataSet)

4. SqlCommandBuilder 类

自动生成单表命令，用于将对 DataSet 所做的更改与关联的 SQL Server 数据库的更改相协调。常用的构造函数如下。使用关联的 SqlDataAdapter 对象初始化 SqlCommandBuilder 类的新实例。

public SqlCommandBuilder(SqlDataAdapter adapter)

该类对象常用的方法如下。

1) GetDeleteCommand( ) 方法：获取自动生成的、对数据库执行删除操作所需的 SqlCommand 对象。方法格式如下：

public SqlCommand GetDeleteCommand( )

2) GetUpdateCommand( ) 方法：获取自动生成的、对数据库执行更新操作所需的 SqlCommand 对象。方法格式如下：

public SqlCommand GetUpdateCommand( )

3) GetInsertCommand( ) 方法：获取自动生成的、对数据库执行插入操作所需的 SqlCommand 对象。方法格式如下：

public SqlCommand GetInsertCommand( )

5. 数据库操作实现

使用这种方式操作数据库的一般步骤如下。

1) 创建 SqlConnection 的实例。

2) 创建 SqlComand 实例。

3) 创建 SqlDataAdapter 的实例，并与 SqlComand 实例关联，需要的话，通过 SqlCommandBuilder 设置 InsertCommand、UpdateCommand 和 DeleteCommand 属性，以便实现数据的更新。

4) 创建 DataSet 的实例。

5) 使用 Fill 方法将数据库中的表填充到 DataSet 的表中。

6) 利用 DataGridView 或者其他控件对象编辑或显示数据。

7) 需要的话，使用 Update 方法更新数据库。

10.3.5　DataTable 类

DataTable 类型的对象表示一个关系数据的一张表，它提供了对表中数据的各种操作。可以由其他 .NET Framework 对象使用，最常见的情况是作为 DataSet 的成员使用。

DataTable 类型的对象可以通过构造函数创建，也可使用 DataAdapter 对象的 Fill 方法或 FillSchema 方法在 DataSet 中创建。与关系数据库中的表结构类似，DataTable 对象也包括行、列以及约束等属性。初次创建 DataTable 类型的对象时，该表没有架构，需要创建 DataColumn 的列对象添加到表内，每一个 DataColumn 对象表示一列，每列也都有一个固定的 DataType 属性，表示该列的数据类型；除此之外，每个表中也可以包含多行，每一行都是一个 DataRow 类型的对象

1. 常用属性

Columns 属性：获取属于该表的列的集合。

Rows 属性：获取属于该表的行的集合。

2. 常用构造方法

常用的构造方法如下，用指定表名实例化表格对象。

```
public DataTable(string tableName)
```

3. 常用方法

1）NewRow( ) 方法，创建与该表具有相同架构的新 DataRow。

```
public DataRow NewRow( )
```

（2）Clear( ) 方法，清除所有数据的 DataTable。

```
public void Clear( )
```

4. 数据库操作实现

（1）创建 DataTable 对象

1）使用 DataTable 类的构造函数创建 DataTable 对象。例如：

```
DataTable table = new DataTable( );
DataTable table = new DataTable("student");
```

2）调用 DataSet 的 Tables 对象的 Add 方法创建 DataTable 对象。例如：

```
DataSet dataset = new DataSet( );
DataTable table = dataset.Tables.Add("student");
```

3）使用 DataAdapter 类型的对象调用 Fill 方法实现。

```
dapter.Fill(dataset1,"stu");//使用数据集填充一张表 stu
```

（2）在 DataTable 对象中添加列

在 DataTable 对象中添加列的常用的方法是调用 DataTable 对象的 Column 中的 Add 方法。添加后的每一列都是一个 DataColumn 对象。例如：

```
DataTable table = new DataTable("Product");//创建一个数据列
DataColumn column = new DataColumn( );
column.DataType = System.Type.GetType("System.String");
column.AllowDBNull = false;
column.Caption = " productid";
column.ColumnName = " productid ";
// Add the column to the table.
table.Columns.Add(column);
```

上面的代码等价于

```
table.Columns.Add("productid ", typeof(String));
```

(3) 设置 DataTable 对象的主键

数据库表通常都有一列或一组列，用于唯一地标识表中的每一行。这种具有标识作用的列或列组称为主键。在将一个单独的 DataColumn 标识为 DataTable 的 PrimaryKey 时，表会自动将列的 AllowDBNull 属性设置为 false，并将 Unique 属性设置为 true。若是多列主键，则只有 AllowDBNull 属性自动设置为 false。DataTable 的 PrimaryKey 属性会将一个或多个 DataColumn 对象的数组接收为它的值。定义的方法如下：

```
table.PrimaryKey = new DataColumn[] { table.Columns["productid "] };
```

或者

```
DataColumn[] columns = new DataColumn[1];
columns[0] = table.Columns["productid D"];
table.PrimaryKey = columns;
```

(4) 在 DataTable 对象中创建行

DataRow 和 DataColumn 对象是 DataTable 的主要组件。使用 DataRow 对象及其属性和方法检索、评估、插入、删除和更新 DataTable 中的值。DataTable 对象的每一行都是一个 DataRow 对象，创建行时先利用 DataTable 对象的 NewRow 方法创建一个 DataRow 对象，并设置新行中各列的数据，然后利用 Add 方法将 DataRow 对象添加到表中。

【例 10-6】创建 DataTable 表 student 表，包括 id、name、password 三个字段，并添加数据记录，将结果显示在界面的 DataGridView 控件上。

分析：生成 student 表，并添加三个 string 类型的字段，添加一条或多条数据记录，然后设置 DataGridView 控件的 DataSource 属性为表即可。

程序实现步骤如下。

1) 在项目解决方案“chapter10”中，新建 Windows 窗体应用程序，设置项目名称为“exp10_06”。

2) 设计窗体，添加 button1、DataGridView 网格显示控件 dataGridView1，窗体设计如图 10-17 所示。

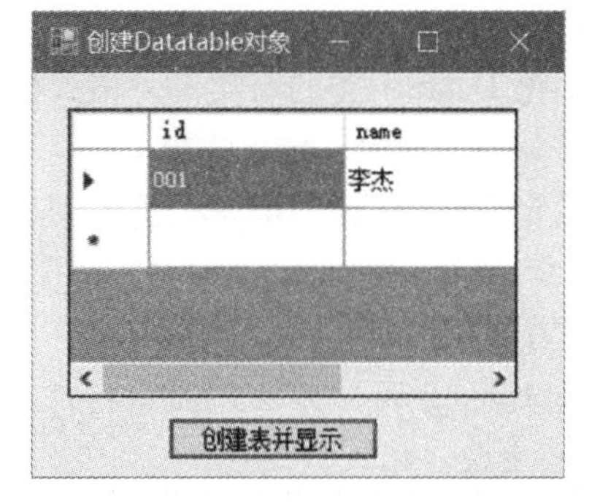

图 10-17　窗体设计　　图 10-18　运行结果

3) 在窗体上双击“创建表并显示”按钮，编写事件代码如下：

```
private void button1_Click(object sender, EventArgs e)
```

```
{
    DataTable table = new DataTable();
    table.TableName = "student";
    DataColumn dc = new DataColumn();
    table.Columns.Add("id", typeof(string));
    DataColumn dc1 = new DataColumn();
    table.Columns.Add("name", typeof(string));
    DataColumn dc2 = new DataColumn();
    table.Columns.Add("psd", typeof(string));
    table.PrimaryKey = new DataColumn[] { table.Columns["id"] };
    DataRow row = table.NewRow();
    row["id"] = "001";
    row["name"] = "李杰";
    row["psd"] = "123456";
    table.Rows.Add(row);
    dataGridView1.DataSource = table;
}
```

4）将本项目设定为启动项目，运行程序，单击“创建表并显示”按钮，运行结果如图 10－18 所示。

10.3.6 DataSet 类

DataSet 对象相当于一个二维的数据库，用于存放多张 DataTable 类型的表格，一般情况下，用于实现数据的浏览等相关操作。

1. 常用属性

Tables 属性：此 DataSet 包含的 DataTableCollection。如果 DataTable 对象不存在，将返回空集合。

DataSetName 属性：获取或设置当前 DataSet 的名称。

2. 常用构造方法

1）初始化 DataSet 类的新实例。格式代码如下：

```
public DataSet()
```

2）用给定名称初始化 DataSet 类的新实例。格式代码如下：

```
public DataSet(string dataSetName)
```

3. 常用方法

1）AcceptChanges() 方法，提交自加载此 DataSet 或上次调用 AcceptChanges 以来对其进行的所有更改。格式代码如下：

```
public void AcceptChanges()
```

2）HasChanges() 方法，判断此 DataSet 是否有更改，若 DataSet 有更改，则为 true，否则为 false。格式代码如下：

public bool HasChanges( )

4. 数据操作实现

(1) 创建 DataSet 对象

可以使用构造函数创建 DataSet 类型的对象，也可以使用【解决方案资源管理器】向项目中添加一个新建的或者已经存在的数据库，或者通过菜单中的【数据】【创建数据源】创建或添加一个已经存在的数据库时，向导都会自动在项目中创建一个 DataSet 对象。使用构造函数建立 DataSet 对象的方法如下：

```
DataSet dataset = new DataSet( );
```

(2) 填充 DataSet 对象

创建 DataSet 后，并不包括表格对象，可以使用创建好的 DataTable 对象进行添加。一般情况下，使用 SqlDataAdapter 对象把数据导入到 DataSet 对象中，调用其 Fill 方法将数据填充到 DataSet 中的某个表中。

【例 10-7】设计 Windows 应用程序，实现数据库中 student 表的数据显示在 dataGridView 控件上，并能通过 dataGridView 控件实现数据更新。

分析：这里使用两种方法实现，一种是使用工具箱中的控件进行实现，一种是使用代码实现。

方法一：使用控件的方法建立数据连接 SqlConnection，然后使用控件的方式配置数据适配器 SqlDataAdapter，并生成数据集，几乎不编写任何代码完成该操作。查看窗体的设计文件，会发现控件的代码自动实现的情况。但是，这种情况只是适合数据要求不太严谨的情况。实现步骤如下。

1) 在项目解决方案“chapter10”中，新建 Windows 窗体应用程序，设置项目名称为“exp10_ 07”。

2) 设计窗体，修改窗体的名字为 StudentListFrm。添加 button1、button2，并分别设置 Text 属性为“查询”、“更新”。放置 DataGridView 网格显示控件 dataGridView1。

① 在窗体上添加 SqlConnection1。设置连接属性，操作见【例 10-1】。

② 在窗体上拖放 SqlDataAdapter 控件，弹出“数据适配器配置向导”，如图 10-19 所示。选择刚创建好的连接，单击“下一步”，弹出如图 10-20 所示；选择“使用 SQL 语句”，单击“下一步”，弹出如图 10-21 所示，选择“查询生成器”，在查询生成器中添加表 student 表中所有的列；依次单击“下一步”，完成结果如图 10-22 所示。

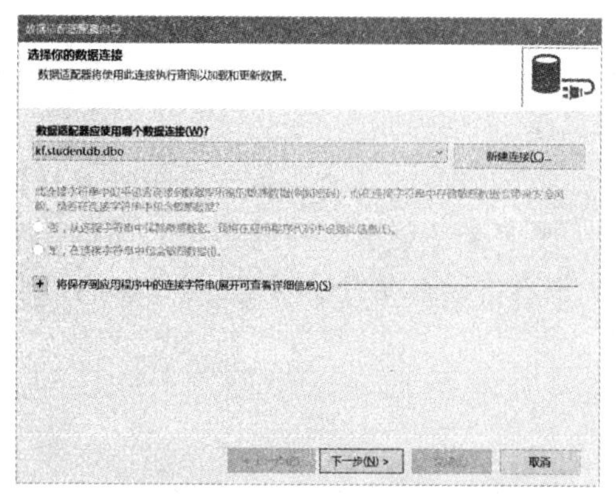

图 10－19　选择连接

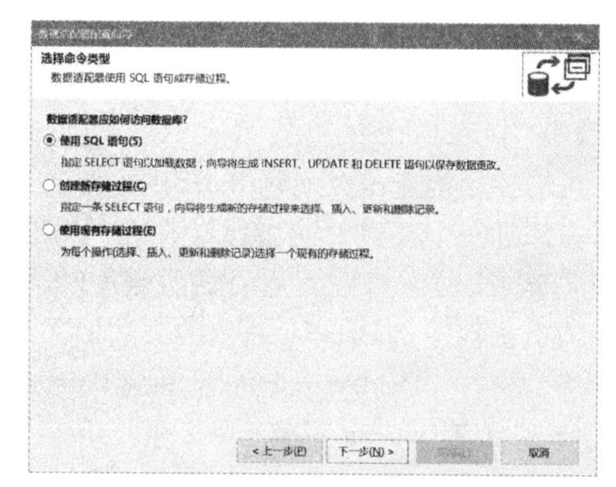

图 10－20　选择命令类型

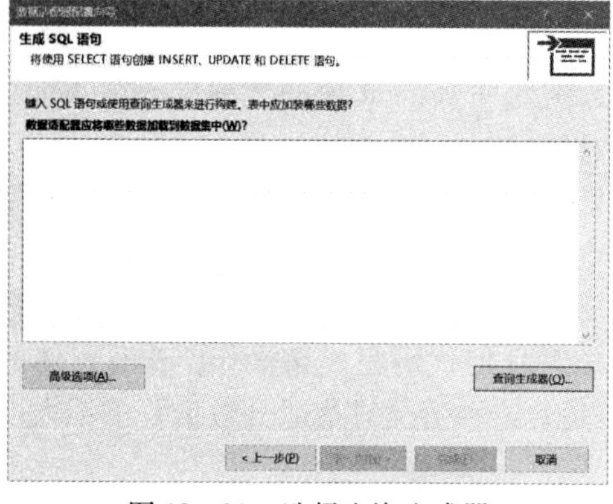

图 10－21　选择查询生成器

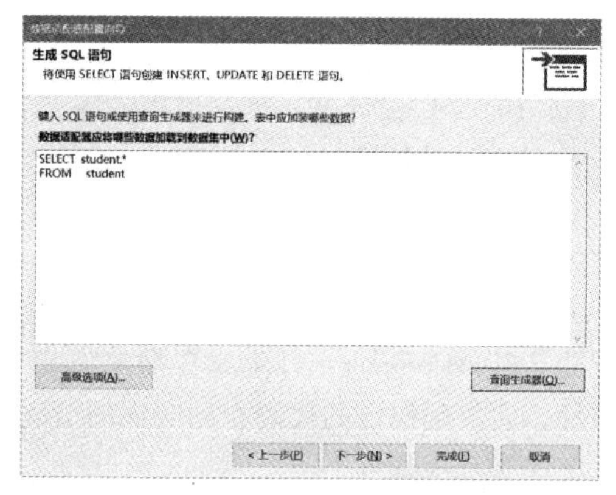

图 10－22　选择结果

在窗体上的 sqlDataAdapter1 上单击右键，选择“生成数据集”，如图 10－23 所示；选择新建 DataSet1，单击“确定”，在界面上生成 DataSetName 为 DataSet1 的 dataSet11 数据集，如图 10－24 所示。

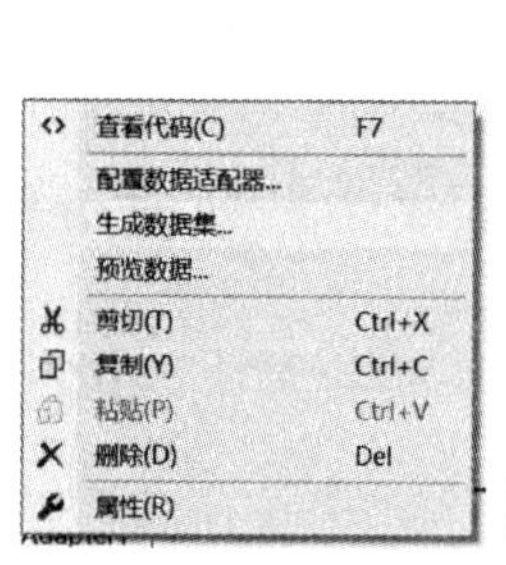

图 10－23　生成数据集选项

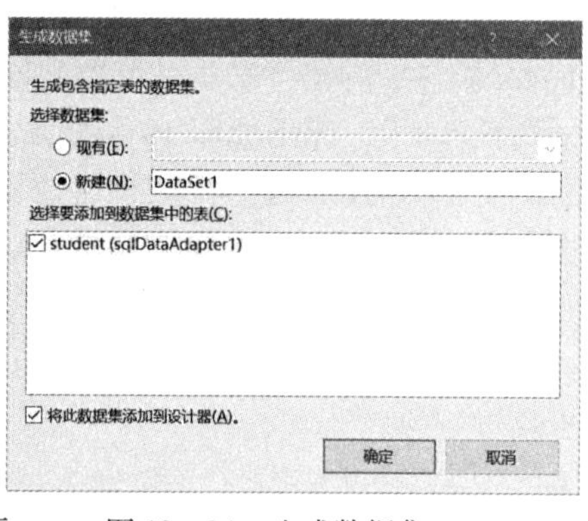

图 10－24　生成数据集

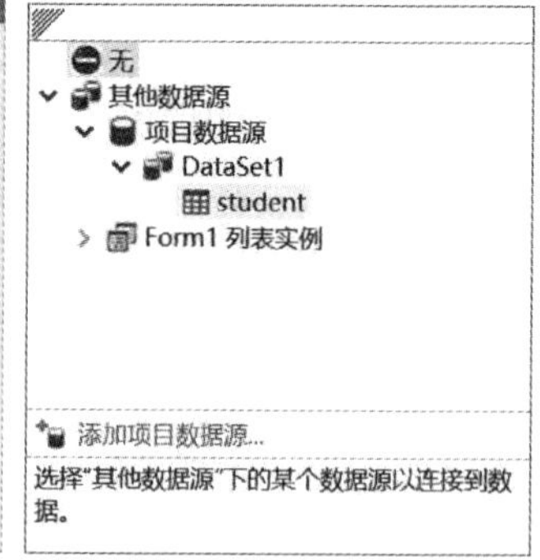

图 10－25　配置 DataSource 属性

设置 dataGridView1 的属性，在属性选项卡上选择“DataSource”属性，如图 10－25 所示；则自动生成 studentBindingSource 控件，这时界面设计完成，如图 10－26 所示。

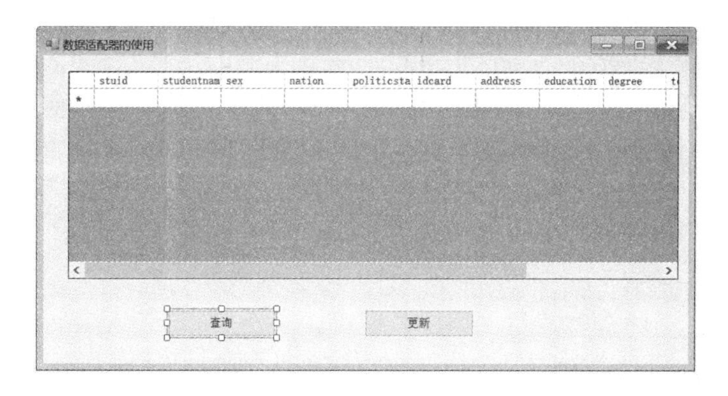

图 10－26　配置数据集后的界面

3）编写代码。

在“查询”单击事件中编写代码如下：

```
private void button1_Click(object sender, EventArgs e)
{
    this.sqlDataAdapter1.Fill(dataSet11);
}
```

在“更新”单击事件中编写代码如下：

```
private void button2_Click(object sender, EventArgs e)
{
    this.sqlDataAdapter1.Update(dataSet11);
}
```

4）将该项目设为启动项目，运行程序，单击“查询”，在 dataGridView1 中最后一行添加学生信息，单击“更新”，会将数据添加到数据库中。运行结果如图 10－27 所示。

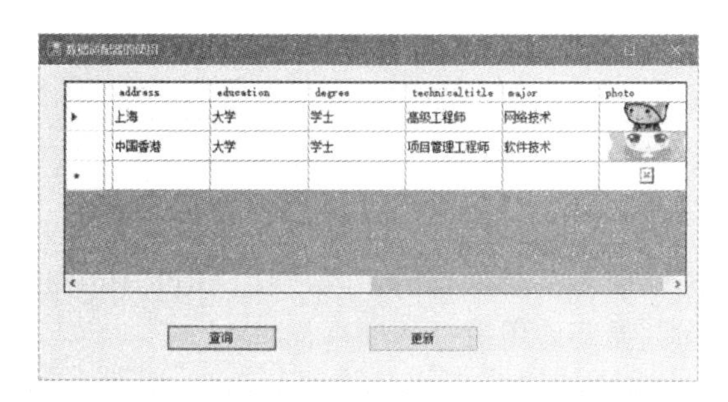

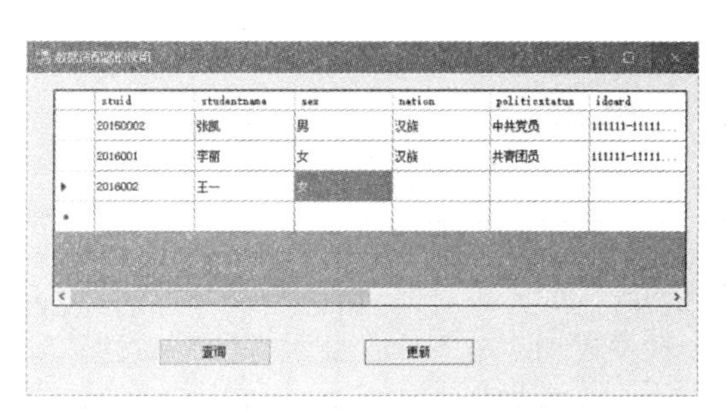

图 10－27　程序运行结果

方法二：使用代码完成数据显示及更新操作。

1）在窗体类 StudentListFrm 中添加数据集成员 DataSet 与数据适配器成员 SqlDataAdapter，代码如下：

```
DataSet ds = new DataSet();
```

```
SqlDataAdapter dapter = new SqlDataAdapter();
```

为窗体中的“查询”添加代码，添加项目引用 exp10_03，调用 DBConn 类中的 GetConnection() 实现数据库连接，并建立用于查询的 SqlCommand 实例，接着建立 SqlDataAdapter 实例并设置 SelectCommand 为 SqlCommand 实例，并通过 SqlCommandBuilder 设置 SqlDataAdapter 实例的 InsertCommand、UpdateCommand 和 DeleteCommand 属性。代码如下：

```
private void button1_Click(object sender, EventArgs e)
{
    DBConn conn = new DBConn();
    SqlConnection con = conn.GetConnection();
    con.Open();
    SqlCommand comd = con.CreateCommand();
    comd.CommandText = "select * from student";
    dapter.SelectCommand = comd;
    SqlCommandBuilder builder = new SqlCommandBuilder(dapter);
    dapter.UpdateCommand = builder.GetUpdateCommand();
    dapter.DeleteCommand = builder.GetDeleteCommand();
    dapter.InsertCommand = builder.GetInsertCommand();
    dapter.Fill(ds);
    this.dataGridView1.DataSource = ds.Tables[0];
}
```

为窗体中的“更新”添加代码如下：

```
private void button2_Click(object sender, EventArgs e)
{
    dapter.Update(ds);
}
```

2）程序运行结果见方法一。

任务 10.4　事务处理

在数据库对数据库的操作中，为了保证数据的完整性，如删除数据信息时需要删除关联的表；插入信息时也有可能需要同时在多个表中插入，如果有的步骤成功，但是相关的步骤没成功，就不能保证数据的一致性。这种问题需要使用事务处理进行解决。

事务处理的步骤如下。

1）调用 SqlConnection 对象的 BeginTransaction 方法，以标记事务的开始。

2）将 Transaction 对象分配给要执行的 SqlCommand 的 Transaction 属性。如果在具有活动事务的连接上执行命令，并且尚未将 Transaction 对象配给 Command 对象的 Transaction 属性，就会引发异常。

3）执行所需的命令。调用 SqlTransaction 对象的 Commit 方法完成事务，或调用

Rollback方法结束事务。如果在 Commit 或 Rollback 方法执行之前连接关闭或断开，事务将回滚。

【例 10－8】修改【例 10－4】，使用事务实现在学生注册时，添加登录用的信息 users 表数据，学生的默认密码为“123456”。

程序实现如下。

修改 exp10_ 03 中的“添加学生信息”的单击事件代码如下。使用事务控制学生信息添加时，添加用户信息，如果用户信息添加不成功，实现事务回滚。代码如下：

```
private void button1_Click(object sender, EventArgs e)
{
    stu.Stuid = int.Parse(textstuid.Text);
    stu.Studentname = textname.Text;
    if (radioButton1.Checked == true)
    {
        stu.Sex = radioButton1.Text;
    }
    if (radioButton2.Checked == true)
    {
        stu.Sex = radioButton2.Text;
    }
    stu.Nation = combonation.Text;
    stu.Politicstatus = combozhengzhi.Text;
    stu.Idcard = textidcard.Text;
    stu.Address = textadress.Text;
    stu.Education = comboxueli.Text;
    stu.Degree = listxuewen.Text;
    stu.Technicaltitle = textteach.Text;
    stu.Major = textmajor.Text;
    if (textname.Text.Trim() == "" || textidcard.Text == "" || (this.
pictureBox1.Image == null))
    {
        MessageBox.Show("带*号的是必须填的!");
        label16.Visible = true;
        label17.Visible = true;
        label18.Visible = true;
    }
    else
    {
        DBConn conn = new DBConn();
```

```
SqlConnection connection = conn.GetConnection();
connection.Open();
// 启动本地事务
SqlTransaction sqlTran = connection.BeginTransaction();
// 将事务与.SqlCommand 对象关联
SqlCommand command = connection.CreateCommand();
command.Transaction = sqlTran;
try
{
    string sql = "insert into student(stuid,studentname,sex,nation,
politicstatus," +
        " idcard,address,education," +
        "degree,technicaltitle,major,photo) values('" + stu.Stuid
                + "','" + stu.Studentname
                + "','" + stu.Sex
                + "','" + stu.Nation
                + "','" + stu.Politicstatus
                + "','" + stu.Idcard
                + "','" + stu.Address
                + "','" + stu.Education
                + "','" + stu.Degree
                + "','" + stu.Technicaltitle
                + "','" + stu.Major
                + "',@p)";
    command.Parameters.Add("@p", SqlDbType.Image);
    command.Parameters["@p"].Value = stu.Photo;
    command.CommandText = sql;
    // 执行两个命令.
    command.ExecuteNonQuery();
     command.CommandText = "insert into users values('" + stu.
Stuid + "','123456')";

    // connection.Close();
    command.ExecuteNonQuery();
    sqlTran.Commit();// 提交事务.
    MessageBox.Show("事务处理成功!");
}
catch (Exception ex)
{
```

```
                        // 如果事务提交失败,则处理异常
                        MessageBox. Show( ex. Message) ;
                        try
                        {
                            // 事务回滚
                            sqlTran. Rollback( ) ;
                        }
                        catch (Exception exRollback)
                        {
                        // 如果在 Commit 或 Rollback 方法执行之前连接关闭或断
开,事务将回滚。
                            MessageBox. Show( exRollback. Message) ;
                        }
                    }
                }
            }
```

运行 exp10_ 03，添加正确的信息，运行结果如图 10 - 28 所示。

图 10 - 28 事务处理成功

为了测试事务回滚，在代码执行用户表插入命令前将数据连接关闭，即“connection. Close( ) ;”如代码中灰色块的位置，运行程序，将引发事务回滚，数据库中学生信息添加被撤销，运行结果如图 10 - 29 所示。

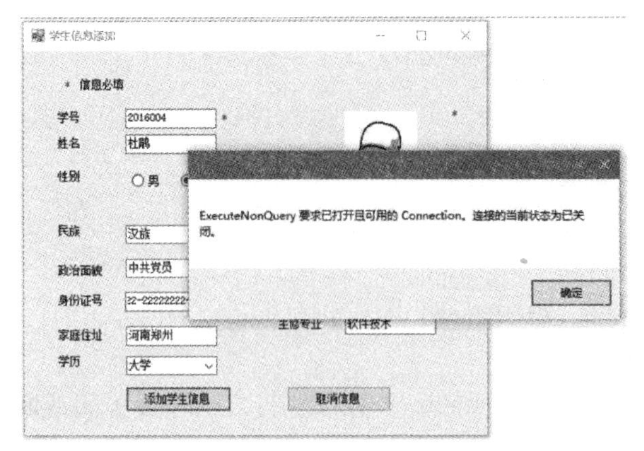

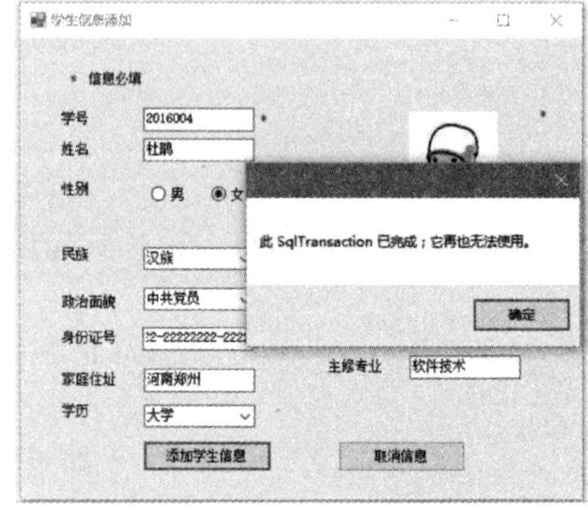

图 10－29　执行添加用户信息操作前关闭连接引发事务回滚

任务 10.5　数据绑定

数据绑定技术就是把已经打开的数据集中某个或者某些字段绑定到组件的某些属性上面的一种技术。比如把已经打开数据的某个或者某些字段绑定到 Text 组件、ListBox 组件、ComBox 等组件上的能够显示数据的属性上面，使用数据绑定方法，可以十分方便地对已经打开的数据集中的记录进行浏览、删除、插入等具体的数据操作、处理。可以使用两种方式实现数据绑定，一种是设计时数据绑定，即设定控件的属性进行数据绑定；另一种是运行时数据绑定，即通过代码编写实现数据绑定。

根据控件实现数据绑定的复杂度，分为简单型数据绑定与复杂型数据绑定。数据绑定一般步骤如下。

1）无论是简单型的数据绑定，还是复杂型的数据绑定，要实现绑定的第一步是要连接数据库，得到可以操作的 DataSet 类型的对象。

2）根据不同组件，采用不同的数据绑定。

对于简单型的数据绑定，数据绑定的方法其实比较简单，在得到数据集以后，一般是通过把数据集中的某个字段绑定到组件的显示属性上面，如 TextBox 组件和 Label 组件，是绑定到“Text”属性。对于复杂型的数据绑定一般是通过设定其某些属性值来实现绑定的。

1. Windows 窗体的 DataGridView 控件

DataGridView 以表格的形式显示数据，通过数据绑定实现对数据的显示。若数据源在设计时可用，则可以在设计时将 DataGridView 控件绑定到数据源，然后可以预览数据 DataGridView 控件中的外观，可以使用控件的相关属性设计控件显示数据的外观，也可以在运行时以编程方式 DataGridView 控件。

（1）通过代码实现绑定的方法

1）将该控件的 DataSource 属性设置为包含要绑定到的 DataTable 对象，也可以 BindingSource 对象绑定到数据表上。

2）在窗体中添加代码来填充数据集。所使用的确切代码取决于数据集从何处获取数据。如果要从数据库中直接填充数据集，通常可以调用数据适配器的 Fill 方法。代码如下：

```
dataset1 = new DataSet( );
dapter. Fill( dataset1 ," student" );
dataGridView1. DataSource = dataset. Tables[0];
```

或者

```
dataset1 = new DataSet( );
dapter. Fill( dataset1 ," student" );
BindingSource binds = new BindingSource( );
binds. DataSource = dataset1. Tables[0];
dataGridView1. DataSource = binds;
```

（2）通过设计器中将数据绑定到 DataGridView 的方法

1）将该控件的 DataSource 属性设置为包含您要绑定到的数据项的对象。

2）如果数据集包含相关表（即如果它包含关系对象），请将 DataMember 属性设置为表的名称。

3）编写代码来填充数据集。

2. BindingNavigator 的数据绑定

BindingNavigator 控件是用于数据处理的导航条，该导航条默认提供第一条记录、最后一条记录、上一条记录、下一条记录的按钮，以及添加和删除记录的按钮。这些按钮与 BindingSource 组件提供的方法一一对应，可以通过 BindingNavigator 控件的 BindingSource 属性进行数据绑定，可以实现不用编写代码而直接实现对窗体中显示的数据表的添加、删除以及移动当前记录位置等功能。BindingSource 属性的值是所要绑定的 BindingSource 对象。如实现绑定的代码如下：

```
dataset1 = new DataSet( );
dapter. Fill( dataset1 ," student" );
BindingSource binds = new BindingSource( );
binds. DataSource = dataset1. Tables[0];
bindingNavigator1. DataSource = binds;
```

3. TextBox 与 Label 控件的数据绑定

此类控件的数据绑定的方法类似，即把要获取的数据显示在“Text”属性中，此类控件的数据绑定称为简单的数据绑定，通常使用以下两种代码编写方法实现数据绑定。

【方法一】使用数据集中表的字段直接绑定，如下面的代码：

```
label1. DataBindings. Add(" Text" , dataset. Tables[0], " stuid" );
textBox1. DataBindings. Add(" Text" , dataset. Tables[0], " stuname" );
```

上面的代码实现了直接将数据集 dataset 中表 1 的相关字段绑定到控件的“Text”属性上，使用这种方法情况下无法使用数据导航控件 BindingNavigator 控件与其同步。

【方法二】使用 BindingSource 类型的对象实现数据绑定，如下面的代码：

```
BindingSource bindingsource = new BindingSource();
bindingsource.DataSource = dataset.Tables["student"];
label1.DataBindings.Add("Text", bindingsource, "stuid");
textBox1.DataBindings.Add("Text", bindingsource, "stuname");
```

上面的方法创建了 BindingSource 类型的对象使用数据集给其 DataSource 属性赋值，然后通过控件的 DataBindings. Add 方法实现数据绑定，这种情况下，可以使用 BindingNavigator 控件绑定到相同的 BindingSource 上，从而进行数据的同步操作。

4. ListBox 和 ComboBox 控件的数据绑定

ListBox 和 ComboBox 控件的数据绑定称为复杂的数据绑定，即要绑定的属性不只一个，这种类型的控件要绑定的属性有三个：“DataSource”“DisplayMember”“ValueMember”，其中“DataSource”是要显示的数据集，“DisplayMember”是要显示的数据集中的字段，“ValueMember”是在读取该控件时实际使用值。这里使用 ListBox 实现数据绑定，通常使用以下两种代码编写方法实现数据绑定。

【方法一】使用数据集中表的字段直接绑定，如下面的代码：

```
listBox1.DataSource = dataset.Tables[0];
listBox1.DisplayMember = dataset.Tables[0].Columns[1].ToString();
listBox1.ValueMember = dataset.Tables[0].Columns[0].ToString();
```

【方法二】使用 BindingSource 类型的对象实现数据绑定，如下面的代码：

```
BindingSource bindingsource = new BindingSource();
bindingsource.DataSource = dataset.Tables["student"];
listBox1.DataSource = bindingsource;
listBox1.DisplayMember = dataset.Tables[0].Columns[1].ToString();
listBox1.ValueMember = dataset.Tables[0].Columns[1].ToString();
```

【例 10-9】通过代码编写实现 studentdb 数据库 student 表信息的数据绑定。

1）在项目解决方案“chapter10”中，新建 Windows 窗体应用程序，设置项目名称为“exp10_ 09”。

2）设计窗体，修改窗体的名字为 StudentBinding。窗体的界面设计如图 10-30 所示，除了基本的控件外，放置了一个 bindingNavigator1 控件。

3）为了实现数据绑定，在 exp10_ 03 的 DBConn 类中添加检索数据集的方法，代码如下：

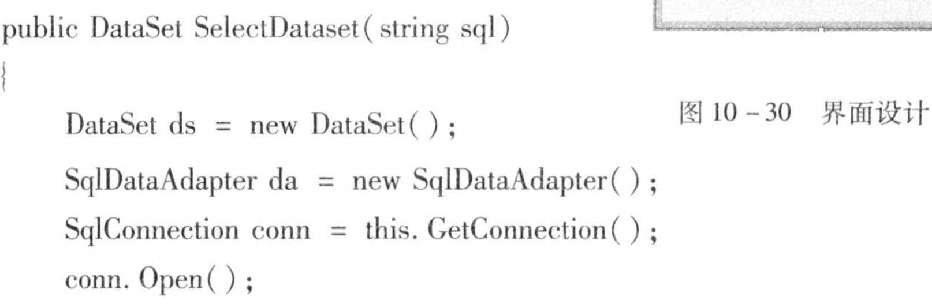

图 10-30　界面设计

```
public DataSet SelectDataset(string sql)
{
    DataSet ds = new DataSet();
    SqlDataAdapter da = new SqlDataAdapter();
    SqlConnection conn = this.GetConnection();
    conn.Open();
```

```
        SqlCommand comd = conn.CreateCommand();
        comd.CommandText = sql;
        da.SelectCommand = comd;
        da.Fill(ds);
        return ds;
    }
```

在项目 exp10_03 的 Student 类中添加检索所有学生得到数据集的方法,代码如下:

```
    public static DataSet GetAllStudent()
    {
        DataSet ds = new DataSet();
        String sql = "select * from student";
        DBConn conn = new DBConn();
        ds = conn.SelectDataset(sql);
        return ds;
    }
```

4）在本项目中添加项目引用 exp10_ 03，在窗体中空白处双击鼠标左键，编写窗体载入事件代码如下:

```
    private void StudentBinding_Load(object sender, EventArgs e)
    {
        BindingSource binds = new BindingSource();
        DataSet ds = new DataSet();
        ds = Student.GetAllStudent();//引用 exp10_03 中的类
        binds.DataSource = ds.Tables[0];
        this.bindingNavigator1.BindingSource = binds;
        this.textstuid.DataBindings.Add("Text", binds, "stuid");
        this.textname.DataBindings.Add("Text", binds, "studentname");
        this.combonation.DataSource = binds;
        this.combonation.DisplayMember = ds.Tables[0].Columns["nation"].
ToString();
        this.combonation.ValueMember = ds.Tables[0].Columns["nation"].
ToString();
        this.combozhengzhi.DataSource = binds;
        this.combozhengzhi.DisplayMember = ds.Tables[0].Columns["na-
tion"].ToString();
        this.combozhengzhi.ValueMember = ds.Tables[0].Columns["na-
tion"].ToString();
        this.textidcard.DataBindings.Add("Text", binds, "idcard");
        this.textadress.DataBindings.Add("Text", binds, "address");
```

```
                this.comboxueli.DataSource = binds;
                this.comboxueli.DisplayMember = ds.Tables[0].Columns["education"].
ToString();
                this.comboxueli.ValueMember = ds.Tables[0].Columns["education"].
ToString();
            }
```

5）运行程序，运行结果如图 10－31 所示。单击数据绑定导航 bindingNavigator1 的按钮，其余显示内容也发生改变。

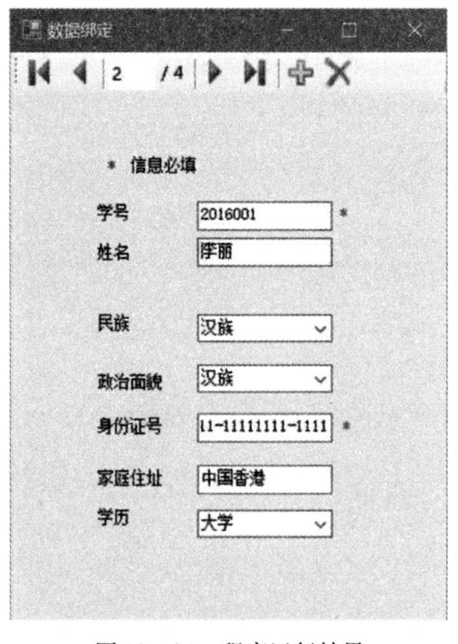

图 10－31　程序运行结果

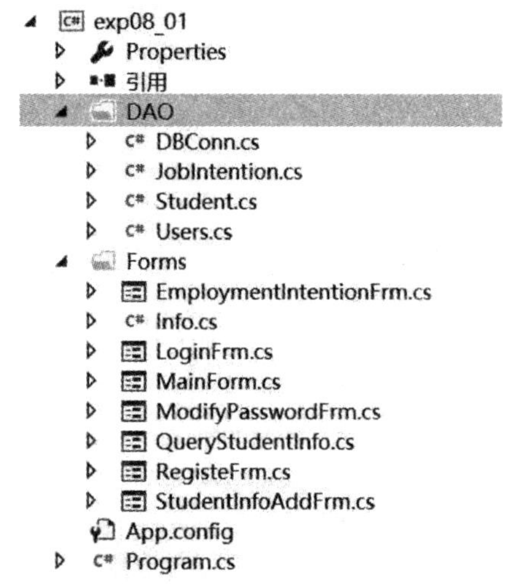

图 10－32　学生信息管理系统结构图

任务 10.6　项目实现

学生信息管理项目实现使用三层架构实现，即数据存储层、业务逻辑处理层、界面层。数据存储层通过 SQL Server 数据实现。业务逻辑层主要用于处理问题逻辑，本例文件夹 DAO 存放数据操作类，包括 DBConn 类、Student 类、Users 类、JobIntention 类；Forms 文件夹用于存放窗体类，用于存放登录用户信息的 Info 类，本例的程序结构如图 10－32 所示。

其中在【例 8－1】中完成窗体的创建，本项目中完成底层数据处理类 DBConn 的实现，完成了部分 Student 类、Users 类的实现；完成了登录功能实现，完成了学生信息添加的实现，完成了所有学生信息查看、更新的实现，其余功能由读者完成。

思考与练习

1. 数据连接的实现。

2. 根据要求设计一个图书管理系统，使用三层架构实现。数据表 user 如图 10－33 所示、bookinfo 表如图 10－34 所示、bookborrow 表如图 10－35 所示。要求用户登录后，根据不同的权限实现功能如下。

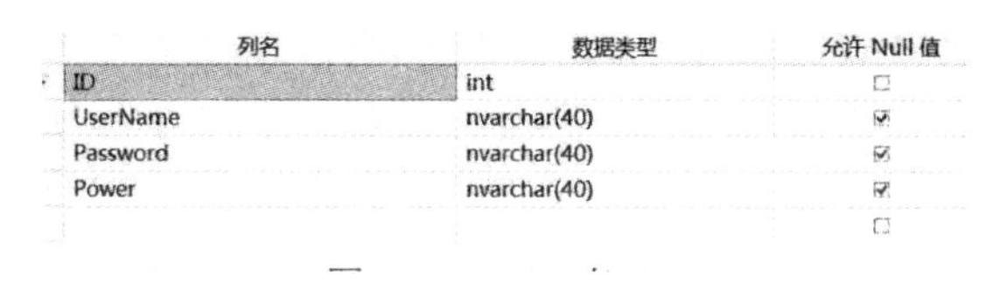

列名	数据类型	允许 Null 值
ID	int	☐
UserName	nvarchar(40)	☑
Password	nvarchar(40)	☑
Power	nvarchar(40)	☑
		☐

图 10－33　user 表

列名	数据类型	允许 Null 值
ISBN	nvarchar(20)	☐
bookname	nvarchar(20)	☑
press	nvarchar(20)	☑
author	nvarchar(20)	☑
pressdate	date	☑
price	numeric(5, 2)	☑
com	nvarchar(20)	☑
books_count	int	☑
borrowed_count	int	☐
address	nchar(20)	☑
		☐

图 10－34　bookinfo 表

列名	数据类型	允许 Null 值
[illegible]	int	☐
StudentName	nvarchar(40)	☑
ISBN	nvarchar(40)	☑
bookname	nvarchar(20)	☑
ReturnDate	date	☑
BorrowDate	date	☑
Com	nvarchar(40)	☑
Is_Returned	char(2)	☐
		☐

图 10－35　bookborrow 表

（1）书籍管理员

1）实现图书信息的添加功能，需要注意的是，添加的 ISBN 不能与数据中的数据相同。

2）修改书籍，根据图书的 ISBN 与图书名称进行查询图书信息，进行修改。

3）删除书籍，删除图书信息根据图书的 ISBN 与图书名称进行删除，删除时判断图书是否借出，若借出，则不能删除。

4）图书信息查看，输入指定的信息进行图书查询工作，实现模糊查询的功能。

5）借阅信息查看，输入指定的信息进行图书借阅查询工作，实现模糊查询的功能。

6）用户信息查看，查看系统所有的用户信息。

（2）借阅管理员

1）图书出借，根据图书的 ISBN 进行选择出借，也可以实现根据 ISBN 进行查找，再进行出借。

2）图书还入，根据还书者姓名进行检索持有书的信息，选择图书 ISBN 进行还书操作。

3）信息查看，信息查看功能与书籍管理员的功能完全相同。

（3）系统管理员

1）添加用户，实现用户信息的添加功能。

2）修改用户密码。

3）删除用户，根据用户名、密码进行删除操作。

项目 11　异常处理与跟踪调试

项目导读

在程序设计中，程序设计者对引发的错误异常尽可能做出处理。另外，在设计程序的过程中往往会出现错误，但是，查找错误的位置要比改正错误难得多，C#提供了多种调试方法方便用户调试。

学习目标

（1）了解异常的概念。

（2）会进行基本的异常处理。

（3）会自定义异常。

（4）能进行代码跟踪、调试。

任务 11.1　异常处理

异常（Exception）是指在程序的运行过程中所发生的错误，它中断指令的正常执行。C#使用异常类 Exception 为每种错误提供定制的处理，并把识别错误的代码和处理错误的代码分离开来。C#提供的结构化处理异常的方法，使用 try 语句提供的控制结构检测代码中的异常并做出相应的处理。try 语句有三种方式：用 try…catch 捕获异常、用 try…finally 清除异常、用 try…catch…finally 处理所有的异常。

11.1.1　Exception 类

Exception 类是所有异常的基类。当发生错误时，该系统或当前正在执行的应用程序通过引发包含有关错误的信息的异常来报告错误。在引发异常后，它处理由应用程序或按默认值异常处理程序。

1. 构造函数

常用的构造函数有以下三个。

（1）public Exception( )

此构造函数将新实例的 Message 属性初始化为系统提供的消息，该消息描述错误并考虑当前系统区域性。

（2） public Exception(string message)

使用指定的错误信息初始化 Exception 类的新实例。

（3） public Exception(string message， Exception innerException)

使用指定错误消息和对作为此异常原因的内部异常的引用来初始化 Exception 类的新实例。

2. 常用的属性

Message 属性：用于表述当前的异常消息。

HelpLink 属性：表示异常帮助文件链接。

3. 常用的异常类。

常用的异常类如表 11 －1 所示。

表 11 －1　常用的异常类

异常类	描述
MemberAccessException	访问错误：类型成员不能被访问
ArgumentException	参数错误：方法的参数无效
ArgumentNullException	参数为空：给方法传递一个不可接受的空参数
ArgumentOutOfRangeException	参数是有效的值的范围之外
DirectoryNotFoundException	目录路径的一部分是无效的
DivideByZeroException	一个整数中的分母或 Decimal 除法运算为零
DriveNotFoundException	驱动器不可用或不存在
FileNotFoundException	文件不存在
FormatException	值不在相应的格式无法转换从字符串转换方法如 Parse
IndexOutOfRangeException	索引是超出界限的数组或集合
InvalidOperationException	方法调用在对象的当前状态无效
KeyNotFoundException	找不到指定的键，用于访问集合中的成员
NotImplementedException	未实现的方法或操作
NotSupportedException	不支持的方法或操作
ObjectDisposedException	对已释放的对象执行的操作
OverflowException	执行算术、强制转换或转换运算导致溢出
PathTooLongException	路径或文件的名称超过了系统定义的最大长度
PlatformNotSupportedException	在当前平台上不支持该操作
RankException	具有错误维数的数组传递给方法
TimeoutException	分配给某项操作的时间间隔已过期
UriFormatException	使用无效的统一资源标识符（URI）
DirectoryNotFoundException	目录路径的一部分是无效的
DivideByZeroException	一个整数中的分母或 Decimal 除法运算为零

11.1.2 try...catch 捕获异常

在程序设计中，对数据的处理需要处理正常数据格式，也要处理非法的数据格式，如果没有进行合理的处理，很容易造成程序的中断执行，对于某些程序来说，可能带来灾难性的事故。通过【例 11-1】描述程序运行时如果输入的数据不能转换为 int 类型引发的程序中断。

【例 11-1】实现将字符串类型的数据转变为 int 类型的数据。

程序实现步骤如下。

1）新建控制台应用程序，设置项目名称为“exp11_ 01”，并设置解决方案的名称为“chapter11”，用于存放本项目的例题。

2）编写 Main( ) 方法，代码如下：

```
static void Main(string[ ] args)
{
    Console.WriteLine(" 请输入字符串:");
    string s = Console.ReadLine( );
    int k = Convert.ToInt32(s);
    Console.WriteLine(k);
    Console.Read( );
}
```

3）运行程序，如果输入数字，不会引发错误或者异常，当输入的字符串中含有非数字的符号，就会有异常发生，如图 11-1 所示。

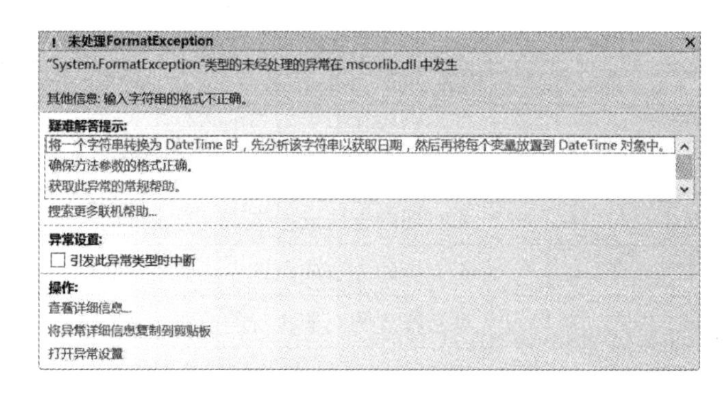

图 11-1　数据转换异常

【例 11-1】中，由于输入数据的合法引发了错误，不得不中止程序的运行。类似的这类问题可以使用 C#提供的异常处理机制解决。

公共语言运行库提供了异常处理模型，将程序代码和异常处理代码分离到分 try 块和 catch 块。应用程序中可能产生异常的代码段放置在 try 语句中，称为 try 块；处理引发的异常的代码段放在 catch 语句中，称为 catch 块。

程序按照正常方式执行 try 语句块中的代码，如果没有发生错误，执行完 try 语句块后，将执行 catch 语句块后的内容；如果发生异常，就执行 catch 语句块处理异常。try...

catch 语句的常用形式为：

```
try
{
    语句序列
}
catch (异常类型 对象)
{
    异常处理
}
```

说明：

1）try 语句块中的语句序列用于描述在执行过程中可能会生成异常对象并抛出的语句。即 try 语句块中的代码就是在运行时可能会发生错误的代码，错误一旦发生，则发生错误语句之后的语句将不被执行。

2）catch 语句块的参数类似于方法的声明，包括一个“异常类型”和一个“对象”。“异常类型”必须为 Exception 类的子类，它指明了 catch 语句所处理的异常类型；“对象”则由运行时系统在 try 所指定的代码块中生成并被捕获。

catch 语句可以有多个，分别处理不同类别的异常。程序运行时系统从上到下分别对每个 catch 语句处理的异常类型进行检测，直到找到类型匹配的 catch 语句为止。这里，类型匹配是指 catch 语句所处理的异常类型与生成的异常对象的类型完全一致或是它的父类。因此，catch 语句的排列顺序应该是从特殊到一般。

修改【例 11－1】，使用异常处理机制处理问题，修改代码如下：

```
static void Main(string[] args)
{
    Console.WriteLine("请输入字符串:");
    try
    {
        string s = Console.ReadLine();
        int k = Convert.ToInt32(s);
        Console.WriteLine(k);
    }
    catch (FormatException exception)
    {
        Console.WriteLine(exception.Message);
    }
    Console.Read();
}
```

运行程序，运行结果如图 11 -2 所示，输入含有非数字的字符，类型转换失败，并通过 exception. Message 打印异常结果。

图 11 -2　异常处理结果

11. 1. 3　try…catch…finally 处理异常

可以在异常程序代码中使用 try…catch…finally 语句清除发生的异常，在异常处理时不论是否出现异常，也不论是执行 catch 块，finally 块总是会执行的，使用跳转语句也不能跳出 finally 块的执行。一般在 finally 块语句用于释放资源，比如关闭打开的文件、关闭与数据库的连接等。语法格式如下：

```
try
{
    语句序列
}
catch(异常类型 对象名称)
{
    异常处理
}
finally
{
    语句序列
}
```

【例 11 -2】试图建立用户名或者密码错误的数据库连接。

分析：如果数据连接时，用户名或者密码错误，会引发异常，可以使用 try…catch…finally 处理异常。

程序实现步骤如下。

1）在解决方案 chapter11 中添加控制台应用程序，命名为“exp11_ 02”。

2）完成 Main( ) 方法的编写，代码如下：

```
static void Main(string[ ] args)
{
    try {
    //连接数据使用 SQL Server 安全认证,即使用用户名和密码登录
    string connstring = "server =(local);database =studentdb; uid =sa; pwd =123";
```

```
        SqlConnection conn  =  new SqlConnection(connstring);
        conn.Open();
        Console.WriteLine("数据库连接状态:"  +  conn.State.ToString());
        conn.Close();
        Console.WriteLine("数据库连接状态:"  +  conn.State.ToString());
        Console.Read();
    }
    catch (SqlException exception)
    {
        Console.WriteLine(exception.Message);
    }
    finally
    {
        Console.WriteLine("无论是否有异常发生,finally 语句操作都会执行");
    }
    Console.Read();
}
```

3）将本项目设置为启动项目。运行程序，如果输入的用户名或密码正确，运行结果如图 11－3 所示；如果修改用户名或者密码，使其错误，运行时将发生异常，运行结果如图 11－4 所示。

图 11－3　正常处理

图 11－4　异常处理

11.1.4　抛出异常

程序设计中，为了实现某种数据处理，或者为了避免某种异常中断产生，需要主动抛出异常。C#使用 throw 语句抛出一个异常，用户描述程序执行期间出现的异常信号。

通常地，throw 语句与 try...catch 语句结合使用，可在 catch 块中使用 throw 语句以重新引发已由 catch 块捕获的异常。在这种情况下，throw 语句不采用异常操作数。

方法用于引发一个异常，当使用该方法时，可以对方法调用时出现的异常进行描述。如程序中使用下列语句：

```
throw new DivideByZeroException("除数不能为 0!");
```

则在引发 DivideByZeroException 异常时显示“除数不能为 0!”的信息。

【例 11－3】使用 Windows 应用程序实现两个数相除的操作，若除数为 0 则使用 throw 语句抛出异常。

程序实现步骤如下。

1）在解决方案 chapter11 中添加 Windows 窗体应用程序，命名为“exp11_ 03”。

2）窗体设计。窗体设计如图 11 -5 所示。

图 11 -5　窗体设计

3）编写代码。在 Form1 类中添加两个 double 类型的数相除的方法，并判断除数为 0 时，使用 throw 语句抛出异常。代码如下：

```
public double Consult(double dividend, double divisor)
{
    double result = 0;
    if (divisor == 0)
        throw new DivideByZeroException("除数不能为0！请重新输入!");
    else
        result = dividend / divisor;
    return result;
}
```

在窗体上双击“计算”按钮编写事件代码如下。除了需要捕获主动抛出的异常，还捕获其他异常，代码如下。

```
private void button1_Click(object sender, EventArgs e)
{
    try {
    double dividend = Double.Parse(textBox1.Text.Trim());
    double divisor = Double.Parse(textBox2.Text.Trim());
    double result = Consult(dividend, divisor);
    MessageBox.Show(result.ToString(),"商的值");
    }
    catch(DivideByZeroException exception1)
    {
        MessageBox.Show(exception1.Message,"除数为0的异常");
    }
    catch(Exception ex)
```

```
        {
            MessageBox.Show(ex.Message,"其他异常");
        }
    }
```

4）将本项目设置为启动项目。运行程序，输入正确的数值，程序正常运行，运行结果如图 11 -6 所示；如果输入的除数为 0，就引发主动抛出的异常，如图 11 -7 所示；如果输入格式无法转换为 double 类型，将引发其他异常，如图 11 -8 所示。

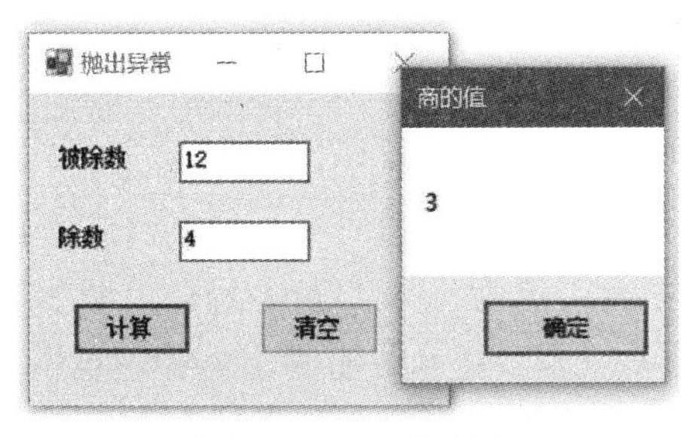

图 11 -6　正常运行

图 11 -7　捕获并处理主动抛出异常

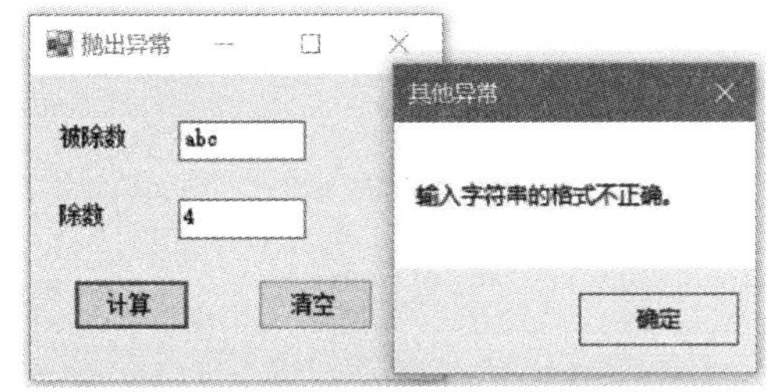

图 11 -8　捕获并处里其他异常

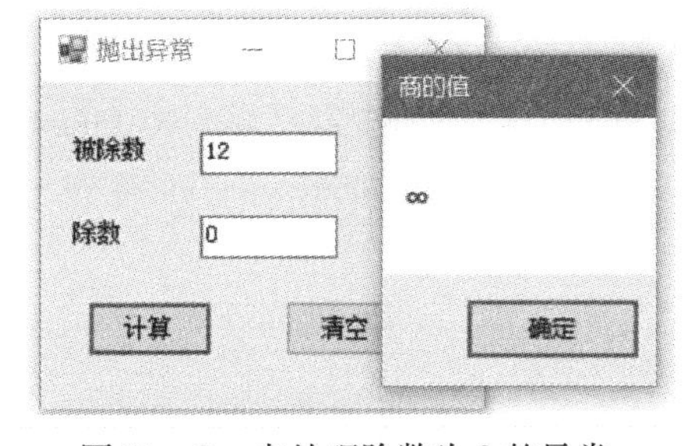

图 11 -9　未处理除数为 0 的异常

如果在方法中不对除数为 0 进行判断及异常抛出，系统不能捕获除数为 0 的异常，修改 Consult 方法，代码如下。运行结果如图 11 -9 所示。

```
public double Consult(double dividend, double divisor)
    {
        double result = 0;
            result = dividend / divisor;
        return result;
    }
```

11.1.5　用户自定义异常

用户自定义的异常类必须继承异常类 Exception，只能定义某一种类型的异常。可以根据需要重写所有继承的成员想要更改或修改其功能。但是大多数现有的派生类不重写继承成员的行为。

在自定义异常时，需要显式调用父类的构造函数，一般情况下，定义一个或多个构造函数显式调用父类不同的构造函数。

用户自定义异常是继承 Exception 的实现，格式如下：

```
class ExceptionName:Exception{}
```

引发自己的异常的格式如下：

```
throw(ExceptionName);
```

用户自定义异常使用的步骤如下。

1）定义异常，即通过继承 Exception 类实现自定义异常类。

2）抛出异常，在方法内对于要处理的问题使用 throw 语句抛出自定义的异常类型。

3）捕获异常并处理。在程序中调用抛出异常方法的调用，使用 try...catch 语句处理异常。通过【例 11－4】了解自定义异常的实现。

【例 11－4】定义实现对手机号码的前三位定义异常类 PhoneException 异常，使用 Windows 应用程序实现，当输入手机号码的前三位不正确时，引发自定义异常。

分析如下：移动手机号码的前三位为 134、135、136、137、138、139、150、151、152、157、158、159、187、188，联通手机号码的前三位为 130、131、132、155、156、185、186，电信手机号码的前三位为 180、189、133、153。定义异常类 PhoneException 异常，设置异常信息为“手机号码有误”；在抛出异常方法内对手机号码进行判定，若与上面的号码不匹配则抛出异常。程序实现步骤如下：

1）在解决方案 chapter11 中添加 Windows 窗体应用程序，命名为“exp11_ 04”。

2）在项目中添加自定义异常类 PhoneException，代码如下：

```
public class PhoneException:Exception
    {
        public PhoneException(string message):base(message)
        {
        }
    }
```

3）在项目中添加自定义异常类抛出类 PhoneExceptionGenerator，实现对手机号码的各种异常处理，根据具体情况抛出不同 message 的 PhoneException 对象，代码如下：

```
class PhoneExceptionGenerator
    {
int[]phoneNumbers = {134,135,136,137,138,139,150,151,152,157,158,159,187,
188,130,131,132,155,156,185,186,180,189,133,153};
        public bool Judge(string phonestring)
        {
            //若长度不等于 11,则抛出异常
            bool f = false;
            if(phonestring.Length! =11)
            {
                throw new PhoneException("手机号码位数有误!");
            }
            //若含有非法数字,则抛出异常
```

```
            char numchar;
            for(int m =0;m < phonestring.Length;m + + )
            {
                numchar  =  char.Parse(phonestring.Substring(m, 1).ToString());
                if(! (numchar  < = '9'&& numchar  > = '0'))
                {
                    throw new PhoneException("手机号码中有非法数字!");
                }
            }
            //若前三位不在数组中,则抛出异常
            string s  =  phonestring.Substring(0, 3);
            int num  =  int.Parse(s);
            ArrayList list  =  new ArrayList(this.phoneNumbers);
            int index = list.BinarySearch(num);
            if (index  > =  0)
            {
                f  =  true;
            }
            else
            {
                throw new PhoneException("手机号码有误!");
            }
                return f;
            }
        }
```

4）窗体设计如图 11 - 10 所示。添加“判断”的单击事件代码如下：

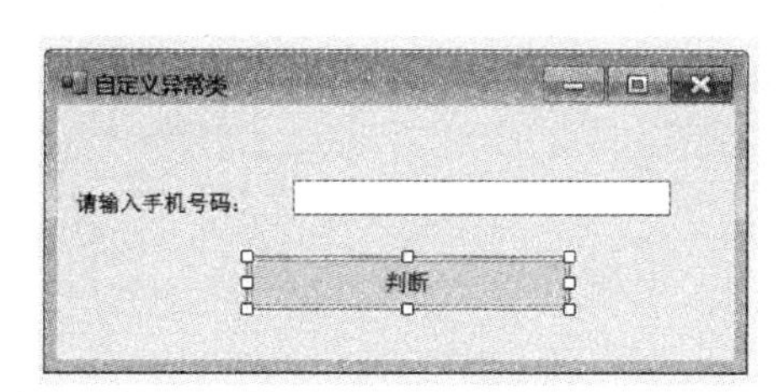

图 11 - 10　窗体设计

```
    private void button1_Click(object sender, EventArgs e)
    {
        PhoneExceptionGenerator pg  =  new PhoneExceptionGenerator();
        string phonenums  =  textBox1.Text.Trim();
        try {
```

```
                bool f = pg.Judge(phonenums);
                    if(f)
                    MessageBox.Show("正确的手机号码格式!","恭喜",MessageBox-
Buttons.OK, MessageBoxIcon.Information);
                }
                catch(PhoneException exception)
                {
                    MessageBox.Show(exception.Message);
                }
            }
```

5）运行程序，输入正确的手机号码，运行结果如图 11－11 所示；若输入的手机号码多一位，则方法执行“throw new PhoneException("手机号码位数有误!");”异常，运行结果如图 11－12 所示；若手机号码中含有字母，则执行“hrow new PhoneException("手机号码中有非法数字!");”异常处理，如图 11－13 所示；若输入的手机号码的前三位不是数组 phoneNumbers 中的元素，则执行“throw new PhoneException("手机号码有误!");”异常处理，如图 11－14 所示。

图 11－11　正确运行

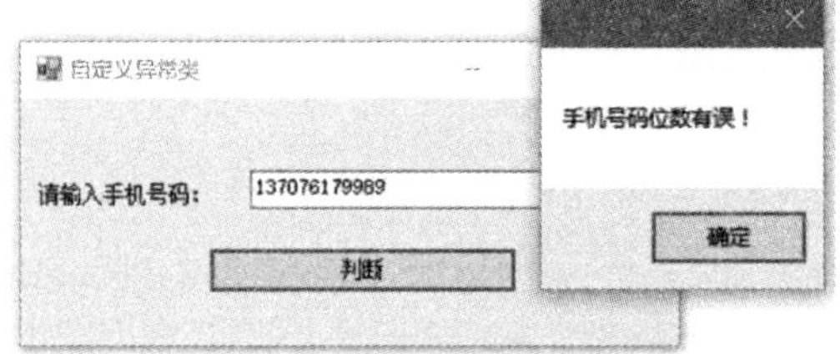

图 11－12　位数有误异常处理

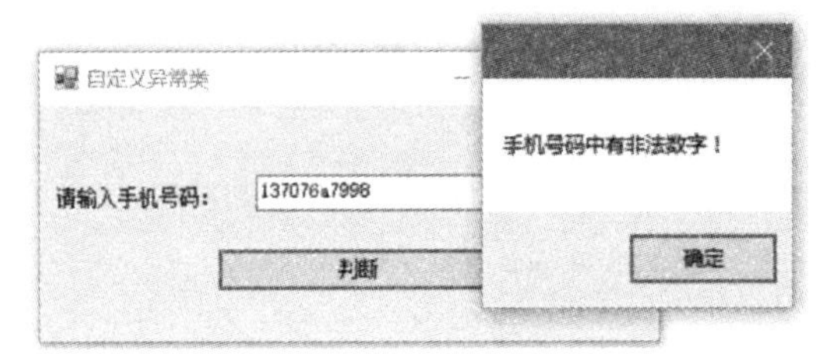

图 11－13　非法数字异常处理

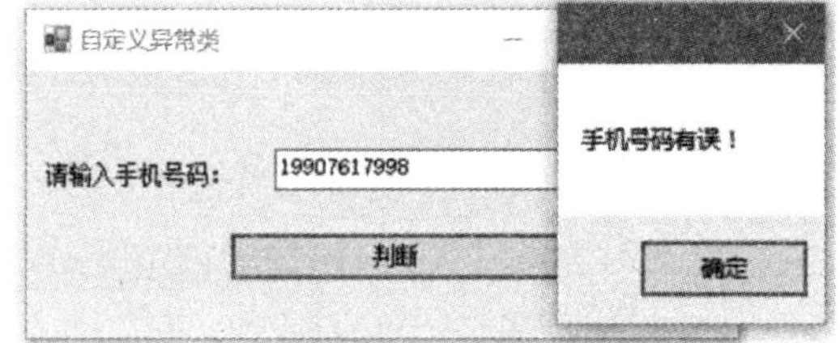

图 11－14　手机前三位号码有误异常处理

任务 11.2　调试

调试是发现并改正程序中错误的过程，在程序设计的过程中，发现错误比改正错误要难得多。在 C#中可以通过使用调试器设置断点进行程序调试。

11.2.1　断点

在源代码中设置程序断点，使程序运行到断点后进入中断模式，将控制权交给调试器，可以使用调试器检查程序所处的状态，分析并查找错误原因。Visual Studio. NET 提供

了针对 C#三类断点：函数断点、文件断点、地址断点。在调试程序时，常常用到的是函数断点。

1. 设置断点

断点是源代码运行过程中进入中断的一个标记，可以在多种情况下发生中断。

1）遇到断点，立即进入中断模式。

2）遇到断点，若表达式的值为真，则进入中断模式。

3）遇到某断点一定的次数后，进入中断模式。

4）遇到断点时就进入中断模式，且从上次遇到断点以来变量的值发生了变化。

2. 添加断点常用的两种方法

1）如果在某代码行添加断点，可以单击该代码行左边的区域，或者右击该代码行，弹出对应的菜单项，选择“插入断点”。断点在该代码行的旁边显示一个红色的圆点，代码行突出显示。取消时，再次单击断点符号，或者通过菜单删除断点即可。

2）通过菜单“调试”设置断点。在菜单上选择“调试”，然后在菜单项中选择“新断点”→“函数断点”，弹出“新建函数断点”窗口，从而进行相应的设置。并且，使用同样的方法可以“删除所有断点”和“禁用所有断点”。

3. 查看信息

设置有断点的程序运行时，在中断方式下，可以对程序的状态、断点的信息、局部变量的值进行查看。

程序调试的过程中，观察局部变量是否按照预测的要求进行运行是最常用的一种方法。在中断模式下，在菜单上依次选择“调试→窗口→局部变量”，可以查看局部变量的值变化情况，如图 11－15 所示。

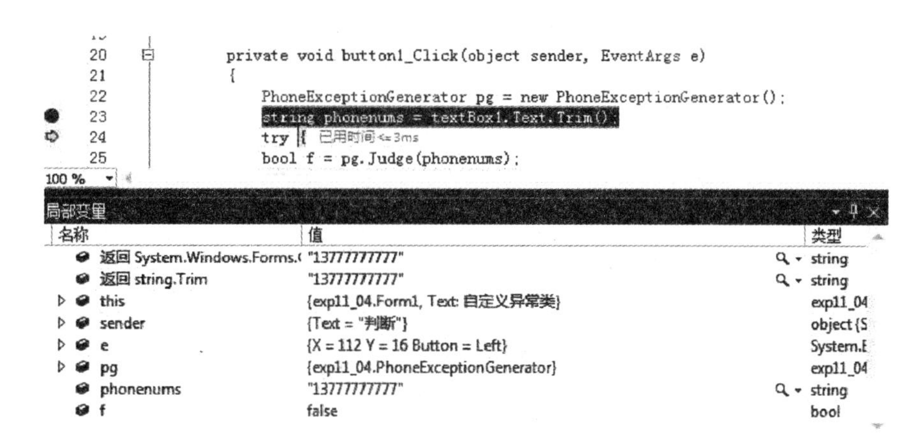

图 11－15　调试窗体

4. 逐语句、逐过程以及跳出执行

调试模式下，会在工具栏上出现调试按钮“ ”，分别实现“显示下一句”“逐语句”“逐方法”“跳出”“在源中显示线程”。

在中断模式下，可以通过“逐语句”运行，代码一行一行地执行。遇到方法调用时，对方法内的代码也一行一行地执行。可以配合“局部变量”窗口观察程序的运行情况，适合查询错误位置比较确定的情况。

"逐过程"的调试方法是遇到方法调用时，直接执行方法的调用，可以通过"逐过程"菜单实现，也可以使用"F10"实现。

"跳出"能实现当前所在调试方法的结束，可以使用"调试"菜单下"跳出"实现，也可以使用 Shift + F11 实现。

11.2.2 跟踪

可以使用 Debug 类实现跟踪代码执行情况，从而调试程序。类的命名空间为"Diagnostics"。Debug 类中常常用于跟踪的静态方法如下。

1. Assert 方法

public static void Assert (bool condition)

检查条件；若条件为 false，则显示一个消息框，其中会显示调用堆栈详细信息。

public static void Assert (bool Boolean, String)

检查条件；若条件为 false，则输出指定消息，并显示一个消息框，其中会显示调用堆栈详细信息。

2. Fail 方法

Fail 方法用于发出指定的错误消息。方法有以下两个。

(1) public static void Fail (string message)

发出指定的错误消息及详细的断言消息。

(2) public static void Fail (string message, string detailMessage)

发出错误消息及详细的错误消息提示与详细的断言消息。

思考与练习

1. 简述异常捕获 try...catch 语言使用时的注意事项。
2. finally 语句起什么作用，是必需的吗？如果存在，常常实现什么功能？
3. 使用异常处理试图打开不存在的文本文件。
4. 编写一个 Windows 应用程序，用于在将百分制成绩转换为五分制成绩，百分制成绩输入时超出 0 ~ 100 时程序抛出异常。
5. 自定义异常类，建立 Windows 应用程序，处理 18 位身份证信息的异常。
6. 在学生管理系统中添加断点，观察程序局部变量的改变。